基于SOPC的FPGA设计实验指导

李翠锦　李成勇　代红英　编著

西南交通大学出版社
·成都·

图书在版编目（CIP）数据

基于 SOPC 的 FPGA 设计实验指导 / 李翠锦，李成勇，代红英编著. —成都：西南交通大学出版社，2018.1
ISBN 978-7-5643-6052-8

Ⅰ. ①基… Ⅱ. ①李… ②李… ③代… Ⅲ. ①可编程序逻辑器件－系统设计 Ⅳ. ①TP332.1

中国版本图书馆 CIP 数据核字（2018）第 023061 号

基于 SOPC 的 FPGA 设计实验指导

李翠锦　李成勇　代红英　编著

责任编辑　张文越
封面设计　何东琳设计工作室

出版发行　西南交通大学出版社
（四川省成都市金牛区二环路北一段 111 号
西南交通大学创新大厦 21 楼）
邮政编码　610031
发行部电话　028-87600564　028-87600533
官网　http://www.xnjdcbs.com
印刷　四川煤田地质制图印刷厂

成品尺寸　185 mm × 260 mm
印张　15
字数　373 千
版次　2018 年 1 月第 1 版
印次　2018 年 1 月第 1 次
定价　29.80 元
书号　ISBN 978-7-5643-6052-8

前言 PREFACE

本书是《FPGA 技术及应用》(李翠锦、朱济宇主编，西南交通大学出版社，2017)的配套实验指导书，本实验指导书选编了有代表性的实验近三十个，实验内容从简单到复杂，让使用者能够快速入手，同时本实验指导书还可以作为电子技术专业的加深课程或作为电子技术工程师的参考用书。

本书依托重庆市教委教研教改项目（项目编号：163163、172037）和重庆工程学院校内教改重点项目（项目编号：JY2015204），按照 CDIO 工程教育创新模式，结合教育部“卓越工程师教育培养计划”的实施原则，突出基本理论与实际应用相结合的特色。

本书中的实验依托北京百科荣创 EDA/SOPC 综合实验开发系统，该系统不仅可以独立完成几乎所有的 EDA 设计实验，也可以完成大多数的 SOPC 开发实验。该系统以 Altera 公司 CycloneIV E 系列的 FPGA 为核心，外部电路包括 7 寸电容触摸屏、16×16 双色 LED 点阵、7 段数码管等；控制模块如电机控制、交通灯模拟控制、按键、LED 灯控制、矩阵键盘灯；接口模块如网口、VGA、串口、SD 卡、USB、PS2、音频等。

全书由重庆工程学院李翠锦组织编写，李成勇统稿和审校，其中前言、实验一～十五由李翠锦编写、实验十六～二十二由李成勇编写、实验二十三～二十七由代红英编写。另外，在本书的编写过程中，得到了景兴红副教授的大力支持，他为本书提出了许多宝贵意见，在此表示感谢。

由于编者水平有限，书中难免存在疏漏和不足，恳请各位专家和读者批评指正。

编 者

2018 年 1 月

目录 CONTENTS

实验一　Hello 实验

一、实验目的

（1）熟悉用 QuartusⅡ开发 SOPC 的基本流程。
（2）熟悉用 SOPC Builder 进行 NiosⅡCPU 开发的基本流程。
（3）熟悉用 NiosⅡIDE 进行 C 语言编译、下载的基本过程。
（4）掌握整个 NiosⅡ集成开发环境。

二、硬件需求

（1）EDA/SOPC 实验开发系统一台。
（2）电源线和端口连接线若干。

三、实验原理

本实验的设计目的主要是让学生对 SOPC 有初步的认识，了解整个开发过程，并熟练掌握整个 NiosⅡ集成开发环境的应用。

SOPC 是 System On A Programmable Chip 的缩写，顾名思义就是把一个系统集成在单片可编程芯片中。一个最小系统应该包括中央处理单元（CPU）、随机存储器（RAM）和闪存（Flash ROM，用于存储代码、数据等），稍微复杂点的系统至少应该包括 UART、DMA、Timer、中断管理模块以及 GPIO 等。

早在 2002 年，Altera 公司就基于 SOC 的设计思想，推出了其第一款 32 位 RISC CPU 软核——Nios，那时的 Nios CPU 功能简单，执行效率低下且不支持在线调试，所以并未得到很大的推广。在 Nios CPU 基础上，Altera 公司又于 2005 年推出了其第二代 32 位 RISC CPU——NiosⅡ。与 Nios CPU 相比，Nios II CPU 在性能方面得到了质的提升，指令执行速度快，执行效率高，且支持 JTAG 在线调试。

NiosⅡCPU 的开发流程与 Nios CPU 基本一致，唯一不同的就是 Nios CPU 的软件开发是在 Nios SDK Shell 下进行，而 NiosⅡCPU 则是在 NiosⅡIDE 集成环境下开发。NiosⅡCPU 的基本开发流程依旧为：

（1）在 QuartusⅡ中新建一个工程（硬件）。
（2）在 SOPC Builder 中根据自己的需要加入各种 IP 核。
（3）利用 SOPC Builder 产生 QuartusⅡ能够识别的文件。
（4）在（1）中新建的工程中加入（3）中生成的文件。

（5）加入输入、输出以及双向端口，并根据需要对其命名。

（6）对（5）中命名的输入、输出核双向端口根据选定的 FPGA 进行引脚分配。

（7）编译工程。

（8）下载编辑代码到 FPGA。

（9）利用 NiosⅡIDE 新建另一个工程（软件）。

（10）根据（2）中的资源，编写项目需要的代码。

（11）编译、下载并调试，查看运行结果，直到正确。

（12）如果需要，将（11）中生成的代码下载到代码 Flash 中。

SOPC 的开发流程是一个软硬件协同开发的过程。首先根据硬件需要，决定使用何种性能的 CPU，加入系统需要的外设（SRAM、Flash、Timer、UART、Timer 和 GPIO 等），此时一个基本的硬件系统便搭建起来了。利用专用工具，对这些像积木一样搭起来的系统进行编译，产生 FPGA 软件可以识别的文件，然后再用 FPGA 专用软件对这些文件进行编译，产生满足加载 FPGA 的代码，这样一个硬件平台就全部完成了。接下来的工作就是软件开发，在软件集成开发环境中编写代码，编译后，下载到 CPU 中进行调试。在整个开发过程中软件工作量相对较大。下面对 Altera 的软件开发环境作一些简要说明。

NiosⅡCPU 使用的软件开发环境叫作 NiosⅡIDE，它是 NiosⅡ系列嵌入式处理器的基本软件开发工具。所有软件开发任务都可以在 NiosⅡIDE 下完成，包括编辑、编译和调试程序。NiosⅡIDE 提供了一个统一的开发平台，用于所有 NiosⅡ处理器系统。仅仅通过一台 PC 机、一片 Altera 的 FPGA 以及一根 JTAG 下载电缆，软件开发人员就能够往 NiosⅡ处理器系统写入程序以及和 NiosⅡ处理器系统进行通讯。

NiosⅡIDE 基于开放式的、可扩展 Eclipse IDE project 工程以及 Eclipse C/C++开发工具（CDT）工程。

NiosⅡIDE 为软件开发提供四个主要的功能：

（1）工程管理器。

NiosⅡIDE 提供多个工程管理任务，加快嵌入式应用程序的开发进度。

新工程向导——NiosⅡIDE 推出了一个新工程向导，用于自动建立 C/C++应用程序工程和系统库工程。采用新工程向导，能够轻松地在 NiosⅡIDE 中创建新工程。

软件工程模板——除了工程创建向导，NiosⅡIDE 还以工程模板的形式提供了软件代码实例，帮助软件工程师尽可能快速地推出可运行的系统。

（2）编辑器和编译器。

Altera NiosⅡIDE 提供了一个全功能的源代码编辑器和 C/C++编译器和文本编辑器——NiosⅡIDE 文本编辑器是一个成熟的全功能源文件编辑器。这些功能包括：语法高亮显示 C/C++、代码辅助/代码协助完成、全面的搜索工具、文件管理、广泛的在线帮助主题和教程、引入辅助、快速定位自动纠错、内置调试功能。

C/C++编译器——NiosⅡIDE 为 GCC 编译器提供了一个图形化用户界面，NiosⅡIDE 编译环境使设计 Altera 的 NiosⅡ处理器软件更容易，它提供了一个易用的按钮式流程，同时允许开发人员手工设置高级编译选项。

NiosⅡIDE 编译环境自动地生成一个基于用户特定系统配置（SOPC Builder 生成的 PTF 文件）的 makefile。NiosⅡIDE 中编译/链接设置的任何改变都会自动映射到这个自动生成的 makefile 中。这些设置可包括生成存储器初始化文件（MIF）的选项、闪存内容、仿真器初始化文件（DAT/HEX）以及 profile 总结文件的相关选项。

（3）调试器。

NiosⅡIDE 包含一个强大的、在 GNU 调试器基础之上的软件调试器——GDB。该调试器提供了许多基本调试功能，以及一些在低成本处理器开发套件中不会经常用到的高级调试功能。

基本调试功能——NiosⅡIDE 调试器包含如下的基本调试功能：运行控制、调用堆栈查看、软件断点、反汇编代码查看、调试信息查看、指令集仿真器。

高级调试——除了上述基本调试功能之外，NiosⅡIDE 调试器还支持以下高级调试功能：硬件断点调试 ROM 或闪存中的代码、数据触发、指令跟踪。

（4）闪存编程器。

使用 NiosⅡ处理器的设计都在单板上采用了闪存，可以用来存储 FPGA 配置数据和/或 NiosⅡ编程数据。NiosⅡIDE 提供了一个方便的闪存编程方法。任何连接到 FPGA 的兼容通用闪存接口（CFI）的闪存器件都可以通过 NiosⅡIDE 闪存编程器来编写。除 CFI 闪存之外，NiosⅡIDE 闪存编程器能够对连接到 FPGA 的任何 Altera 串行配置器件进行编程。

四、实验内容

为了熟悉 SOPC 的基本开发流程，本实验要完成的任务就是设计一个最简单的系统，系统中包括 NiosⅡCPU、作为标准输入/输出的 JTAG UART 以及存储执行代码 onchip_rom。通过 SOPC Builder 对系统进行编译，然后通过 QuartusⅡ对系统进行二次编译，并把产生的 FPGA 配置文件通过 USB 下载电缆下载到实验箱上，这时便完成了本实验中的硬件开发。接下来的工作是软件协同开发——在 NiosⅡIDE 中编写一个最简单的 C 代码，对其编译后，通过 USB 下载电缆下载到 FPGA 中执行，执行的结果就是在 NiosⅡIDE 的 Console 窗口打印十条信息——“Hello form NiosⅡ!”。

五、实验步骤

完成本实验的实验步骤为：

（1）在开始菜单中，打开 QuartusⅡ12.0。

（2）点击 File 菜单中的 New Project Wizard，新建一个工程。本实验以../exp1_hello 文件夹（文件夹不能含有空格，不能带中文路径）为例，工程名称为 test，如图 1-1 所示。

（3）点击 Next 按钮，进入到添加工程文件步骤。由于工程全部为空，所以也没有文件加入，因此直接点击 Next 进入到选择芯片步骤（在 Family 下拉菜单中选择 Cyclone IV E；然后在 Available devices 中选择 EP4CE40F29C6），如图 1-2 所示。

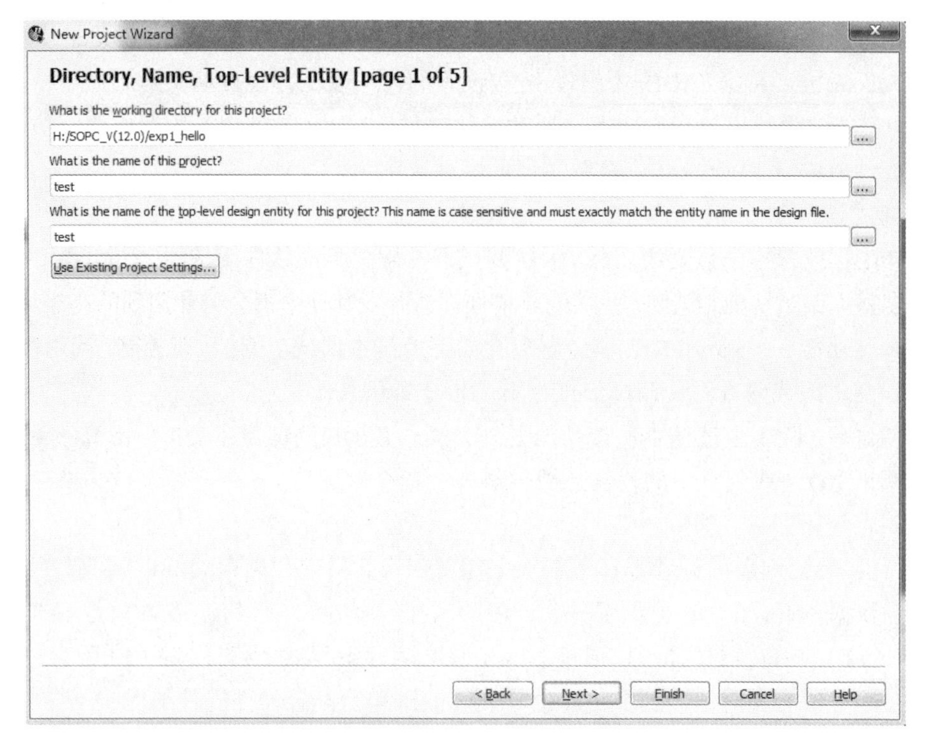

图 1-1　新建工程

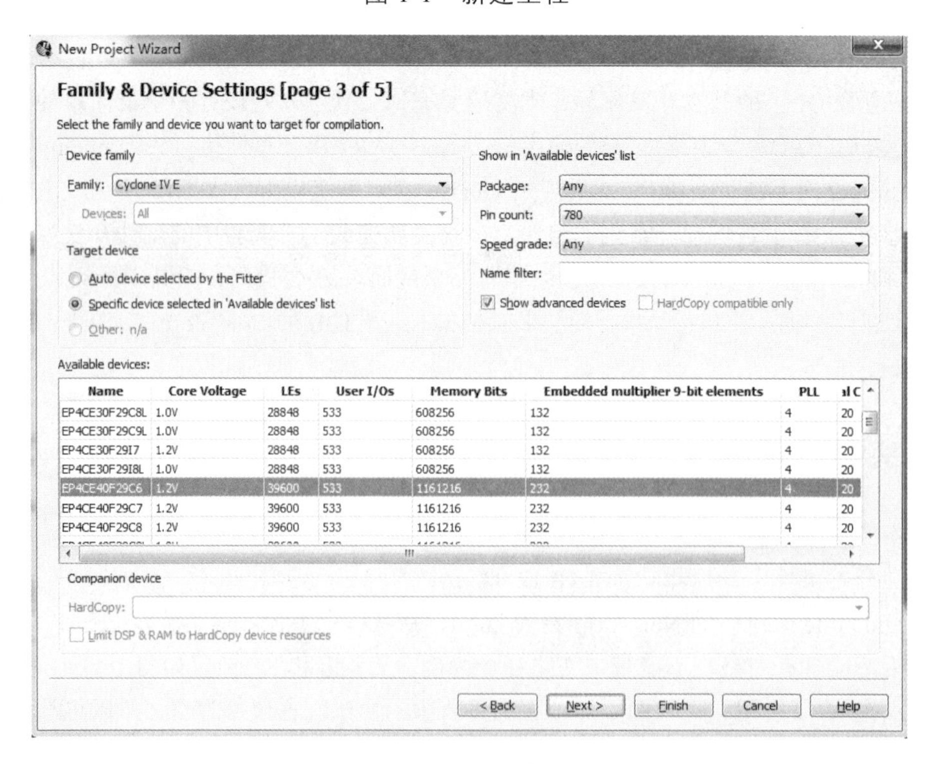

图 1-2　选择芯片

（4）FPGA 选好后，点击 Next，进入选择其他 EDA 工具窗口。本实验中不需要任何 EDA 工具，所以直接点击 Next 按钮，然后再点击 Finish 按钮，完成新工程的创建。如图 1-3 所示。

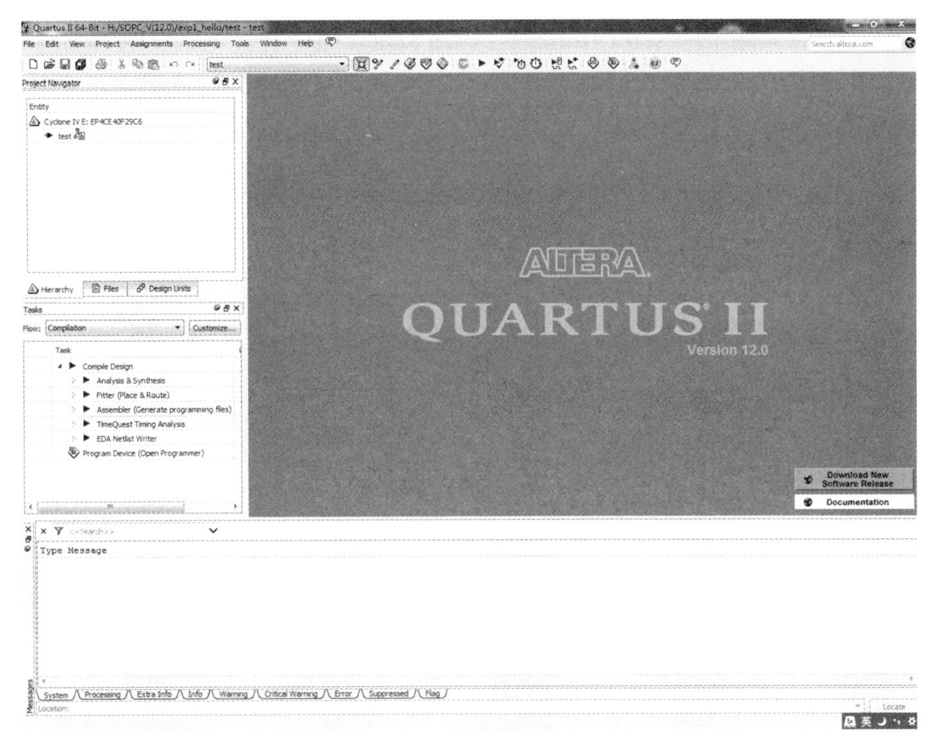

图 1-3　新建的工程界面

（5）点击 File 菜单中的 New，在 Design File 标签中选择 Block Diagram/ Schematic File。然后再选择 File>Save As，在 File name 中键入“test”，点击“保存”，新建一个工程文件。如图 1-4 所示。

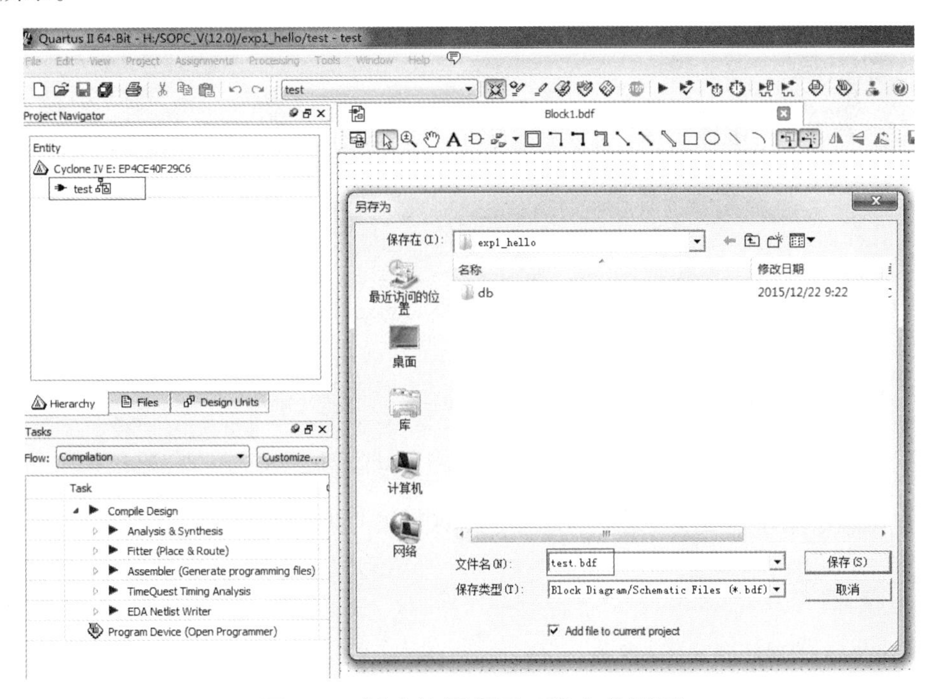

图 1-4　新建的原理图工程文件界面

（6）点击 Tools 菜单中的 SOPC Builder，启动 SOPC Builder 工具，SOPC Builder 启动时显示 Create New System 对话框，见图 1-5。在对话框中的 System Name 中键入 Kernel，并在 Target HDL 中选择 Verilog，然后点击 OK，创建一个名为 Kernel 的 NIOS Ⅱ软核。如图 1-5 所示。

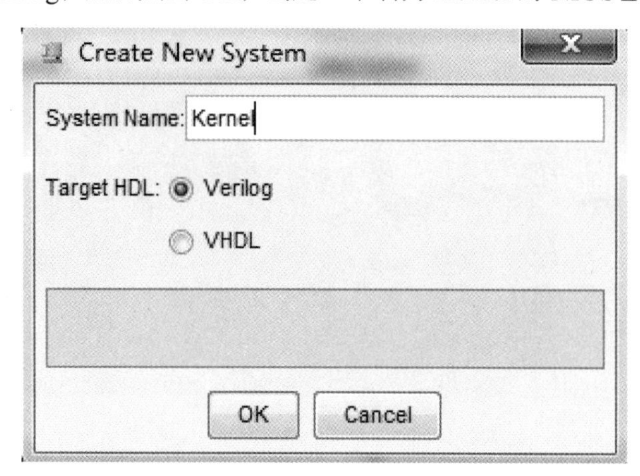

图 1-5　Create New System 对话框

（7）点击 OK 按钮，开始创建属于自己的系统。如图 1-6 所示。

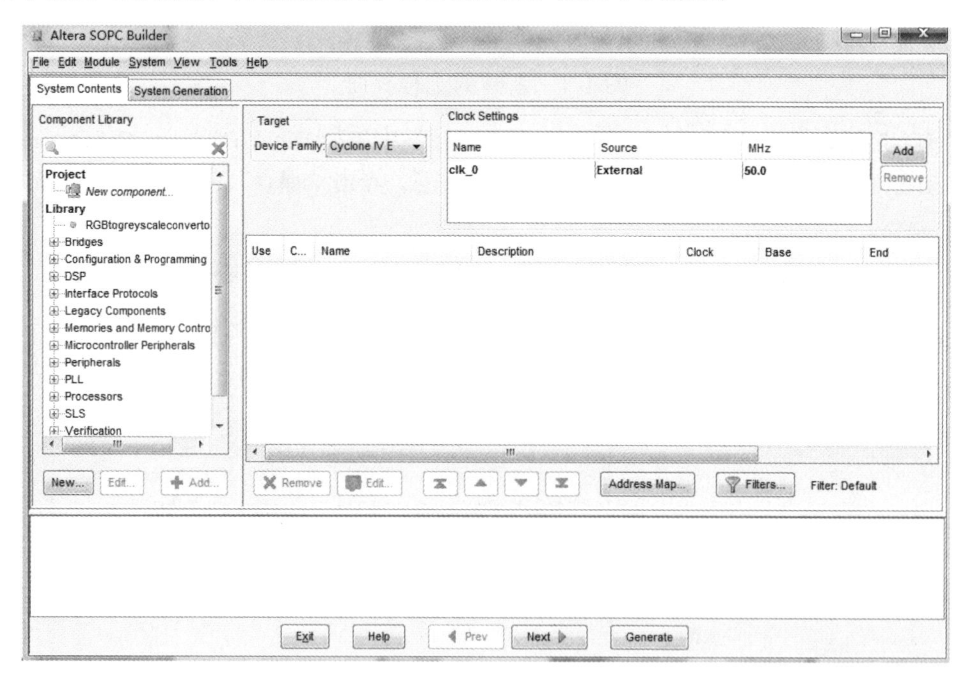

图 1-6　不带有模块的 SOPC Builder

（8）加入 32 位 Nios CPU。在 Altera SOPC Builder 下面选择 NiosII Processor，点击 Add，将会弹出标题为 Nios Ⅱ Processor-cpu 的配置向导（图 1-7），按照以下方式设置参数，设置完点击 Finish 按钮。

Nios Ⅱ Core：Nios Ⅱ /f

Caches and Memory Interfaces / Mata Master：None

JTAG Debug Module：Level 1

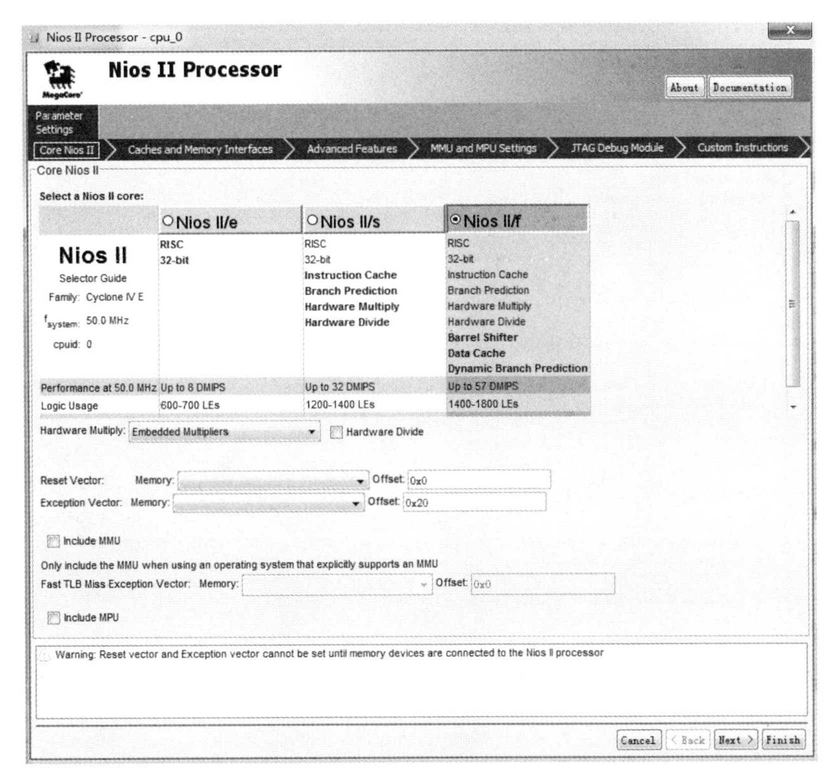

（a）NIOS II Core 选型

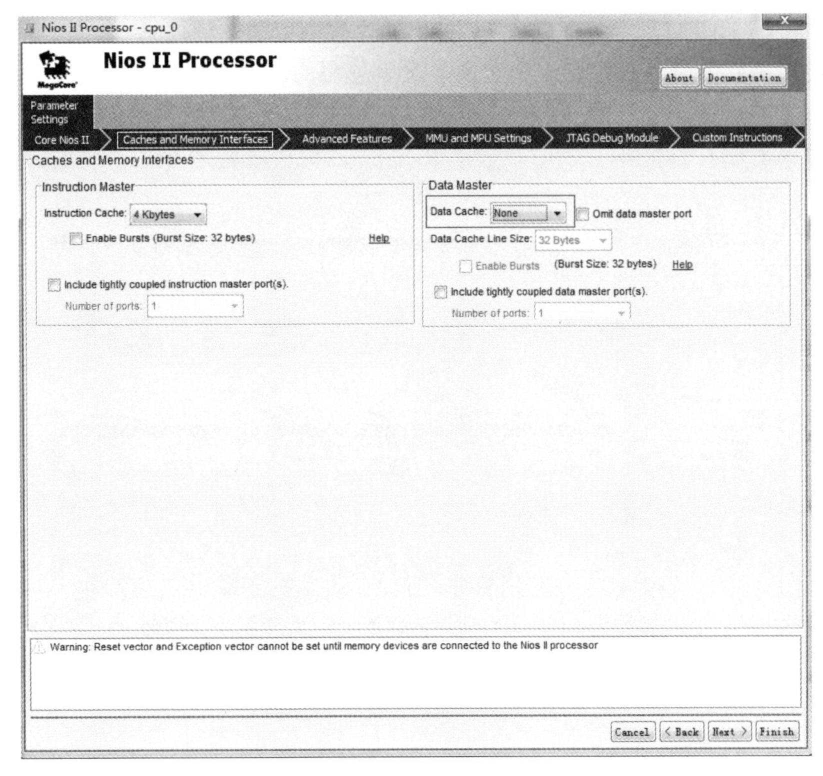

（b）Mata Master 配置

（c）JTAG Debug Module 模式选择

图 1-7　Nios II Processor_cpu 配置

注意：加入 Nios CPU 后会在 SOPC Builder 消息窗口出现警告信息，这些信息会在后面向系统加入其他模块后消失，因此在这个阶段是可以忽略的。这时图 1-7（a）的 Reset Vector 和 Exception Vector 将无法设置，要在加入 onchip_rom 后才能设置。

（9）右键单击加入的 Nios II CPU，选择 Rename，将其命名为 CPU。将时钟修改为 clk，如图 1-8 所示。

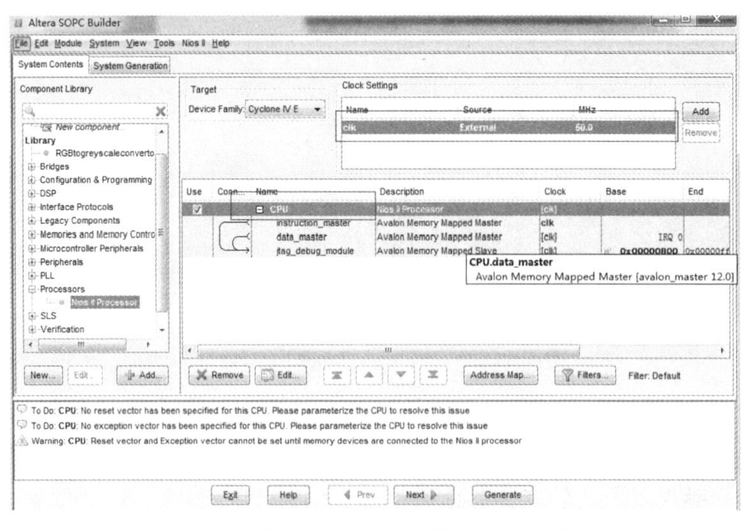

图 1-8　加入名为 CPU 的 niosii 系统

（10）加入 onchip_rom。在 Memories and memory Controllers 下的 on-chip 选择 On-Chip

Memory（RAM or ROM）并点击 Add，会出现 On-Chip Memory（RAM or ROM）配置向导，在标签中指定如下选项（图 1-9）。

— Size： Data width 32

Total memory size 20480 bytes

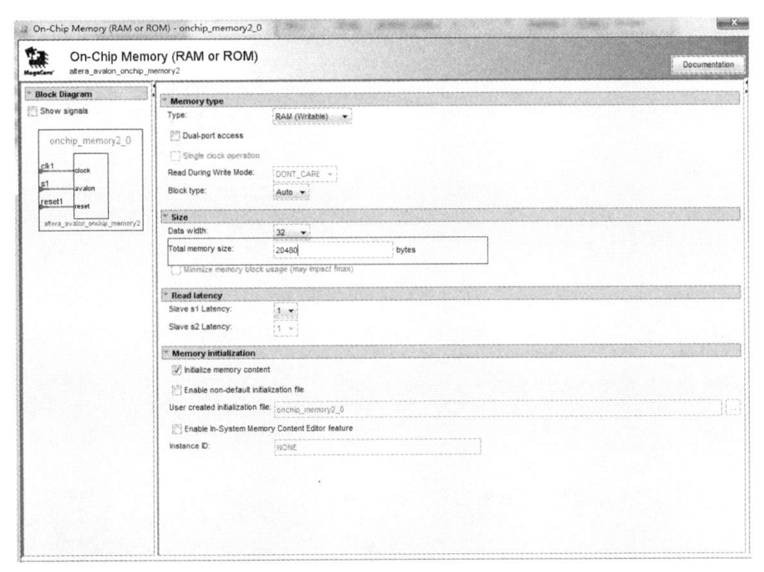

图 1-9 On-Chip Memory（RAM or ROM）设置向导

点击 Finish 按钮，鼠标右键修改名字为 onchip_memory。

此时双击 CPU，设置如图 1-10 所示。

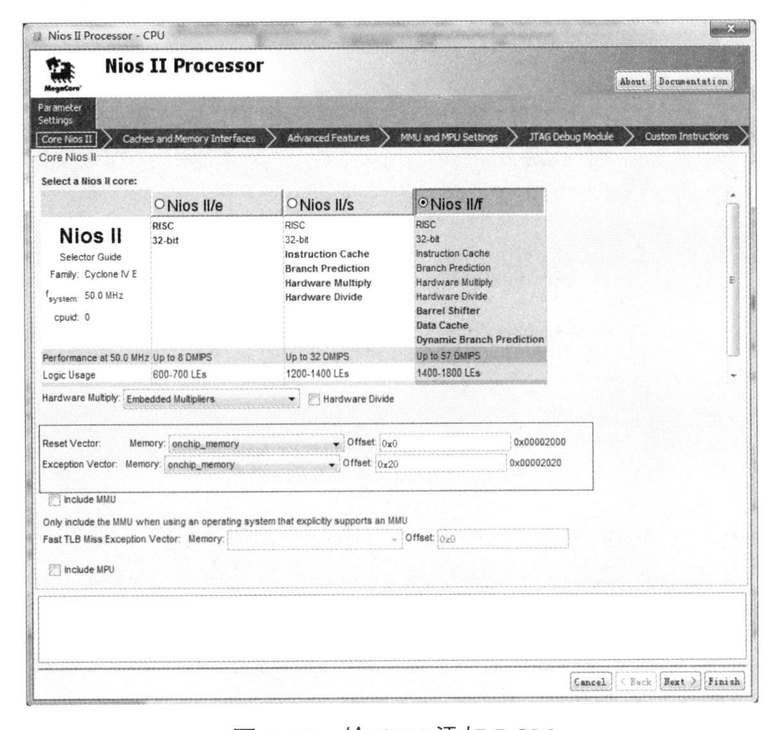

图 1-10 给 CPU 添加 ROM

Reset Vector：Memory：onchip_rom

Exception Vector：Memory：onchip_rom

点击 Finish，仍会看到红色警告，此时点击 System->Assign Base Addresses 选项，重新分配器件地址，所有警告和错误就都没有了。

（11）加入 JTAG UART。点击 Interface Protocols -> Serial 中的 JTAG UART，并作如下设置（图 1-11）：

Write FIFO :

Depth ： 64，

IRQ Threshold ： 8；

Read FIFO :

Depth ： 64，

IRQ Threshold ： 8；

Simulation：按默认设置即可。

点击 Finish 完成。

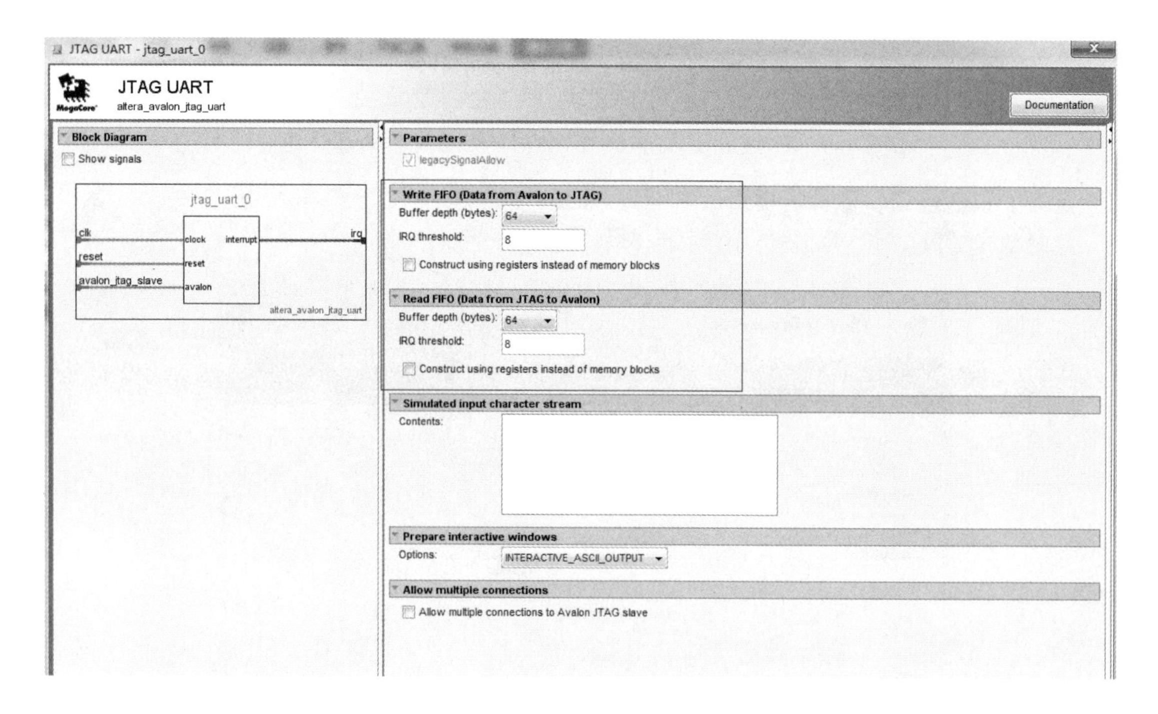

图 1-11 JTAG UART 设置项

（12）JTAG UART 设置完成后，点击 Finish 按钮，即可把 JTAG UART 添加到新建系统中。

（13）右键单击加入的 JTAG UART，选择 Rename，将其命名为 JTAG_UART。

（14）到此为止，本实验所需的系统就完成了，完成后的系统如图 1-12 所示。当软件提示基地址冲突的提示时，可点击 System 菜单下的 Auto-Assign Base Address，重新分配基地址（注意：此时以前出现的错误会消失）。

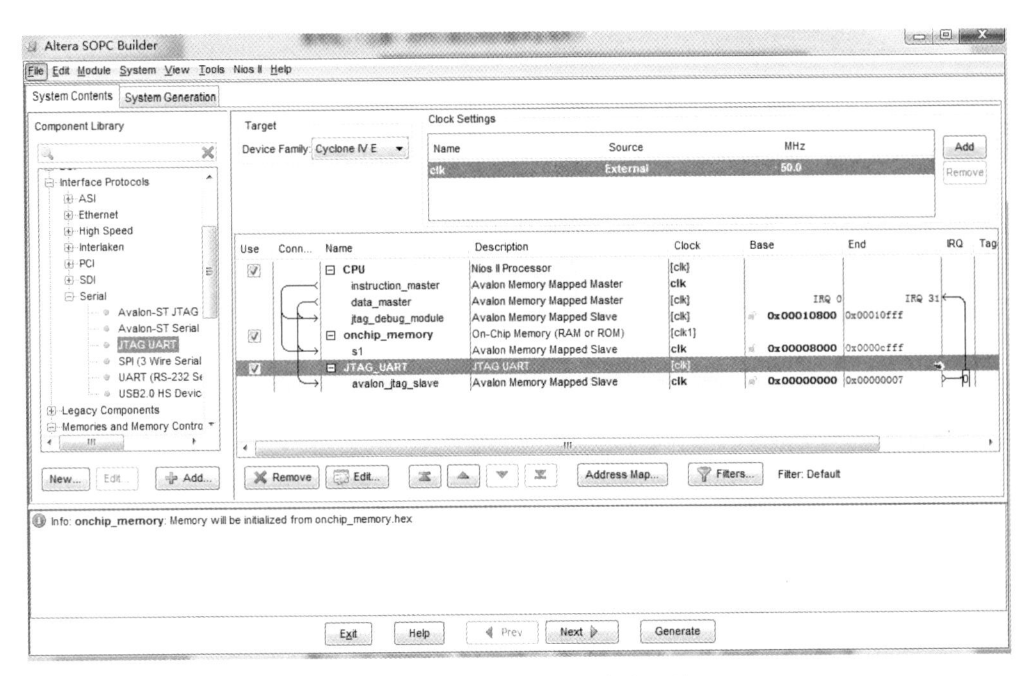

图 1-12　本实验中创建的系统

（15）到此时为止系统 IP 模块就已添加并设置好了，如图 1-12 所示。点击 System Generation，按照默认的配置，然后再点击 Altera SOPC Builder 窗口下方的 Gernerate。当提示保存信息的时候，文件名一定要和 NIOS II 软核名字一样，否则再次打开时就会报错，保存为 Kernel，如图 1-13（a）所示。在生成过程中，相关消息会出现在 System Gerneration 标签的消息框中。系统编译结束后如果编译通过，会出现如图 1-13（b）所示的提示界面。

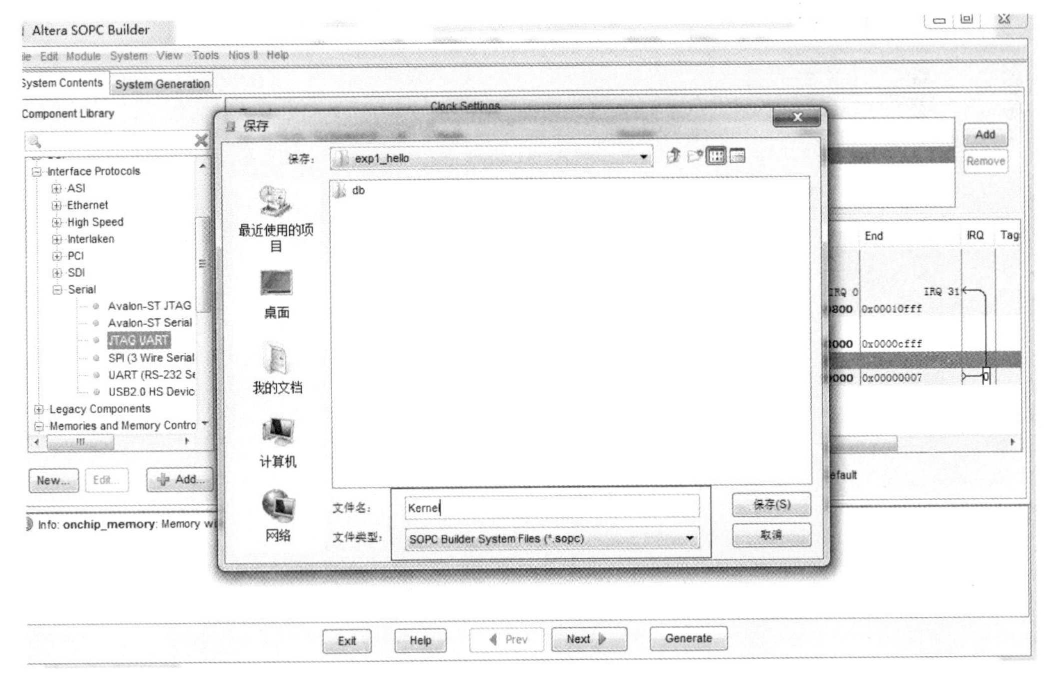

（a）保存软核配置文件

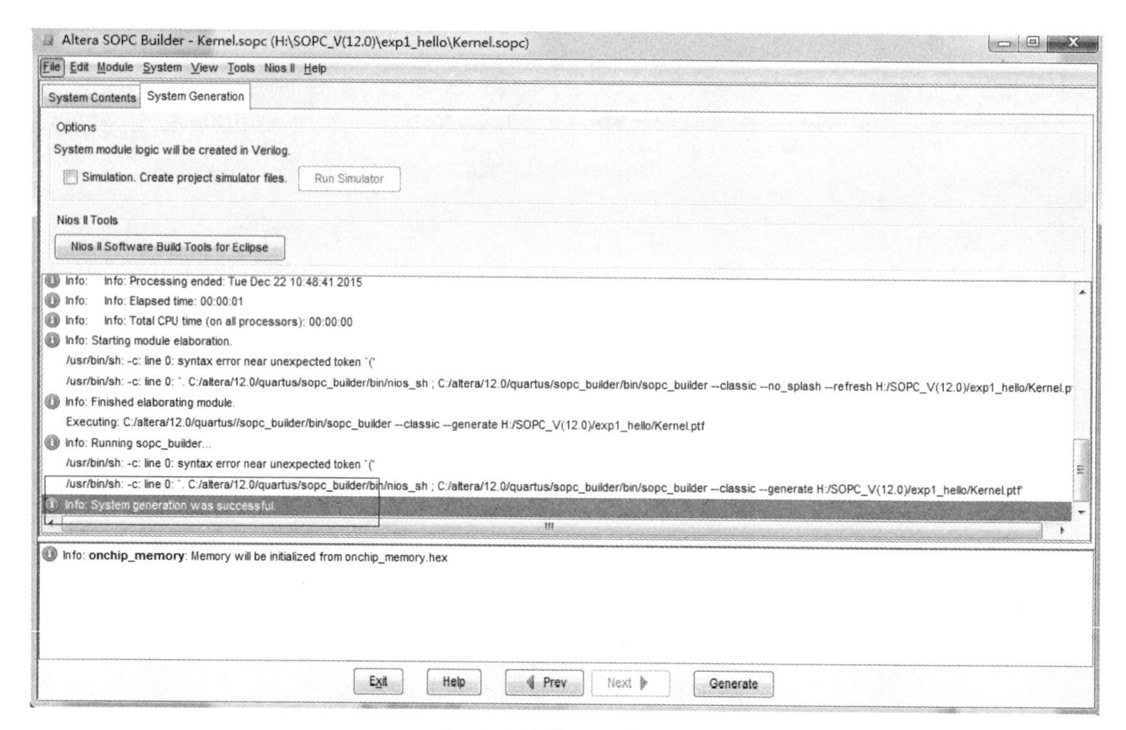

（b）系统编译成功界面

图 1-13

（16）点击 Exit 按钮退出 SOPC Builder 窗口。重新返回到 QuartusⅡ12.0 窗口，在新建的原理图文件空白区域双击鼠标左键，在弹出的 Symbol 对话框中，选择 Libraries 窗口下面 Project 文件夹中的 kernel，如图 1-14 所示。

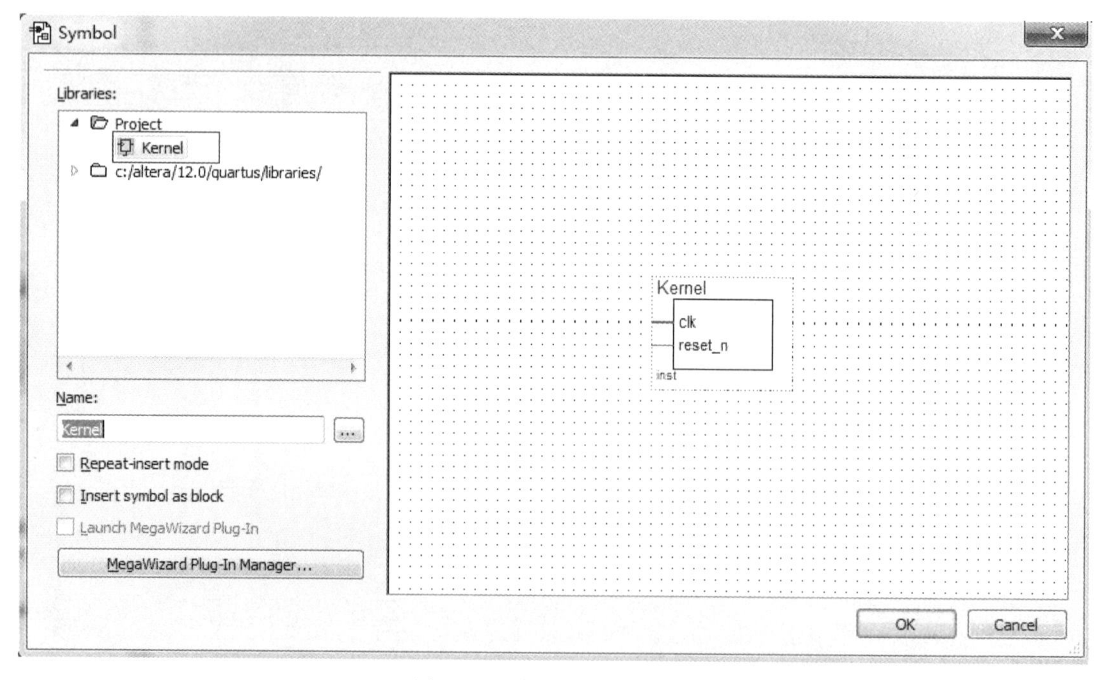

图 1-14　选择添加到 QuartusⅡ工程中的器件

（17）点击 OK 按钮，添加 SOPC Builder 产生的 Kernel 内核到创建的工程文件中。

（18）点击 File 菜单下的 Save（也可直接点击工具栏上的存盘按钮），此时会弹出如图 1-15 所示的对话框，直接点击保存即可。此时的工程文件如图 1-16 所示。

图 1-15　保存工程文件

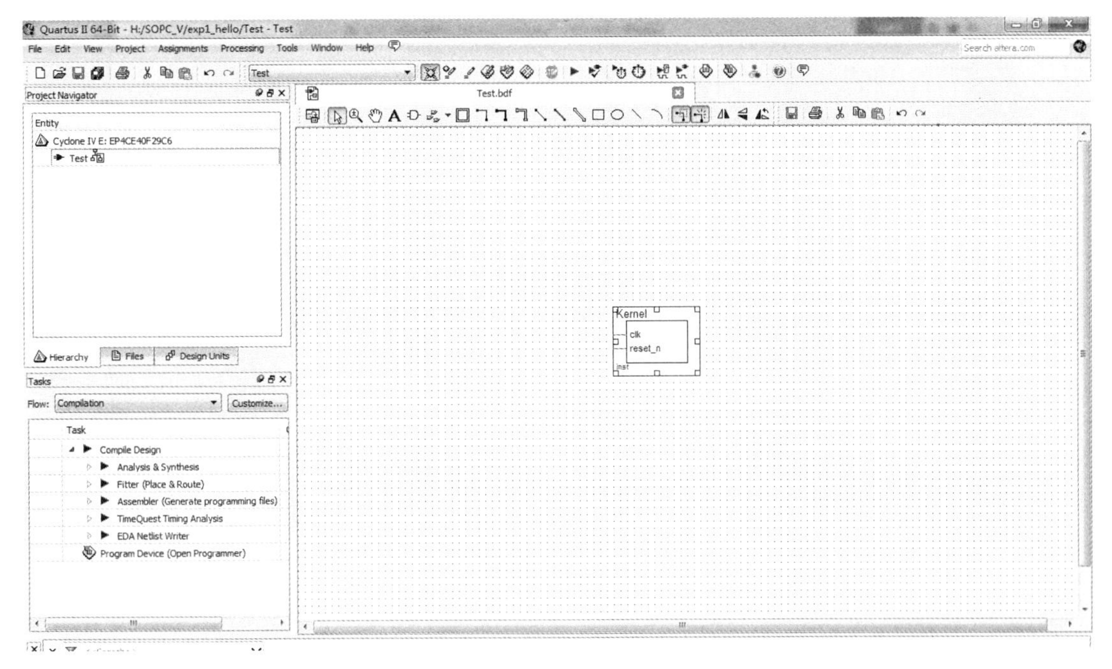

图 1-16　添加 Kernel 系统后的工程文件界面

（19）加入输入端口。在工程文件的空白处双击鼠标左键，并在弹出的 Symbol 对话框右下侧 Name 栏中键入“input”，并选中 Repeat-insert mode，如图 1-17 所示。

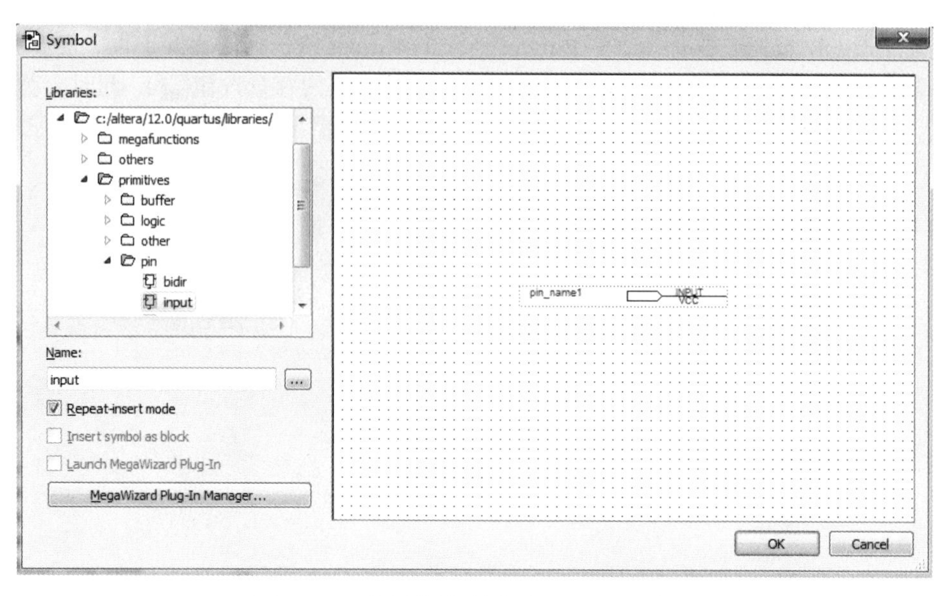

图 1-17　给工程文件加入 INPUT 端口

（20）点击 OK 按钮后，在工程文件空白处单击 2 次鼠标左键，即可加入 2 个 INPUT 端口，然后按键盘左上角的 ESC 键，取消加入符号的操作。

（21）修改端口名。双击端口，将两个端口的 pin_name 分别改为 clk 和 reset_n，如图 1-18 所示。

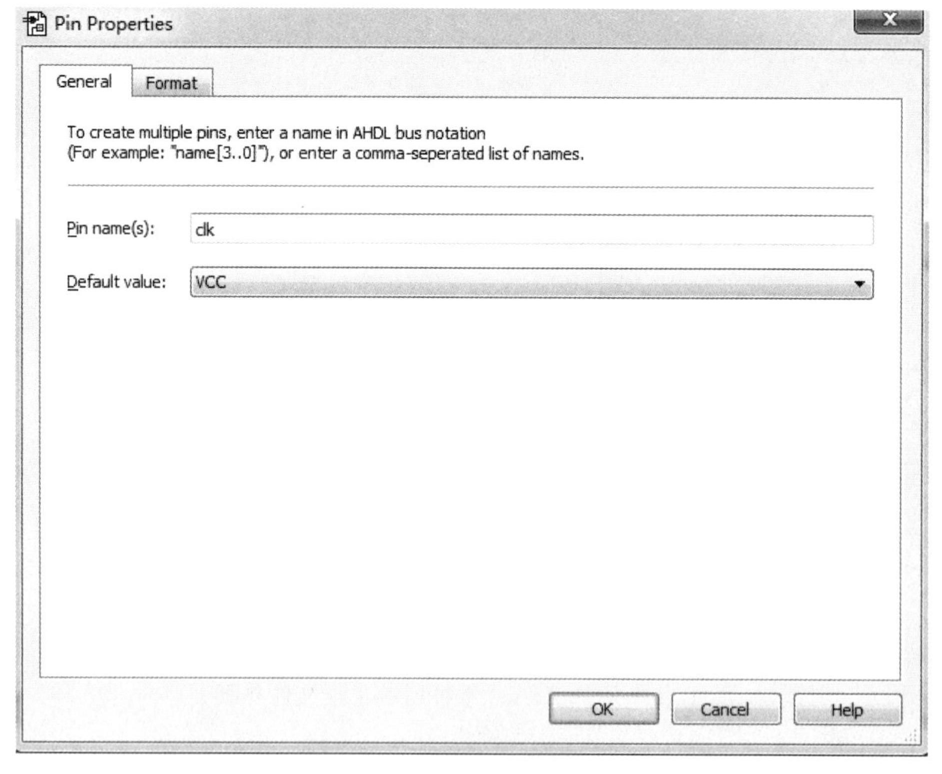

图 1-18　更改引脚名称

连接好的 Hello_Nios_Ⅱ工程如图 1-19 所示。

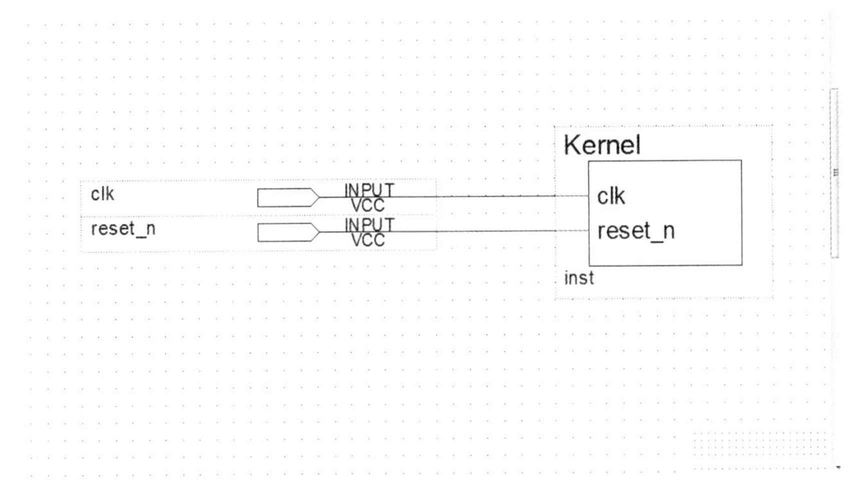

图 1-19　连接好的 Hello_Nios_Ⅱ工程

（22）编译工程文件之前，一般应先对目标器件做一些设置：点击菜单栏下的 Assignment->Device 选项，在弹出来的设置框中选择 Device and pin Options...选项，在弹出的对话框中对目标器件进行设置，如图 1-20 所示。

（23）编译工程。点击 Processing 菜单下面的 Start Compilation（也可直接点击工具栏上的编译按钮▶），开始编译当前工程。

（24）编译工程是为了检查工程有无错误，如果编译无误的话，便可进行端口引脚分配了。根据引脚分配表，分配端口到对应的 FPGA 引脚。点击 Assignments 菜单下面的 Pin Planner（也可直接点击工具栏上的引脚分配按钮），进入到引脚分配窗口，如图 1-21 所示。

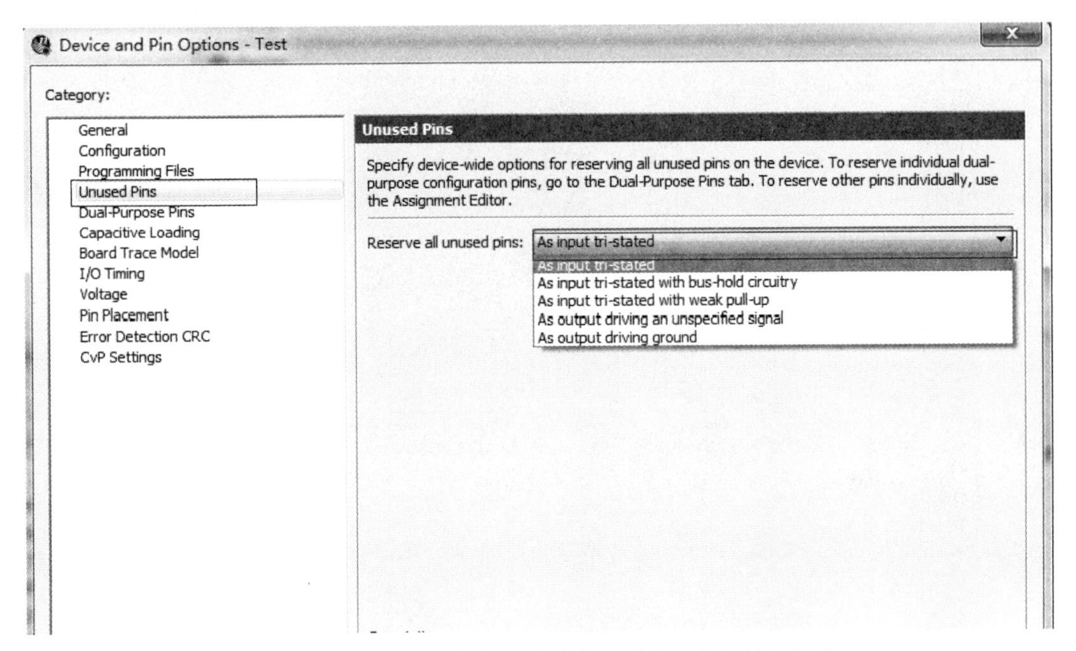

（a）将本次实验没有使用的引脚设置为三态门输入模式

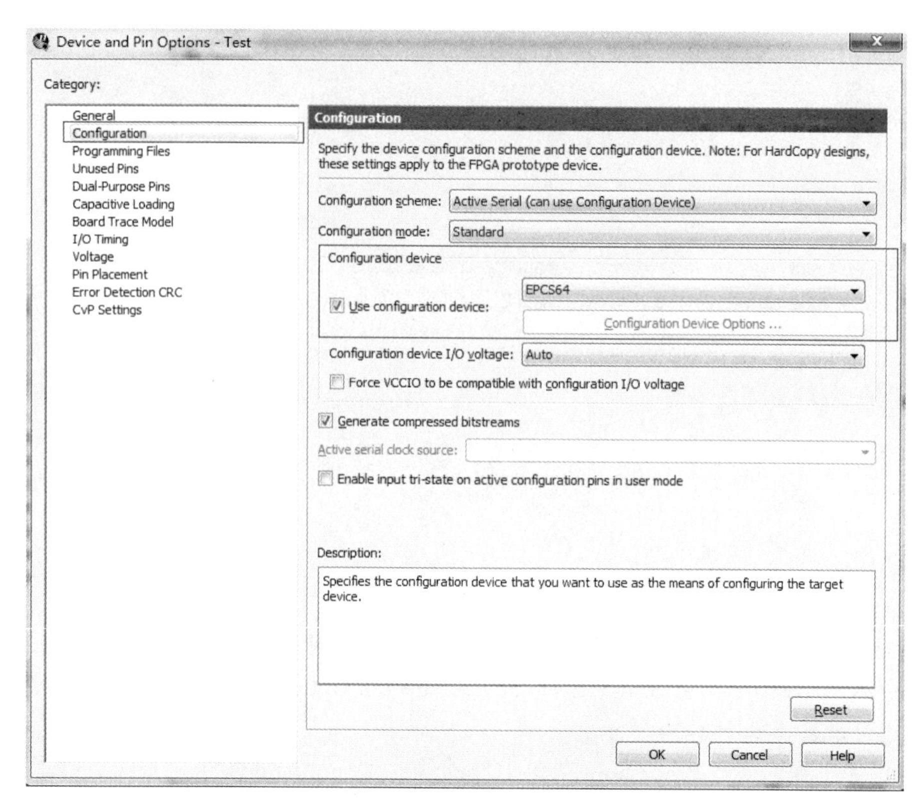

（b）选择配置器件 EPCS64

图 1-20

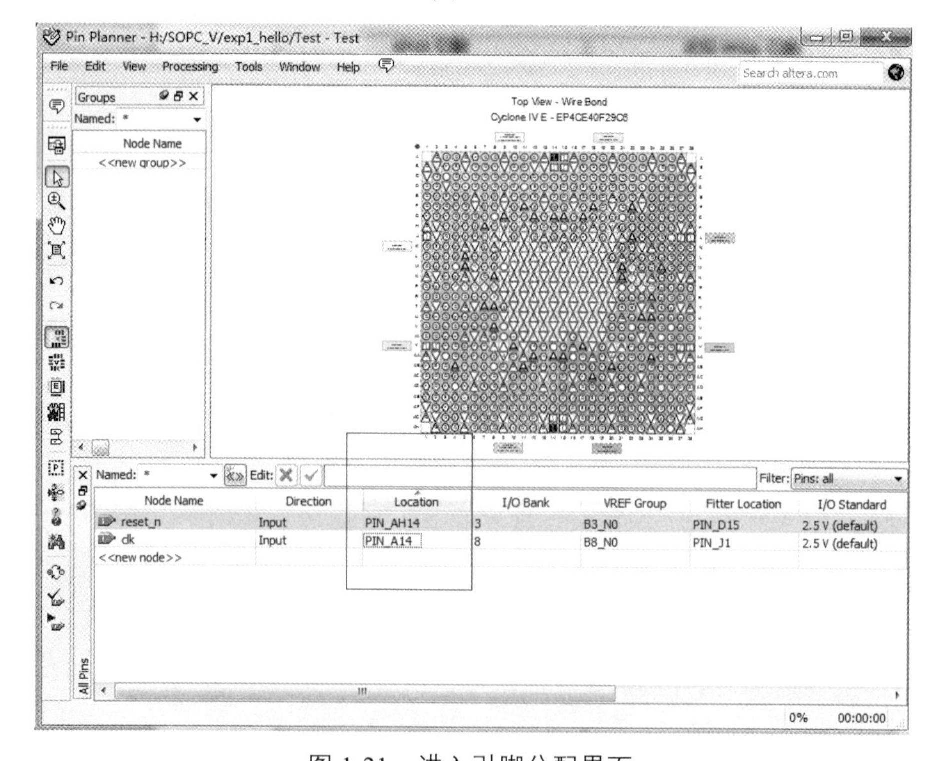

图 1-21　进入引脚分配界面

（25）重新编译工程（参照步骤 23）。工程成功编译后会弹出一个对话框，点击确认按钮即可，如图 1-22 所示。

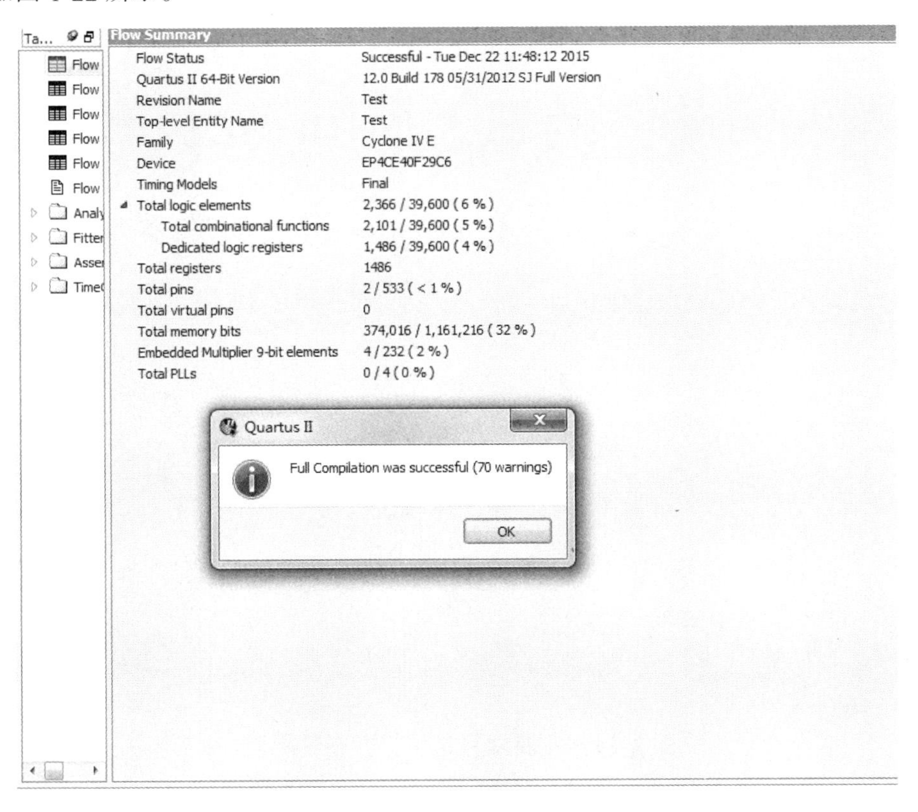

图 1-22　工程成功编译界面

（26）到此为止硬件开发工作就全部结束了，剩下的工作就是软件了。启动 Nios II 12.0 Software Build Tools for Eclipse 软件，出现如图 1-23 所示的工程目录选择，在当前工程目录下新建一个文件夹，命名为 software，用来存放软件代码。

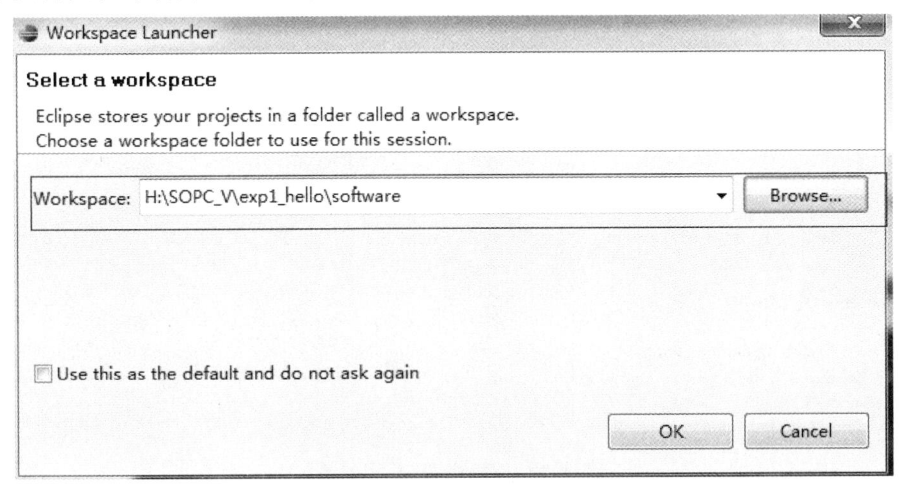

图 1-23　工作目录选择

（27）点击 OK，打开软件，如图 1-24 所示。

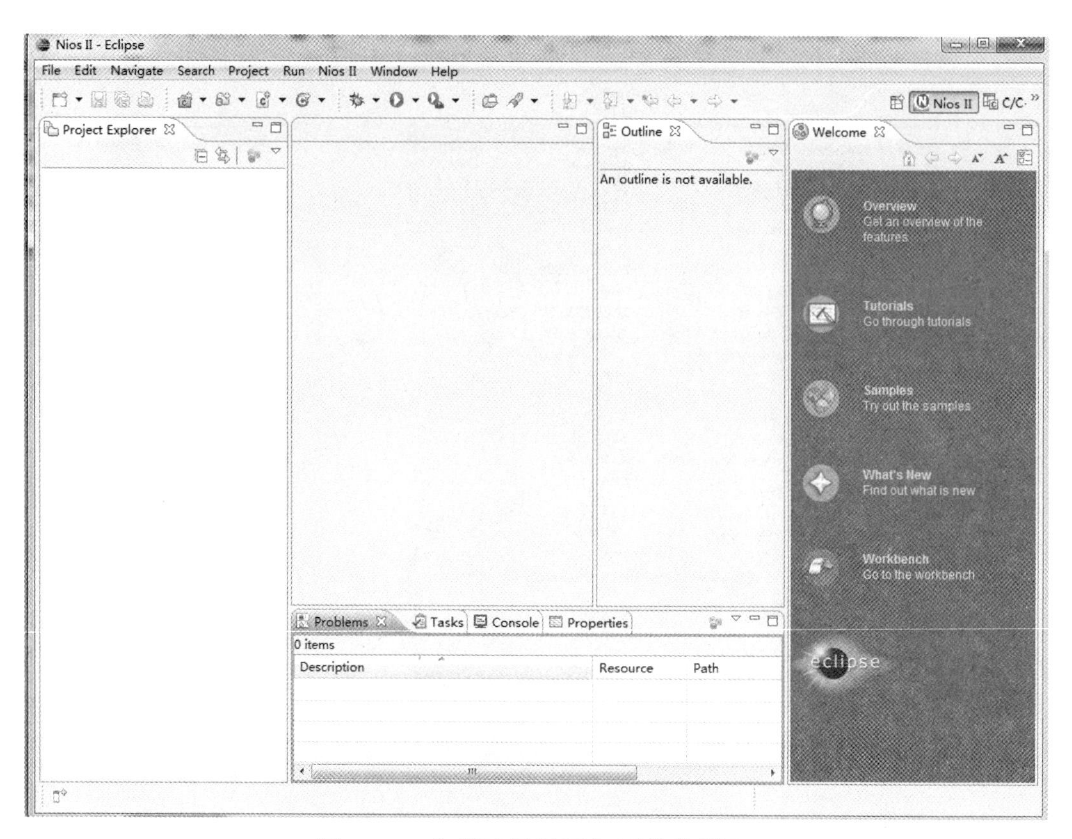

图 1-24　在新建目录下打开软件界面

（28）创建新的软件工程。点击菜单栏选项 File -> New -> Nios II Application and BSP from Templat 选项，如图 1-25 所示。

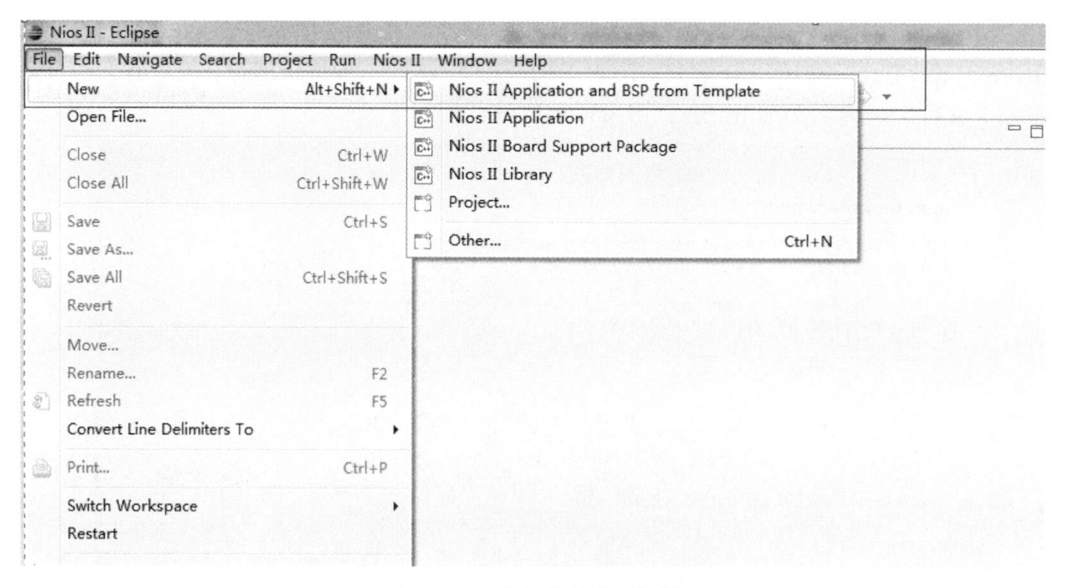

图 1-25　建立新工程选项

（29）在弹出来的工程创建对话框中进行如图 1-26 所示的设置。

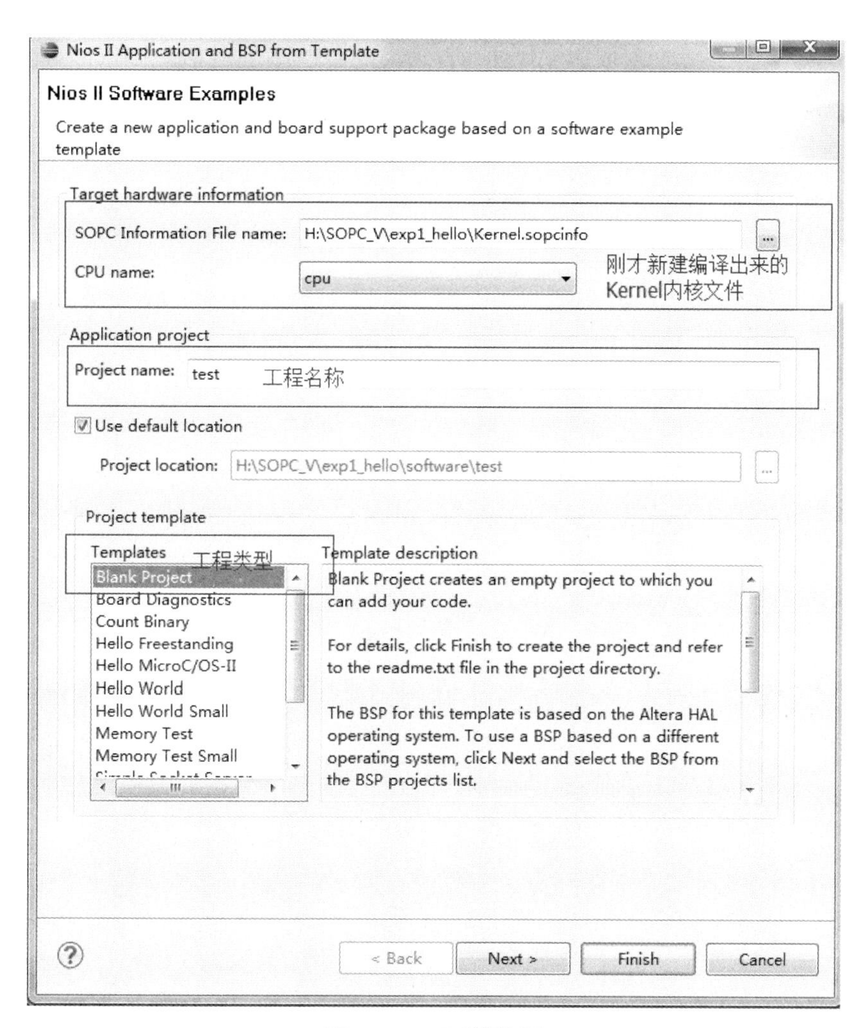

图 1-26　工程配置

（30）点击 Next 进入下一步，保持默认选项，如图 1-27 所示。

Nios II Application and BSP from Template

Nios II Software Examples

Select a board support package for your application

Create a new BSP project based on the application project template

Project name: test_bsp

保持默认

Use default location

Project location: H:\SOPC_V\exp1_hello\software\test_bsp

Select an existing BSP project from your workspace

Create...

Import...

图 1-27　工程设置选项

（31）点击 Finish 完成工程创建，软件会自动完成工程建立。这时在软件界面的左侧会出现两个文件，如图 1-28 所示。

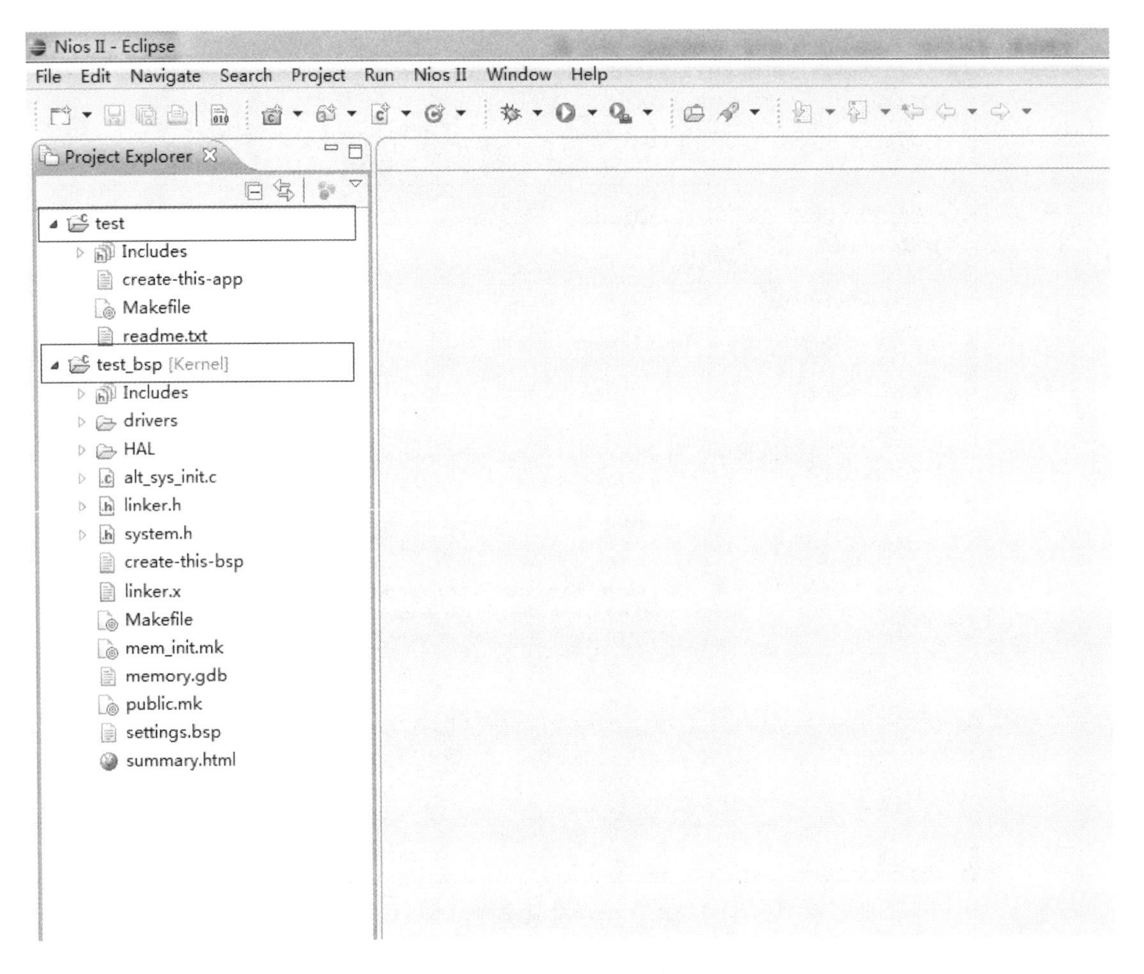

图 1-28　新建工程文件

（32）设置 BSP。选择 test_bsp 文件，点击鼠标右键，在下拉菜单中选择 Nios Ⅱ -> BSP Editor.. 选项，进行 BSP 选项设置，如图 1-29 所示。

（33）BSP 配置。在 BSP 中需要去掉几个原来软件默认的选项，增加几个要勾选的选项，如图 1-30 所示。具体如下：

enable_c_plus_plus　　去掉勾选

enable_clean_exit　　去掉勾选

enable_exit　　去掉勾选

enable_small_c_library　　增加勾选

enable_sopc_sysid_check　去掉勾选

其余选项默认不用更改。点击 Generate，完成 BSP 编辑设置，点击 Exit 退出设置。

（34）工程设置。在菜单栏中选择 Windows -> Preferences ，进入工程设置，在弹出的对话框中选择 General -> Workspace 选项中将 Save automatically before build 选项勾上，这样在每次编译之前，软件就会自动保存文件。如图 1-31 所示，其余保持不变，点击 OK 确认。

（35）此时的工程是一个空的工程，没有用户文件，所以必须创建一个新的文件，来编写属于自己的程序代码。选中 test 鼠标右键选择 New -> Source File ，在这里创建一个 main.c 文件，如图 1-32 所示。

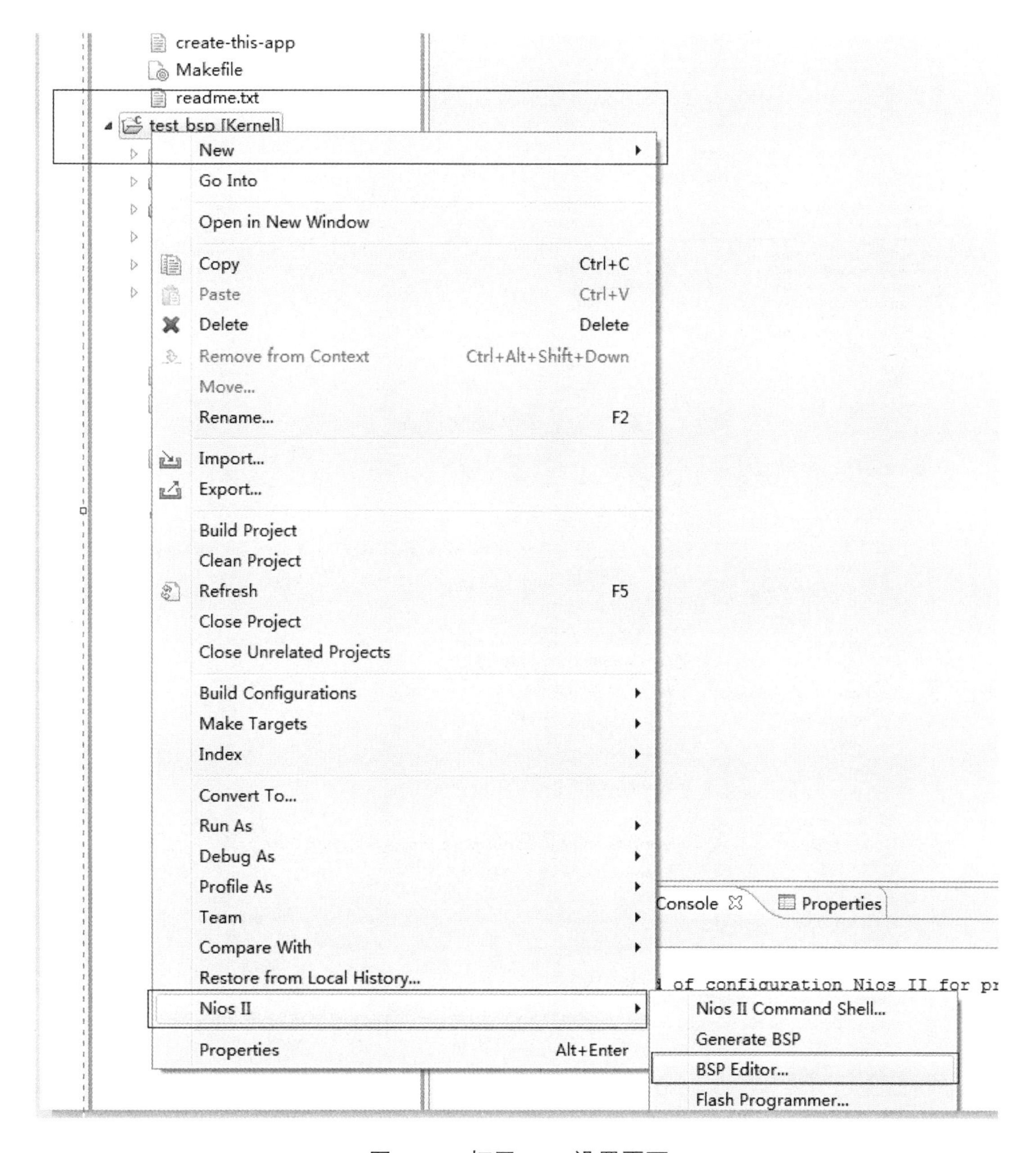

图 1-29　打开 BSP 设置页面

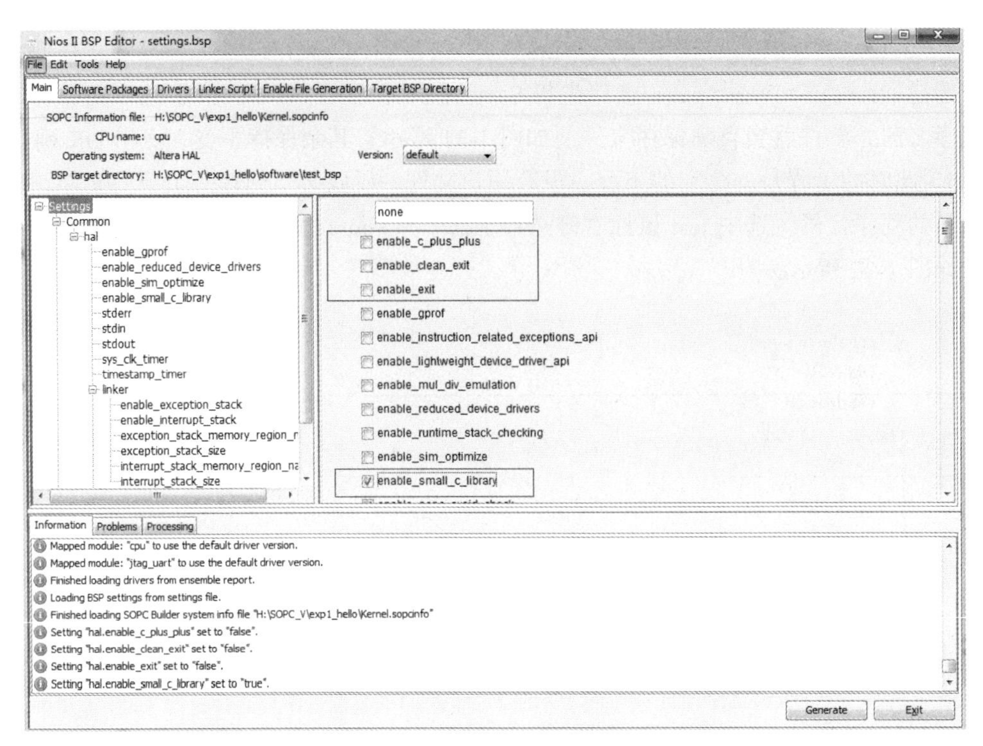

图 1-30　BSP 编辑设置

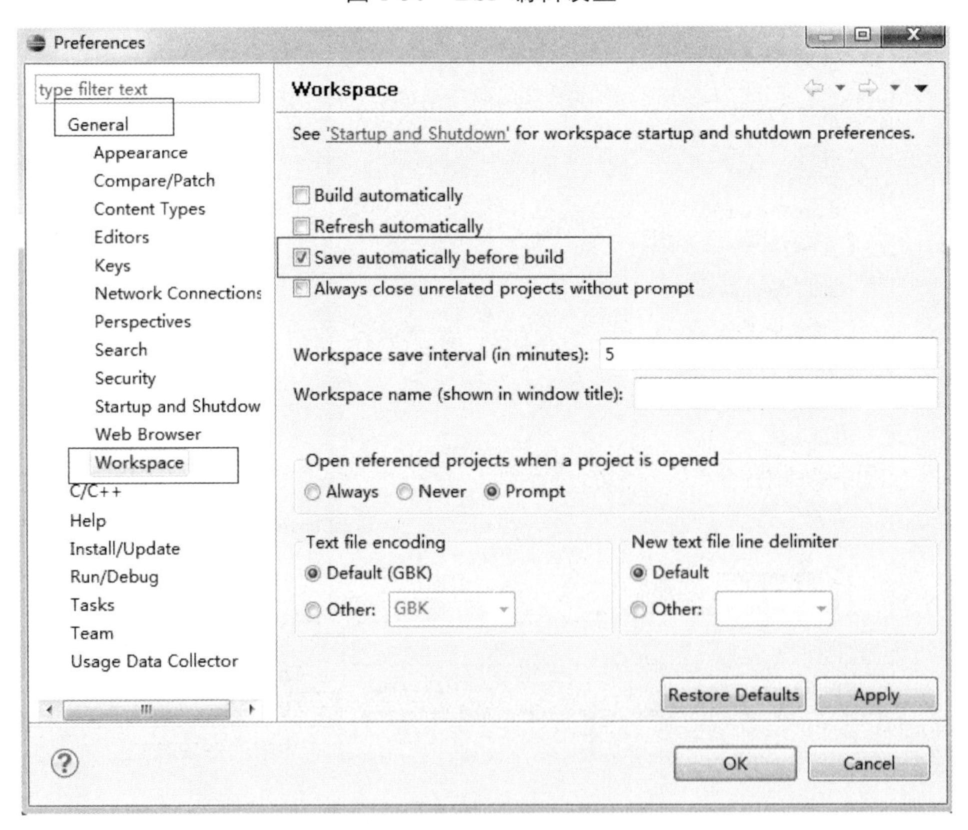

图 1-31　自动保存文件设置

（a）添加新的文件到工程

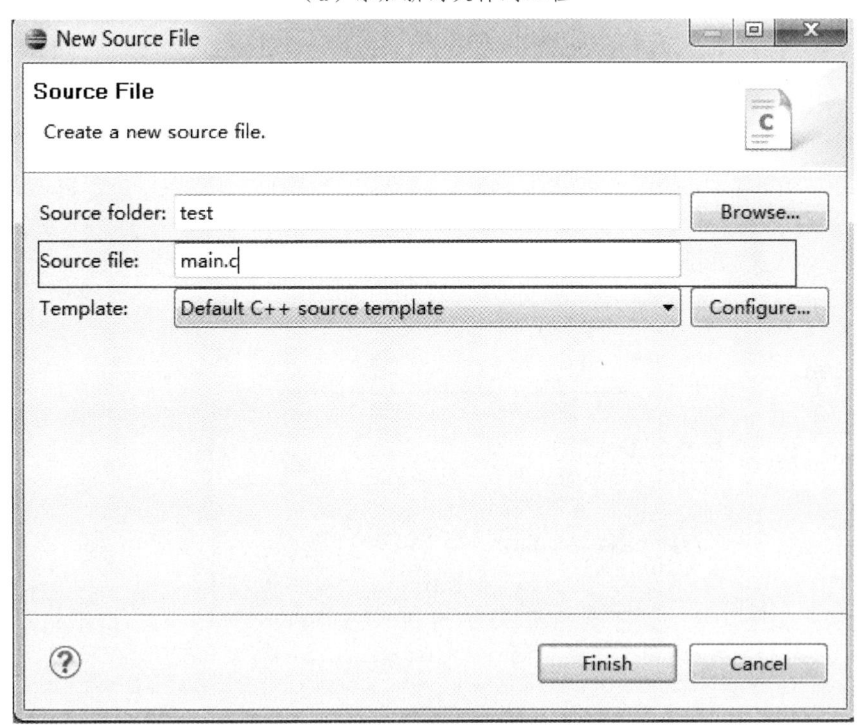

（b）设置文件名

图 1-32　创建 main.c 文件

（36）在 main.c 中键入代码：

```
/*
 *
 *   SOPC 测试代码       Hello 实验
```

```
 *   文件名：main.c
 *   功能：输出十个 Hello from Nios II！
 *


 */
#include <stdio.h>
int main ( )
{


   int i;
   for ( i=0; i<10; i++ )
   printf ( "Hello from Nios II!\n" );
   return 0;


}
```

存盘后，点击 Project 菜单下的 Build All（可以点击工具栏上的编译按钮，或是选择快捷键 Ctrl+B），编译文件，如图 1-33 所示。

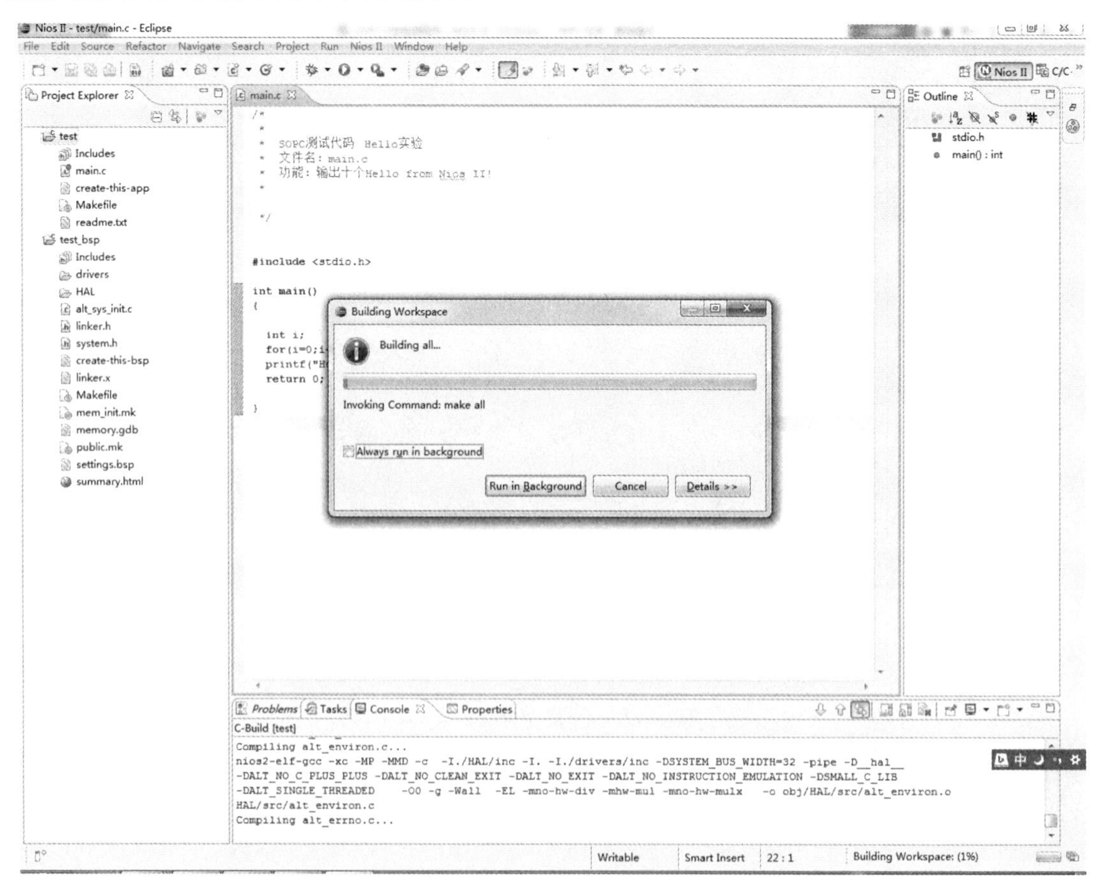

图 1-33 编译文件

（37）文件编译无误后，剩下的工作就是设置硬件连接等。将 USB 下载电缆插入到实验箱核心板上的 JTAG 接口，另一个插入 PC 端 USB（如果 USB 下载电缆第一次插入，会提示安装驱动。关于 USB 下载电缆的使用，请参阅《SOPC V 用户使用手册》），待 USB 下载电缆的工作正常后（PWR 指示灯和 USB 指示灯均常亮）后，开启实验箱电源。

（38）下载*.sof 文件。点击菜单栏的 Nios Ⅱ 选项，选择 Quartus Ⅱ programmer 选项，进入下载界面如图 1-34（a）所示，点击 Hardware setup 选择 USB Blaster 作为下载器，如图 1-34（b）所示，选择 Add File 添加要下载的 test.sof 文件（位于工程目录下），如图 1-34（c）所示，点击 Start 开始下载，下载完成进度条显示 100%successful，如图 1-34（d）所示。也可以在 quartus Ⅱ 软件中下载*.sof 文件，如图 1-34（e）所示。

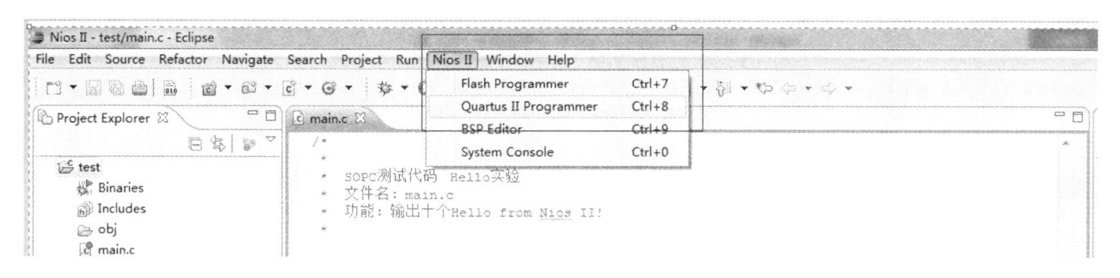

（a）进入下载界面

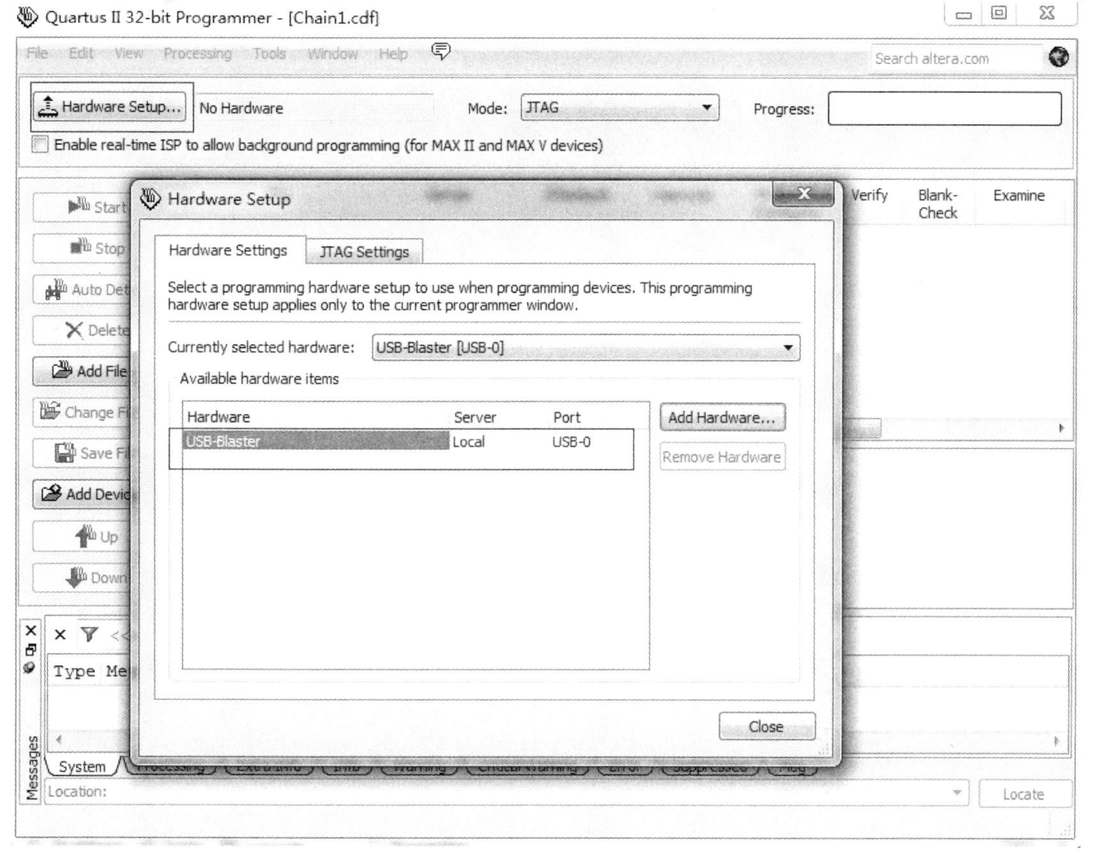

（b）选择下载器

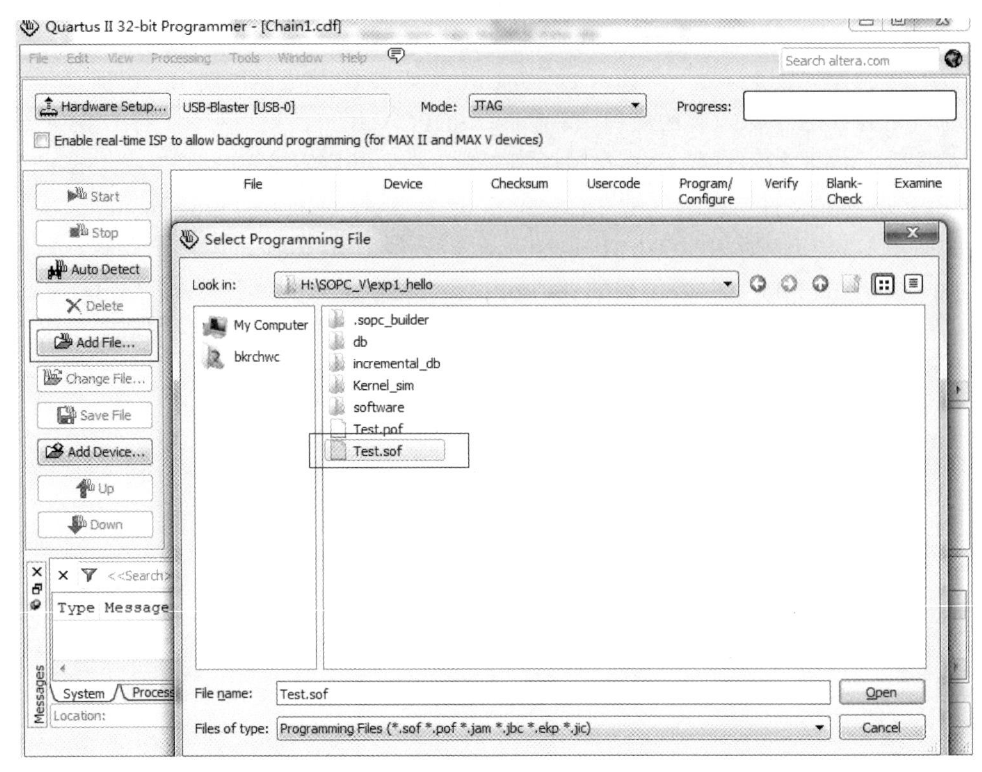

（c）选择下载文件

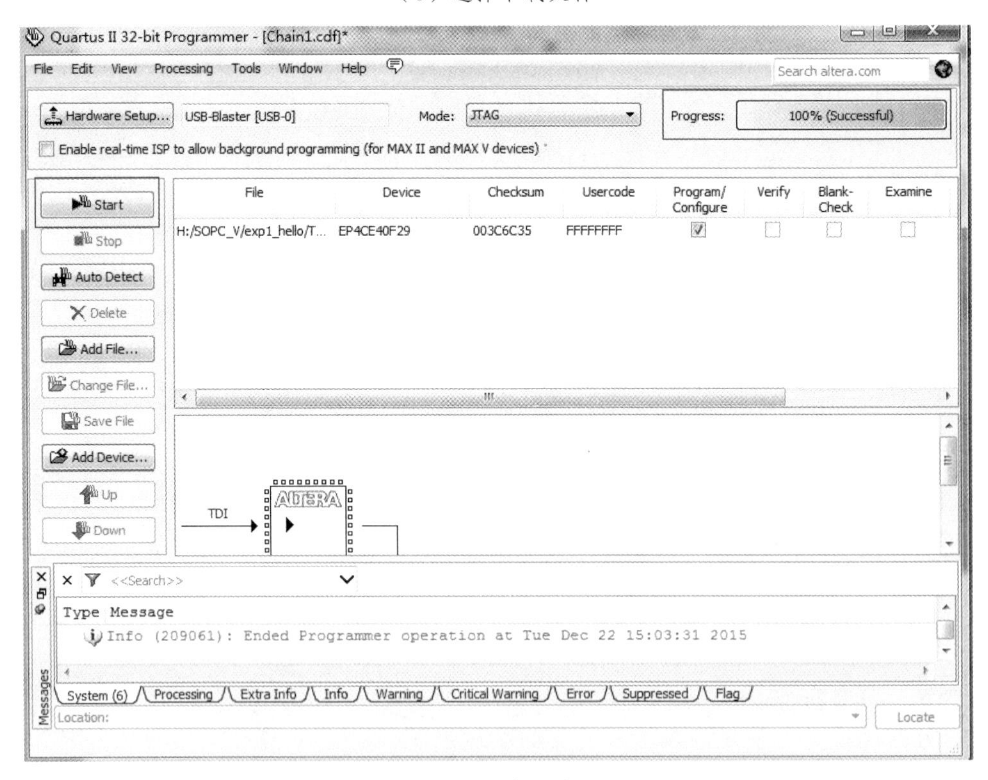

（d）下载文件

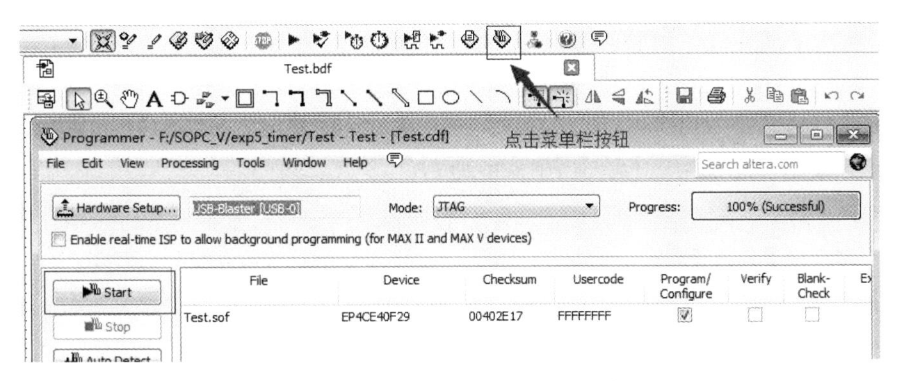

（e）在 quartusⅡ下载*.sof 文件

图 1-34　下载*.sof 文件

（39）运行程序。选择 test 项目，点击鼠标右键，选择菜单项 Run As -> Run Configurations 进入运行配置界面，如图 1-35 所示。

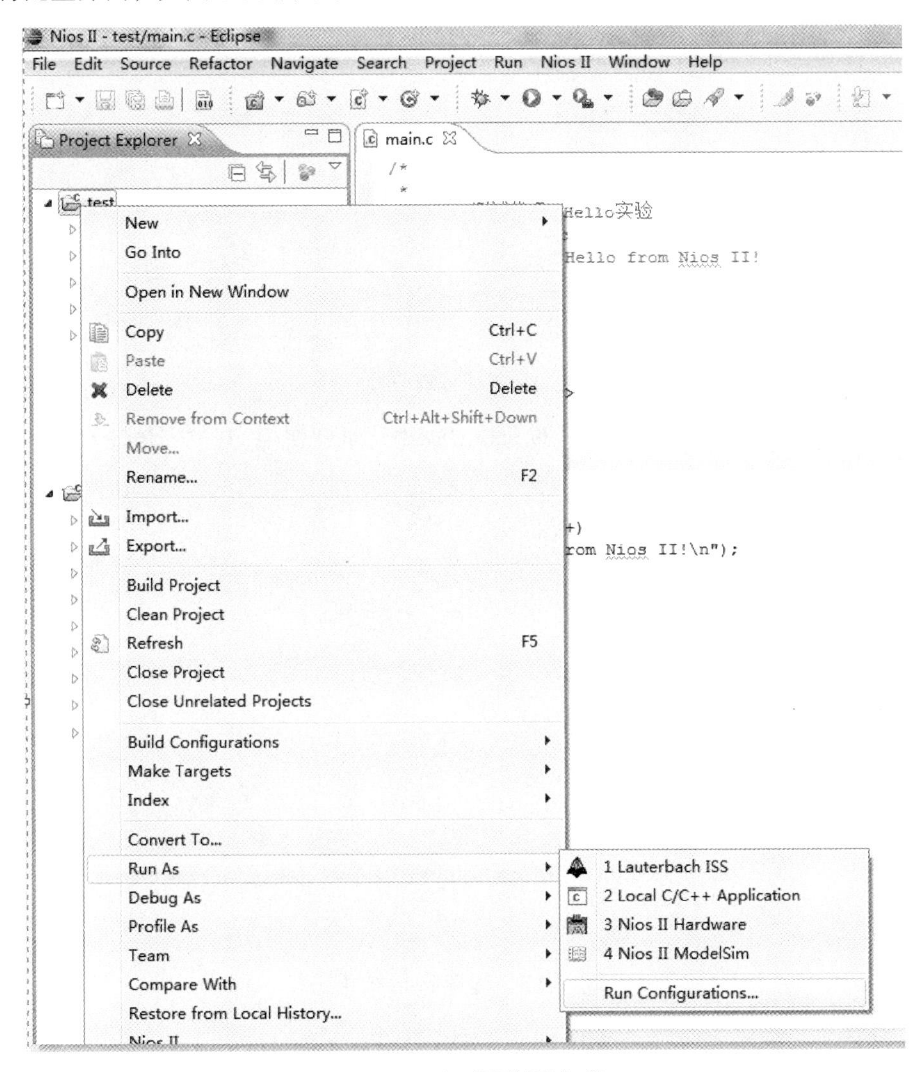

图 1-35　运行配置选项

如果是初次下载文件，则软件未保存配置文件，需要手动设置，在 Run configurations 页面下，双击 NiosⅡHardware，新建一个 New_configuration，点击选择 Target Connection 一栏，如果没有出现下载文件，则可以点击右侧的 Refresh Connections 按钮，可以刷新显示下载文件。点击 Run 按钮程序开始运行，如图 1-36 所示。

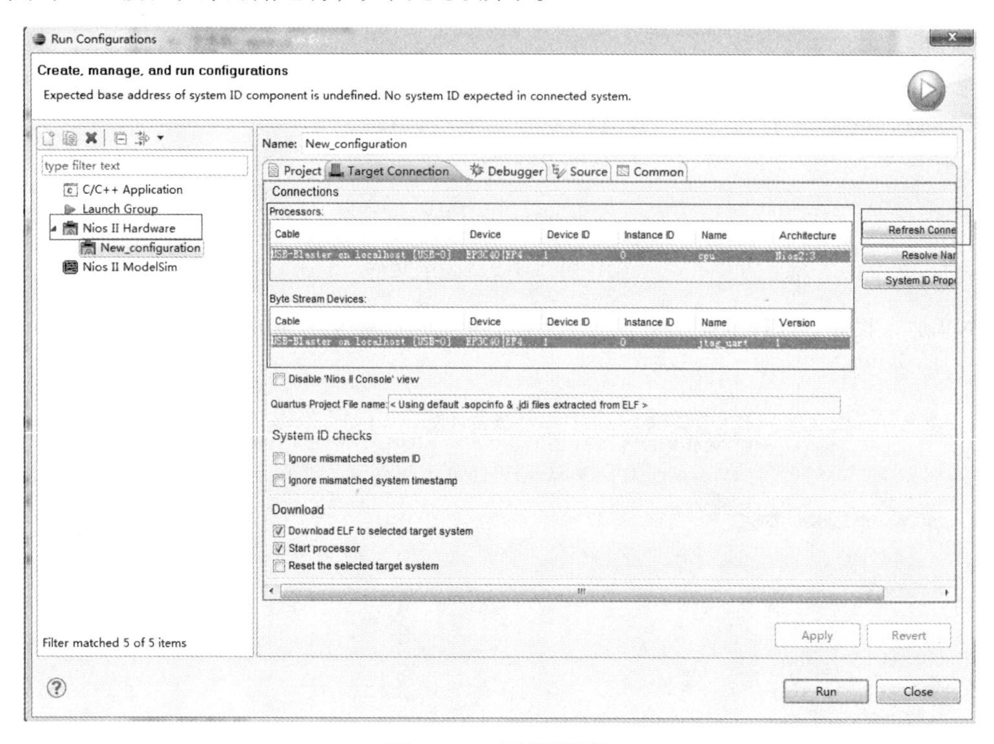

图 1-36　运行程序

（40）程序运行无措，最终实验现象将在信息输出栏打印输出 10 个“Hello from NiosⅡ!”，如图 1-37 所示。

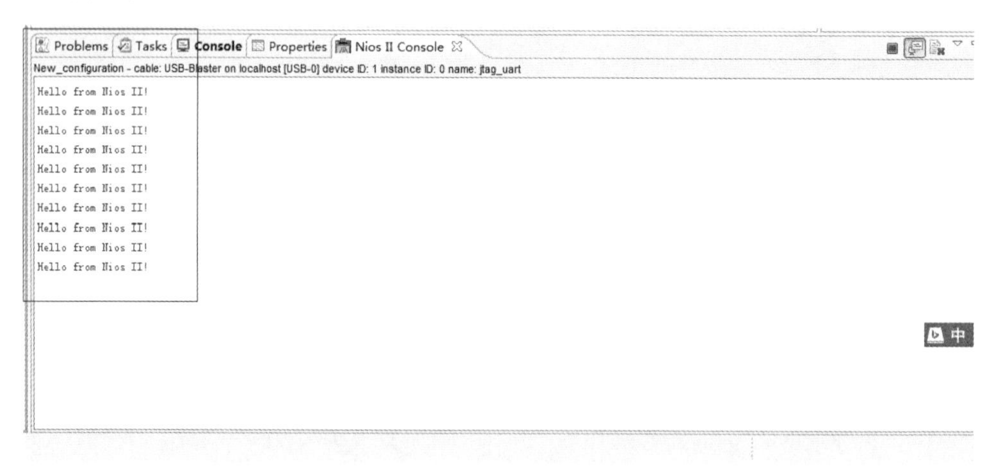

图 1-37　程序运行结果

（41）确认实验结果无误后，退出 NiosⅡIDE 软件，关闭 QuartusⅡ软件，关闭实验箱电源，拔出 USB 下载电缆。

实验二　流水灯实验

一、实验目的

（1）进一步熟悉 SOPC 的基本流程。
（2）熟练掌握 SOPC 上 PIO 端口的应用。
（3）熟悉自主创建工程的步骤以及强化编程的能力。

二、硬件需求

（1）EDA/SOPC 实验开发系统一台。
（2）电源线和端口连接线若干。

三、实验原理

在已经了解 SOPC 设计基本流程的基础上，从本实验开始，将逐步学习使用 SOPC Builder 软件中提供的 IP 核。本节要学习的 IP 核是 PIO。

PIO 是并行输入/输出（parallel input/output）的缩写，是一个基于存储器映射方式，介于 Avalon 从端口与通用 IO 端口之间的一个 IP 核。它既可以用在 FPGA 内部逻辑的控制连接，也可以映射到 FPGA 的 IO 引脚上，扩展到系统板上进行控制。通过 PIO 核，NiosⅡCPU 就可以像访问存储器一样非常方便地控制 I/O 端口。PIO 通常用于如下场合：

① 控制 LED。

② 获取开关量。

③ 控制显示设备。

④ 配置非片上设备或与其进行通信。

当 PIO 核配置为输入模式时，还可以产生中断信号到 NiosⅡCPU，基于此，系统中几乎可以扩展任意多个外部中断。每个 PIO 核最多可提供 32 个 IO 端口，NiosⅡCPU 可以通过访问存储器映射方式的接口寄存器，来设定 PIO 状态或读取 PIO 状态。如果 PIO 直接映射到 FPGA 的 IO 引脚上，CPU 还可以通过写控制寄存器将其置为高阻态输出（三态）。当系统中加入 PIO 核的时候，PIO 对 CPU 而言就体现为以下特性：

① 四个存储器映射方式的寄存器：数据、方向、中断屏蔽以及边沿捕捉方式。

② 1 ~ 32 个 IO 端口。

PIO 在系统中可以被配置为三种模式：输入模式，输出模式以及输入/输出模式。CPU 读数据寄存器和写数据寄存器在硬件上是分离的，读数据寄存器实际上是读取当前 PIO 端口状态，而写数据寄存器将用来驱动 PIO 端口状态，所以读取数据寄存器时并不是读取写入到数据寄存器的值。

当 PIO 被配置为输入模式时，它还可以产生中断，包括电平触发和边沿触发。对于边沿触发，它既可以检测上升沿和下降沿，还可以处理双边沿的情况。对于每一个输入的 IO 端口，都可以通过中断屏蔽寄存器将任意一个输入端口的中断进行屏蔽。PIO 核的 Alvalon 总线接口仅包含了一个 Avalon 从端口，该从端口支持基本的 Avalon 读和写操作，同时提供了一个中断输出。

PIO 核特性的设置是通过 SOPC Builder 中的 PIO 配置向导完成，PIO 配置向导有两个标签项，一个是 Basic Setting，另一个是 Input Options。

1. Basic Setting

Basic Setting 标签中主要用来设置 PIO 的宽度以及 PIO 的方向：

① 宽度设置可以设置从 1 ~ 32 之间的任何一个数，也就是说，PIO 核最多支持 32 位 IO 端口。

② 方向设置包含了四种可选类型：双向三态端口（在这种模式下，每个 PIO 端口都共享一个设备引脚用来驱动它或捕获数据，每个引脚的方向可以独立选择；如果要让它工作为三态，只需将其配置为输入即可）、输入端口（该模式下仅捕获 PIO 端口上的数据）、输出端口（该模式下进驱动 PIO 端口）以及输入/输出端口（该模式下的输入总线和输出总线是分离的，每个总线占用宽度与 PIO 设定的宽度一致）。

2. Input Options

Input Options 标签在 PIO 被配置为输出模式时不可用。该标签中主要用来设定 PIO 的边沿检测方式以及中断触发方式。

（1）当 Synchronously capture 选中的时候，方可选择边沿检测类型。PIO 的边沿检测包括上升沿、下降沿和双边沿。此时 PIO 核会产生一个边沿检测寄存器——edgecapture。

（2）当 Generate IRQ 选中的时候，就可以对其中断类型加以选择。PIO 支持的中断方式有边沿触发和电平触发两种。

在软件中，控制 PIO 核主要是通过四个 32 位的存储器映射寄存器来实现的，如表 2-1 所示。

表 2-1　PIO 核相关寄存器

<table>
<tr><td>Offset</td><td colspan="2">Register Name</td><td></td><td>（n-1）</td><td>…</td><td>2</td><td>1</td><td>0</td></tr>
<tr><td rowspan="2">0</td><td rowspan="2">date</td><td>read access</td><td>R</td><td colspan="5">Date value currently on PIO inputs</td></tr>
<tr><td>write access</td><td>W</td><td colspan="5">New value to drive on PIO outputs</td></tr>
<tr><td>1</td><td colspan="2">direction（1）</td><td>R/W</td><td colspan="5">Individual direction control for each I/O port. A value of 0 sets the direction ti inputs; 1 sets the direction to output.</td></tr>
<tr><td>2</td><td colspan="2">Interrupt-mask</td><td>R/W</td><td colspan="5">IRO enable/disable for each input port. Setting a bit to 1 enables interrupts for the corresponding port.</td></tr>
<tr><td>3</td><td colspan="2">edge-capture（1），（2）</td><td>R/W</td><td colspan="5">Edge detection for each input port.</td></tr>
</table>

（1）This register may not exits, depending on the hardware configuration. If a register os not present, reading the register returns an undefined value, and writing the register has no effect.

（2）Writing any value to edgecapture clears all bits to 0.

1）数据寄存器（Data）

读取该寄存器，将得到当前 PIO 输入端口的状态，如果 PIO 被配置成输出模式的，读取该寄存器将得到一个不确定的值。

写数据寄存器将驱动 PIO 输出端口，如果 PIO 被配置成输入模式，向该寄存器写入值将无效。如果 PIO 被配置成输入输出模式，该寄存器的值仅在 direction 寄存器中相应位被置为 1（输出）时才有效。

2）方向寄存器（Direction）

方向寄存器主要用来控制 PIO 端口的数据方向。当该寄存器中的第 n 位被置为 1 的时候，对应的 PIO 的 IO 端口中的第 n 位将为输出状态，输出的电平是写入到数据寄存器中的第 n 位的值。

方向寄存器仅在 PIO 核被配置为双向模式的时候才有效，在输入模式或输出模式情况下，该寄存器无效，此时读取该寄存器将得到一个不确定的值，写入该寄存器也无效。

系统复位后，该寄存器将被清零，此时所有的 PIO 端口都呈现输入模式。如果这些端口被分配到 FPGA 的 IO 引脚上，此时将呈现高阻态。

3）中断屏蔽寄存器（Interrupt-mask）

如果要使能 PIO 中某个输入端口的中断，只需要将 interrupt-mask 寄存器中的相应位写入‘1’便可；写入‘0’将禁止该 IO 端口中断。中断屏蔽寄存器仅在硬件支持中断触发的时候才有效，如果 PIO 核配置成无中断触发功能，那么读取该寄存器将得到一个不确定的值，向该寄存器写入的值也无效。

系统复位后，该寄存器将被清零，此时所有的 PIO 端口的中断都被禁止。

4）边沿捕捉寄存器（Edge-capture）

如果 PIO 核的某个 IO 输入端口检测到满足设置的边沿条件，则该寄存器中的相应位将被置为‘1’，因此当 CPU 读取该寄存器中发现某位为‘1’时，说明对应的 IO 端口检测到了对应的边沿信号。向该寄存器中写入任意值，都将清零该寄存器。

PIO 核的边沿检测类型仅在加入该 IP 核的时候可以设置，软件中无法修改。如果 PIO 核加入的时候不支持边沿检测功能，则该寄存器将不存在，此时读取该寄存器将得到一个不确定的值，向该寄存器写入的任何值都无效。

在软件中，要访问 PIO 端口，只需要加入 altera_Avalon_pio_regs.h 文件，按照其提供的标准库函数访问即可。该文件中提供的库函数包括：

- 读写数据寄存器。
- IORD_ALTERA_AVALON_PIO_DATA（base）。
- IOWR_ALTERA_AVALON_PIO_DATA（base，data）。
- 读写方向寄存器。
- IORD_ALTERA_AVALON_PIO_DIRECTION（base）。
- IOWR_ALTERA_AVALON_PIO_DIRECTION（base，data）。
- 读写中断屏蔽寄存器。
- IORD_ALTERA_AVALON_PIO_IRQ_MASK（base）。
- IOWR_ALTERA_AVALON_PIO_IRQ_MASK（base，data）。
- 读写边沿捕捉寄存器。

• IORD_ALTERA_AVALON_PIO_EDGE_CAP（base）。

• IOWR_ALTERA_AVALON_PIO_EDGE_CAP（base，data）。

LED 流水灯实验原理：

LED 电路原理图如图 2-1 所示，74HC245 用于驱动 LED 灯，稳定 LED 的亮度。通过电路原理图可以知道，LED 灯对应控制端口给 1 就可以点亮 LED，给 0 则 LED 灯灭，我们可以在一个循环里逐个点亮 LED 灯，以实现流水灯效果。

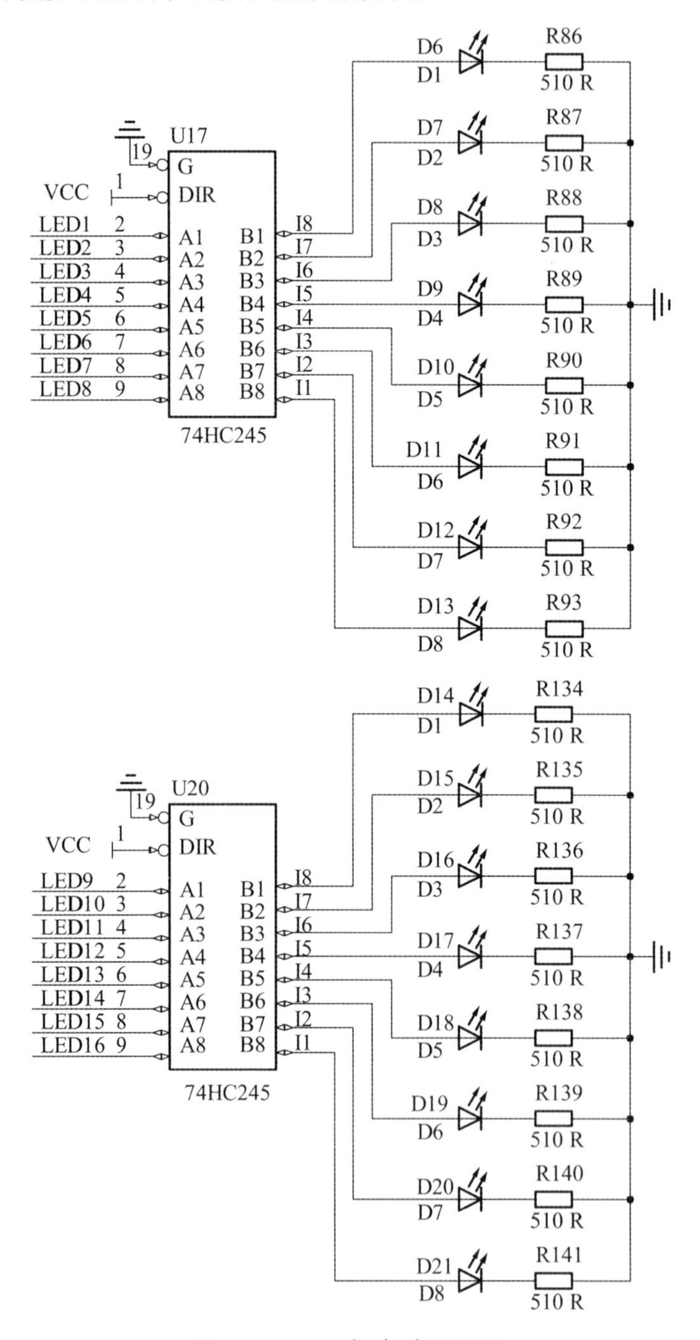

图 2-1　LED 灯电路原理图

四、实验内容

为了学习 SOPC Builder 中提供的 PIO 核，本实验要求在实验一的基础上，加入 1 个 16 位的 PIO 核，并设置成输出模式，用于控制 LED 灯，让 16 颗 LED 灯以一定的频率实现流水效果。

五、实验步骤

完成本实验的实验步骤为：

（1）新建文件夹命名为 exp2_led，将实验一工程目录下的文件拷贝到该文件夹下。

（2）打开 quartusⅡ软件，并打开工程文件，双击原理图中的 Kernel 器件，进入编辑模式，往里添加 PIO 核。

单击选中 System Contents 列表中的 Peripherals 类中的 Microcontroller Peripherals，选择 PIO（Parallel I/O），然后点击底部的 Add 按钮（或是直接双击鼠标左键），在弹出的对话框中按照图 2-2 所示进行设置后（这里只是将 PIO 设置为 16 位输出模式，其余保持不变），点击 Finish 按钮，并将其重命名为 LED。

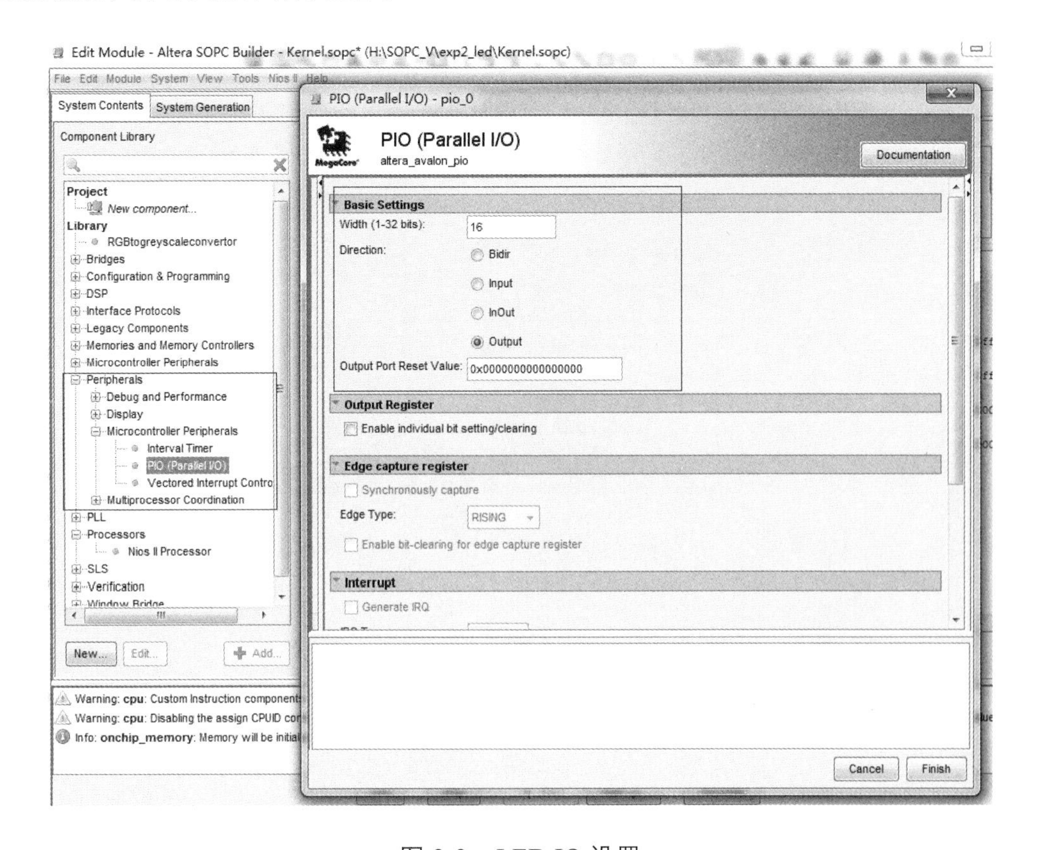

图 2-2　LED IO 设置

（3）编译内核。添加好 PIO 核之后点击 Generate，点击 Save 保存修改，系统开始编译，编译完成之后点击 Exit，返回原理图界面，如图 2-3 所示。

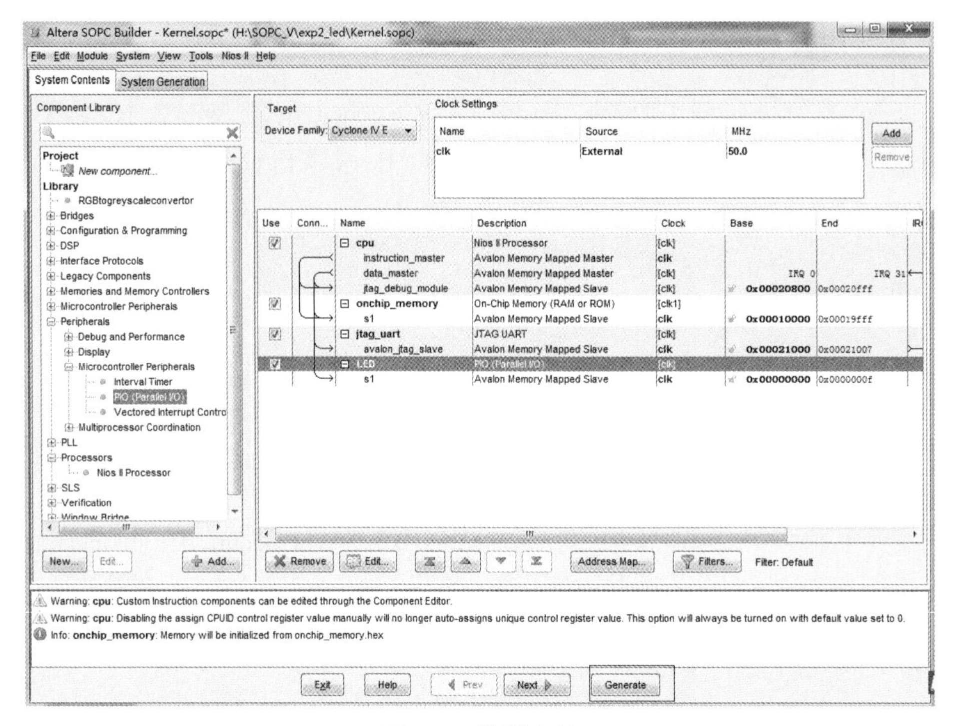

图 2-3　编译内核

（4）修改原理图。退出 SOPC Builder 后，软件会自动提醒原理图器件有改变，选择是否需要修改，此处选择 OK，如图 2-4（a）所示。原理图修改之后如图 2-4（b）所示。

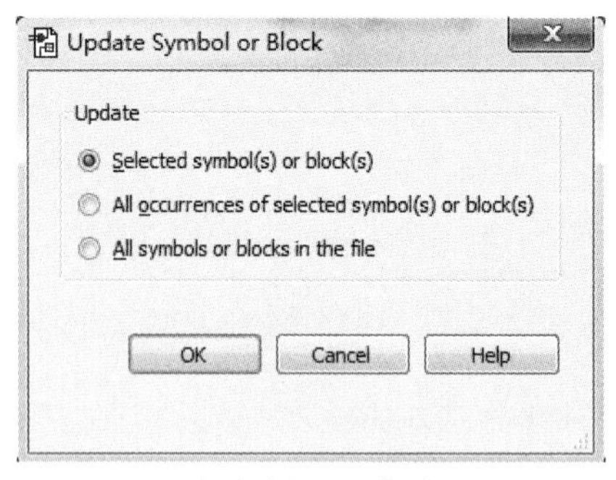

（a）原理图修改

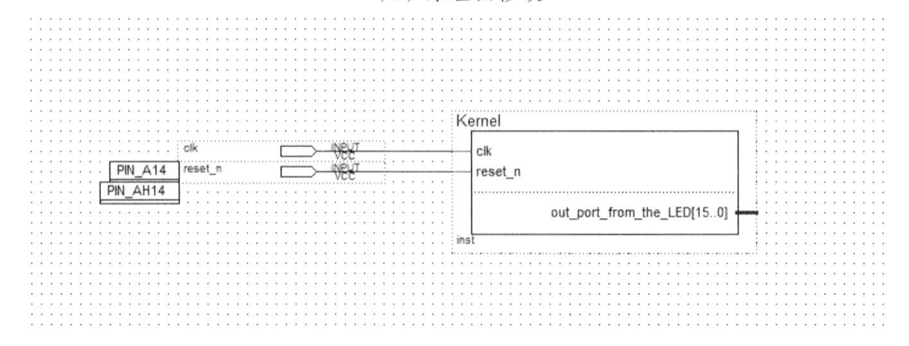

（b）修改之后的原理图

图 2-4　原理图修改前后对比

（5）增加输出引脚。给内核一个输出引脚，双击原理图空白处，在输入框中输入 output，选择 OK，放置输出引脚并连接到 Kernel 中，如图 2-5（a）所示，同时给输出管脚命名为 LED[0..15]，如图 2-5（b）所示。

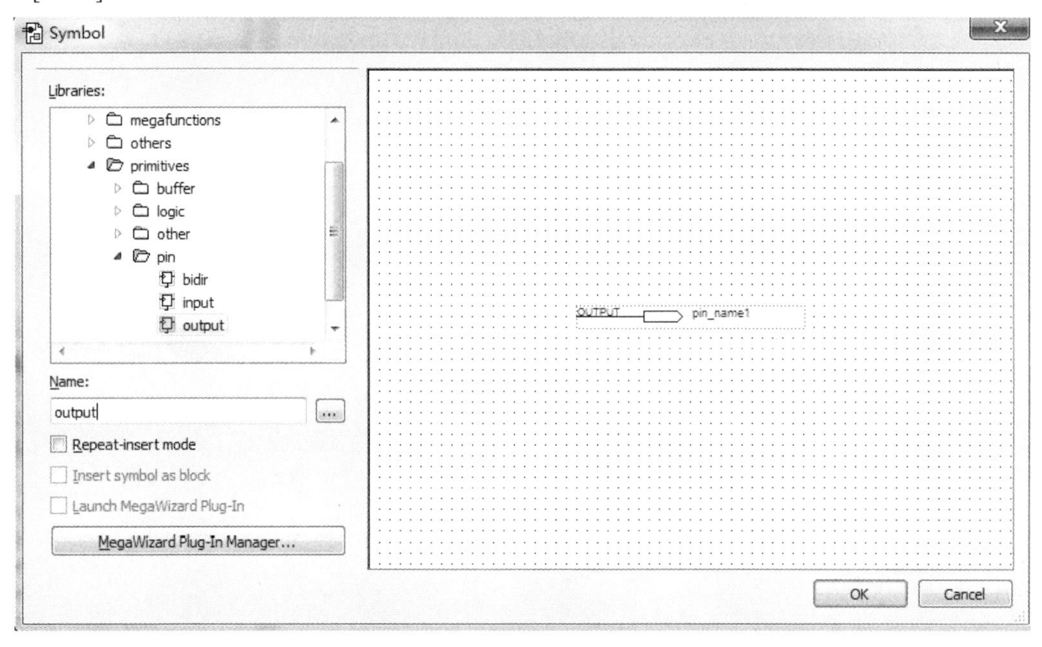

（a）放置输出引脚

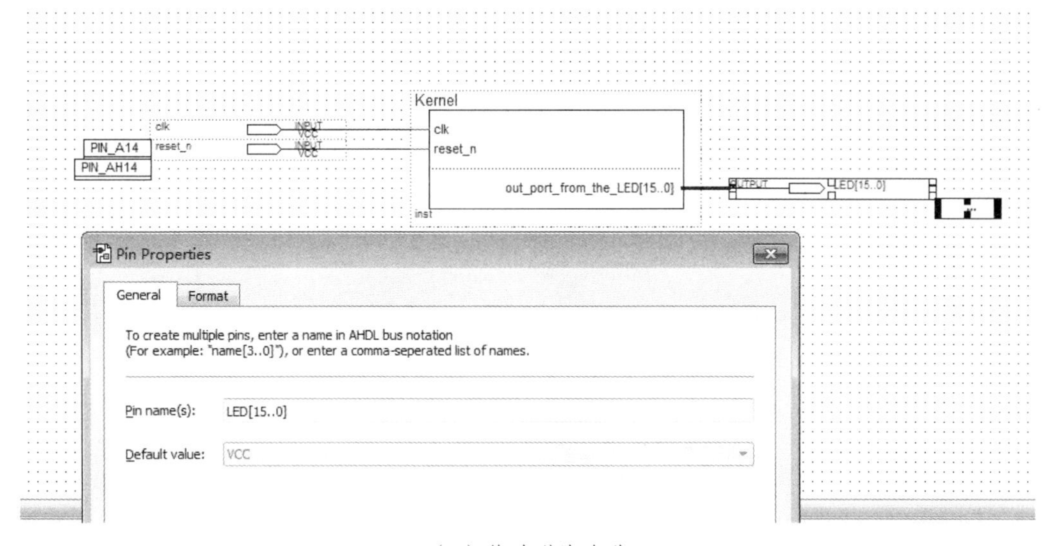

（b）修改引脚名称

图 2-5　增加输出引脚

（6）编译工程。保存原理图修改之后，点击菜单栏图标 ▶，进行工程编译，工程若无错误，则编译完成会给出成功提示，如图 2-6 所示。

（7）分配管脚。根据附录Ⅱ找到 LED 的管脚分配，此处介绍另外一种分配管脚的操作，点击菜单栏选项 Assignments -> Assignment Edit 进入管脚编辑界面，如图 2-7 所示。

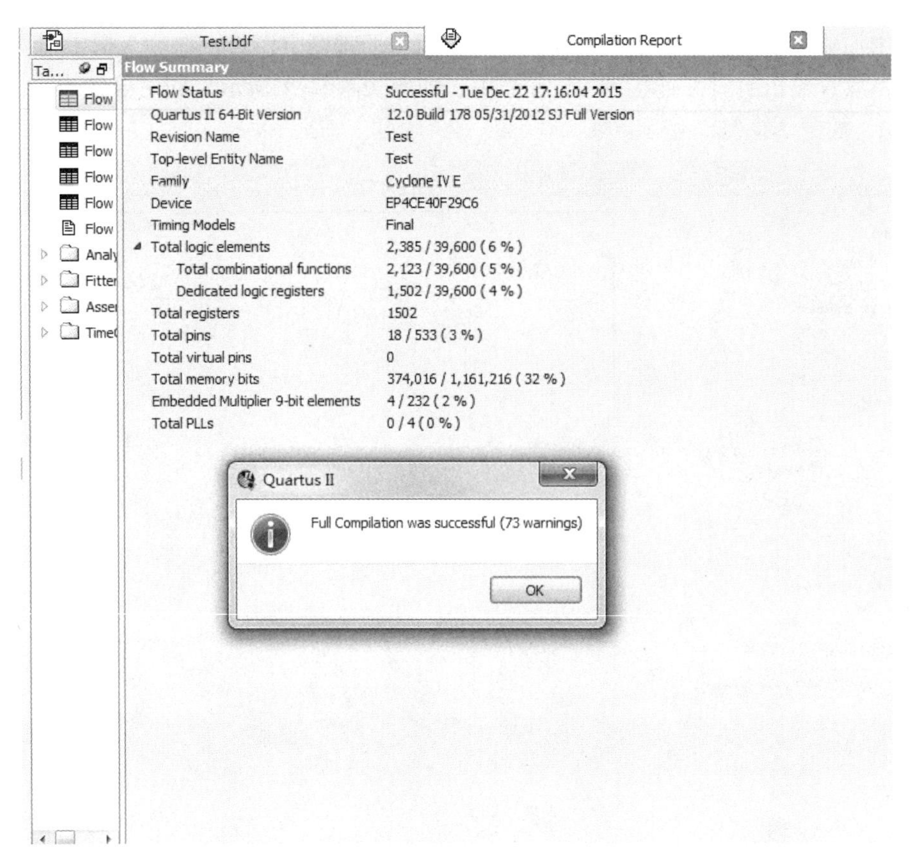

图 2-6　工程编译成功

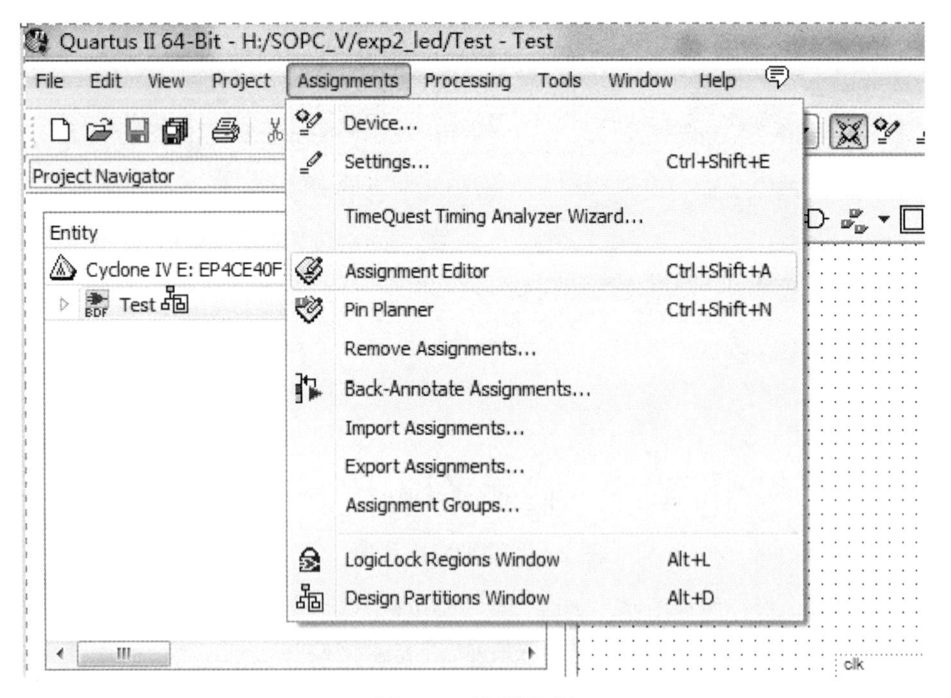

图 2-7　管脚编辑

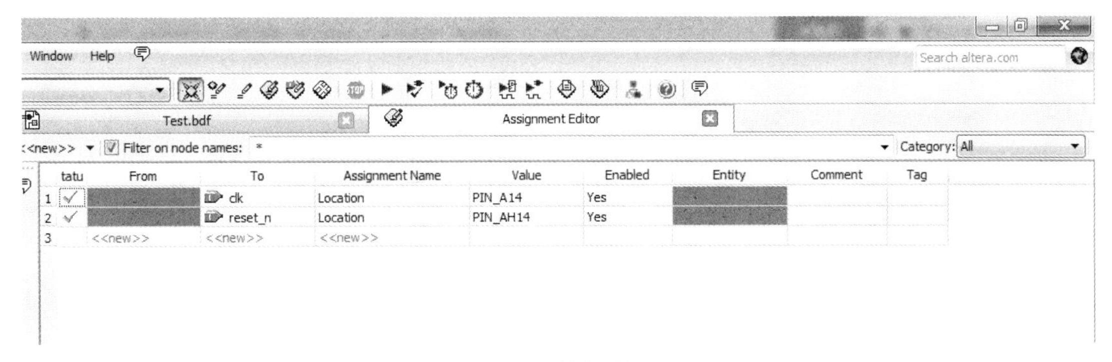

图 2-8　编辑界面

在编辑界面下双击 To 下列表中的 New 来增加管脚，如图 2-8 所示。具体步骤为：

① 双击 To 下列的 New 行，并单击 图标，在弹出的搜索界面中设置搜索选项。注意：Filter 一栏设置为 Pins：all，点击 List，软件会自动搜索所有管脚并列出来，如图 2-9 所示，这时选择需要添加的引脚即可。

② 点击 OK，选中的管脚添加到当前目录下，在 Assignment Name 一列选择 Location 属性，可以直接鼠标右键单击 Copy 和 Paste 进行复制粘贴，Value 一栏复制附录Ⅱ中的 IO 分配表，再粘贴上去（请注意顺序），完成整个管脚分配，如图 2-10 所示。

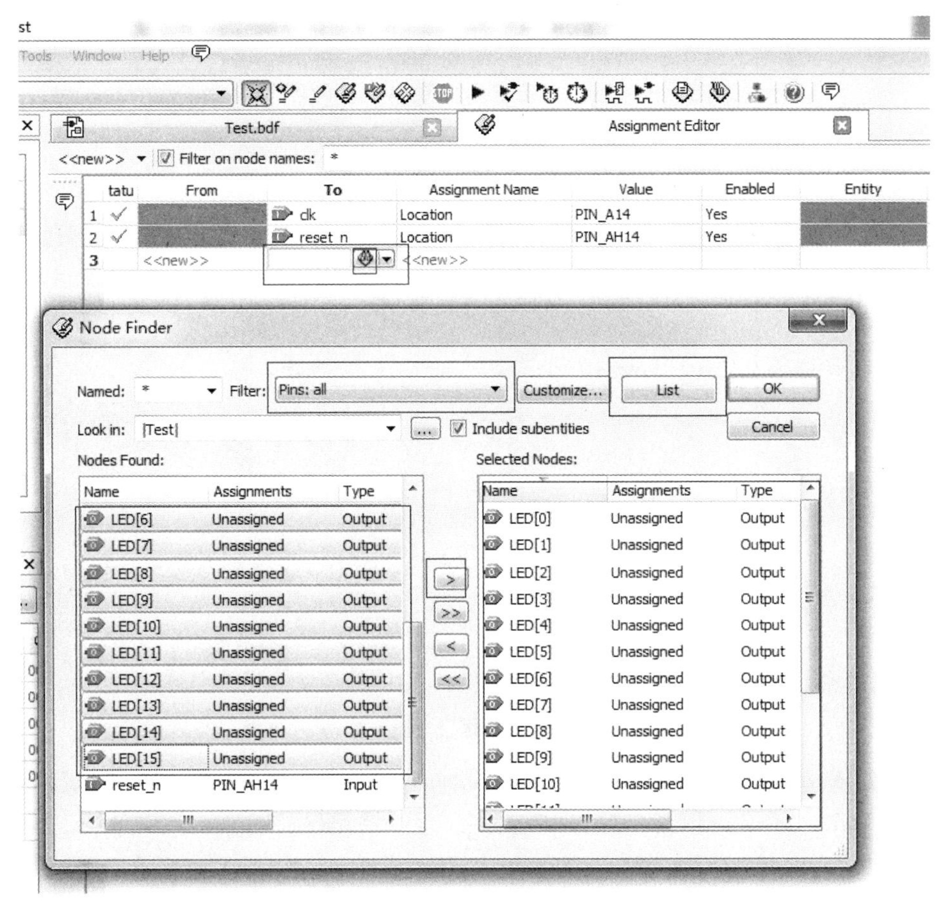

图 2-9　管脚搜索

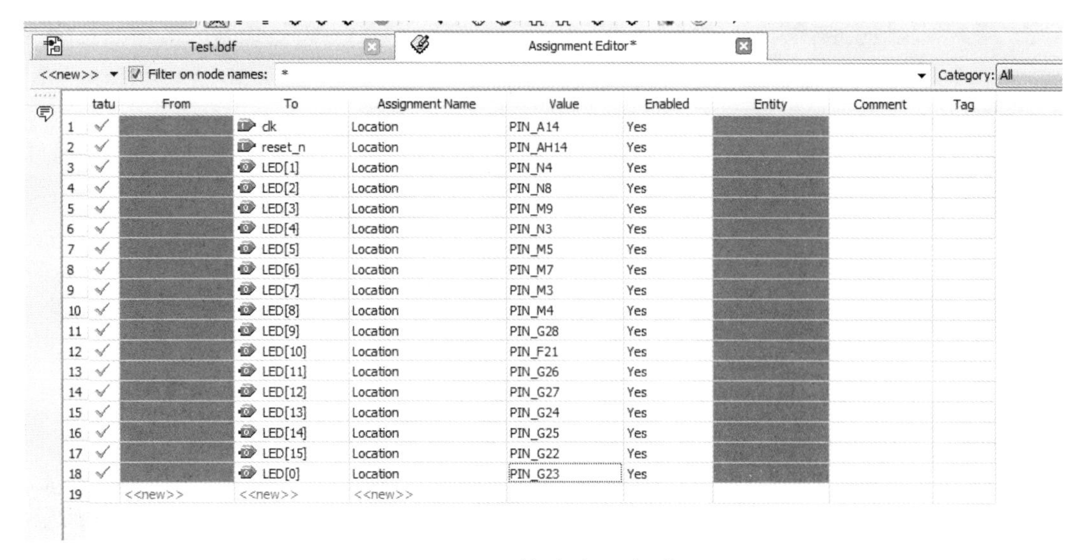

图 2-10　管脚分配完成

（8）点击保存，完成管脚分配。再次点击编译，编译通过之后就可以启动 NiosⅡ软件。

（9）启动 NiosⅡ软件，选择进入工程目录下的 software 文件夹下。

（10）更新工程。鼠标右击工程名 test，选择 clean project，如图 2-11 所示，等待更新完毕即可。

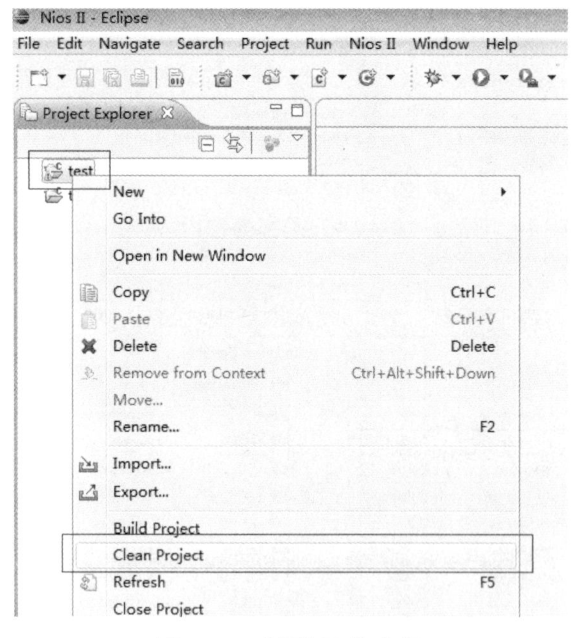

图 2-11　清理工作空间

（11）重新创建 BSP。注意每次在移动工程文件路径之后，都需要重新创建 BSP，具体步骤如图 2-12 所示。

单击选中 test_bsp，鼠标右键选择 NiosⅡ-> BSP Editor，进入 BSP 编辑界面，如图 2-12（a）所示。

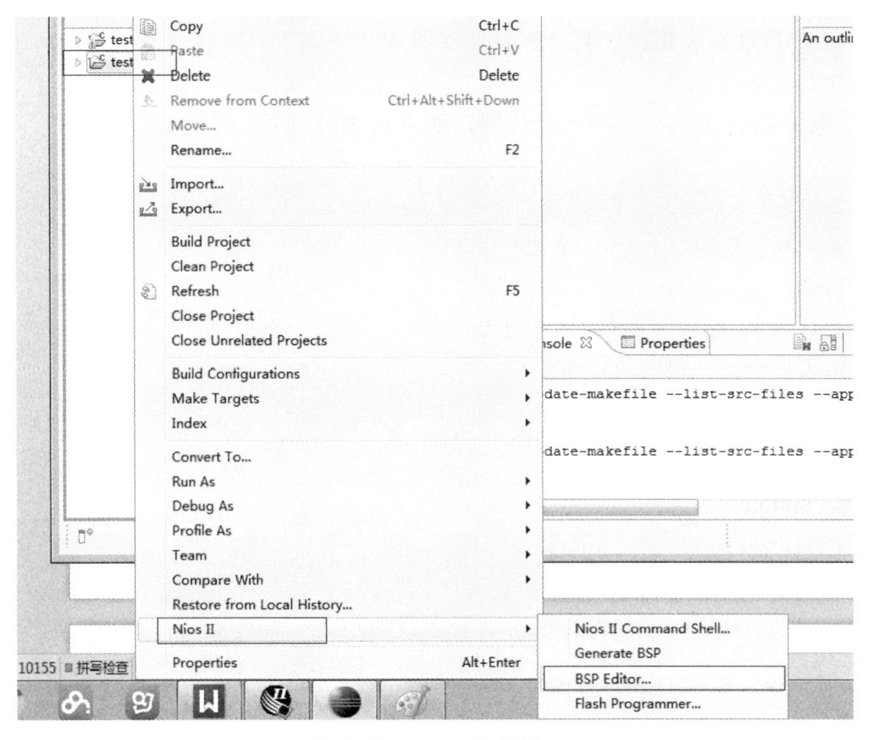

（a）进入 BSP 编辑界面

打开 BSP Editor 界面可以发现会有报错提示，说没有找到 kernel 内核文件，这时需要重新指定 sopc 内核文件，在菜单栏中选择 file->New BSP，创建一个新的 BSP，设置如图 2-12（b）所示，点击 OK，完成创建。

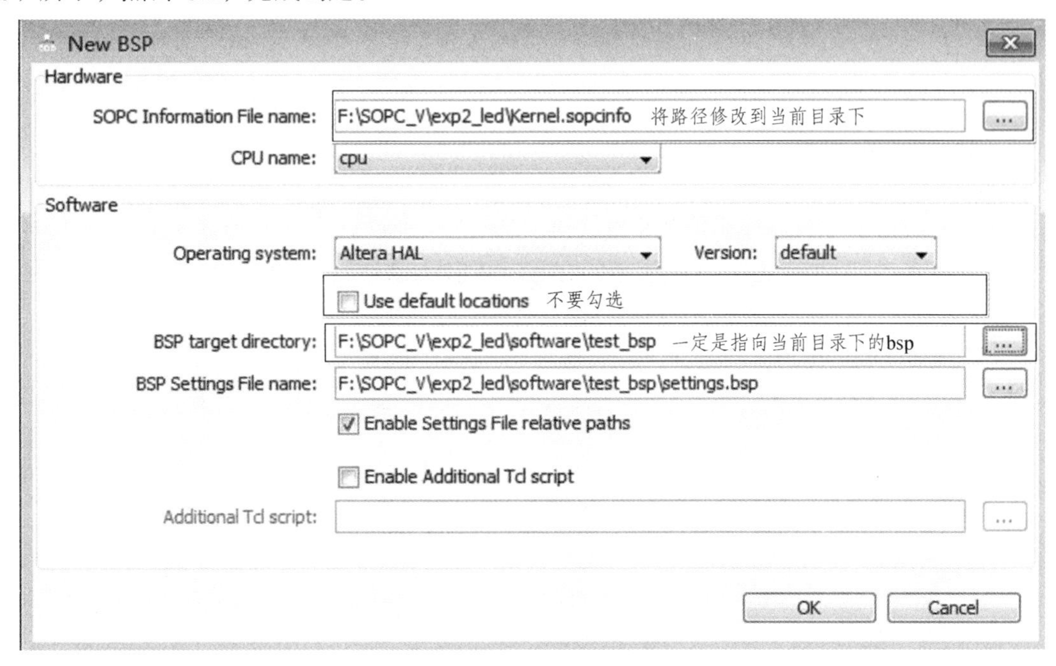

（b）新建 BSP 设置

图 2-12　重新创建 BSP

新建的 BSP 依然需要重新配置，配置过程请参考实验一。之后点击 Generate，完成创建，点击 exit 退出。

（12）修改 main.c 文件。编写程序代码，实现流水灯效果。实验程序如下：

```
/*
 *
 *   SOPC 测试代码        LED 流水灯实验
 *   文件名：main.c
 *   功能：实现 16 个 LED 灯流水效果
 *
 */


#include <stdio.h>
#include "system.h"
#include <sys/unistd.h>
#include "altera_avalon_pio_regs.h"

int main()
{

   int i;

   printf("\n    exp2_led \n");
   while(1)
   {
   for(i=0;i<16;i++)
   {
       // 调用 PIO 核的库函数使用方式给 IO 赋值
         IOWR_ALTERA_AVALON_PIO_DATA(LED_BASE, (1<<i));

         usleep(300000);

   }

   }
   return 0;

}
```

（13）仔细阅读代码，掌握 IO 操作的详细过程以及程序编写方法，全部理解透彻后，编译工程。

（14）工程编译无误后，通过 USB 下载电缆把 PC 与实验箱相连接，然后开启实验箱电源。

（15）下载*.sof 文件，下载过程可以参考实验一。

（16）在 NiosⅡ12.0 中进行硬件配置。配置过程可以参考实验一。注意，当提示没有找到 sysid 时，作如下设置就可以忽略掉软件对 sysid 的检查，如图 2-13 所示。

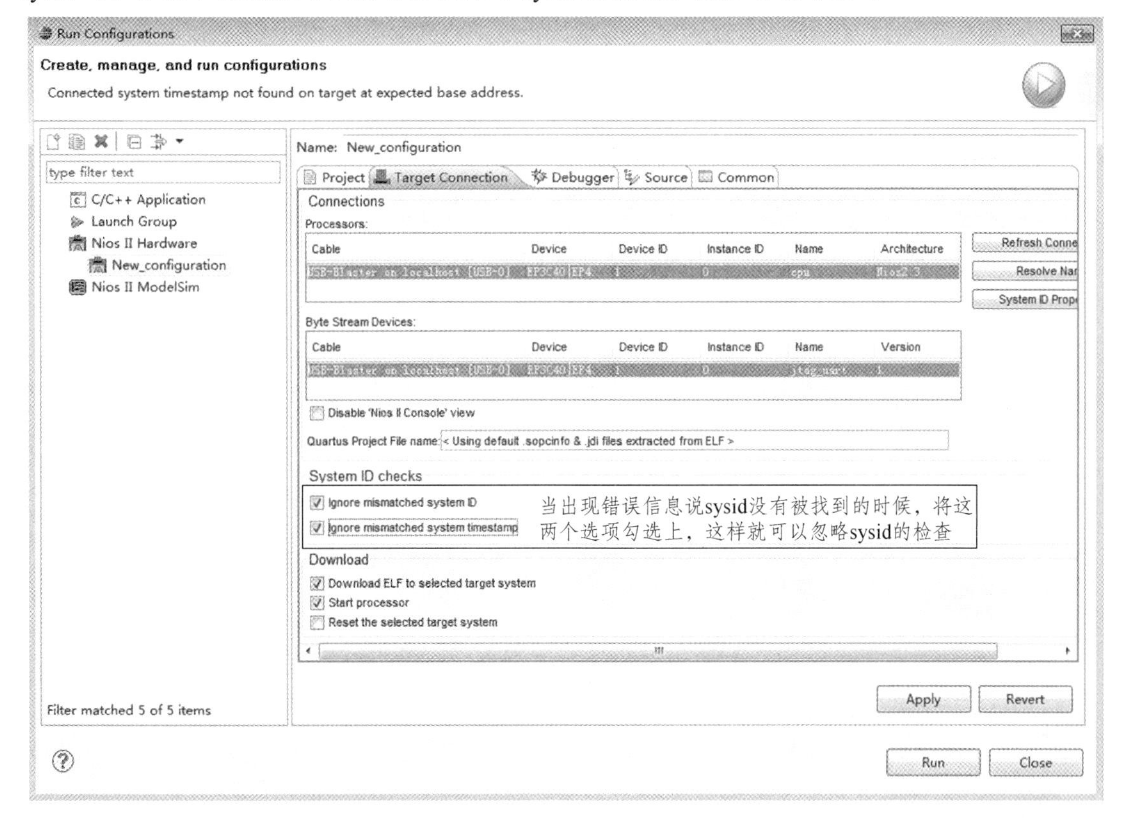

图 2-13　忽略 sysid 的检查设置

（17）点击 run，运行程序。

（18）查看程序运行结果是否正确，正确的操作步骤可以看到 D1 ~ D16 循环亮灭。

（19）实验结果无误后，退出 NiosⅡDE 软件，关闭 QuartusⅡ软件，关闭实验箱电源，拔出 USB 下载电缆。

实验三　IO 读取实验

一、实验目的

（1）进一步熟悉 SOPC 的基本流程。
（2）熟练掌握 SOPC 上 PIO 端口的应用。
（3）熟悉自主创建工程的步骤以及强化编程的能力。

二、硬件需求

（1）EDA/SOPC 实验开发系统一台。
（2）电源线和端口连接线若干。

三、实验原理

本实验与实验二原理类似，主要讲述 SOPC 内核中 PIO 核的操作，基本原理在这里将不再讲述，详情请参考实验二。

四、实验内容

为了学习 SOPC Builder 中提供的 PIO 核，本实验要求在实验二的基础上，加入 1 个 16 位的 PIO 核并设置成输入模式，来获取拨档开关的状态。

实验要求：获取拨档开关的状态，并将值赋给 LED 灯，通过 LED 灯来指示开关状态。

五、实验步骤

完成本实验的实验步骤为：

（1）新建文件夹命名为 exp3_kg_led，将实验二工程目录下的文件拷贝到该文件夹下。

（2）打开 quartusⅡ软件并打开工程文件，双击原理图中的 Kernel 器件，进入编辑模式，往里面添加 PIO 核。

单击选中 System Contents 列表中的 Peripherals 类中的 Microcontroller Peripherals，选择 PIO（Parallel I/O），然后点击底部的 Add 按钮（或是直接双击鼠标左键），在弹出的对话框中按照图 3-1 所示进行设置后（这里只是将 PIO 设置为 16 位输入模式，其余保持不变），点击 Finish 按钮，并将其重命名为 KG。

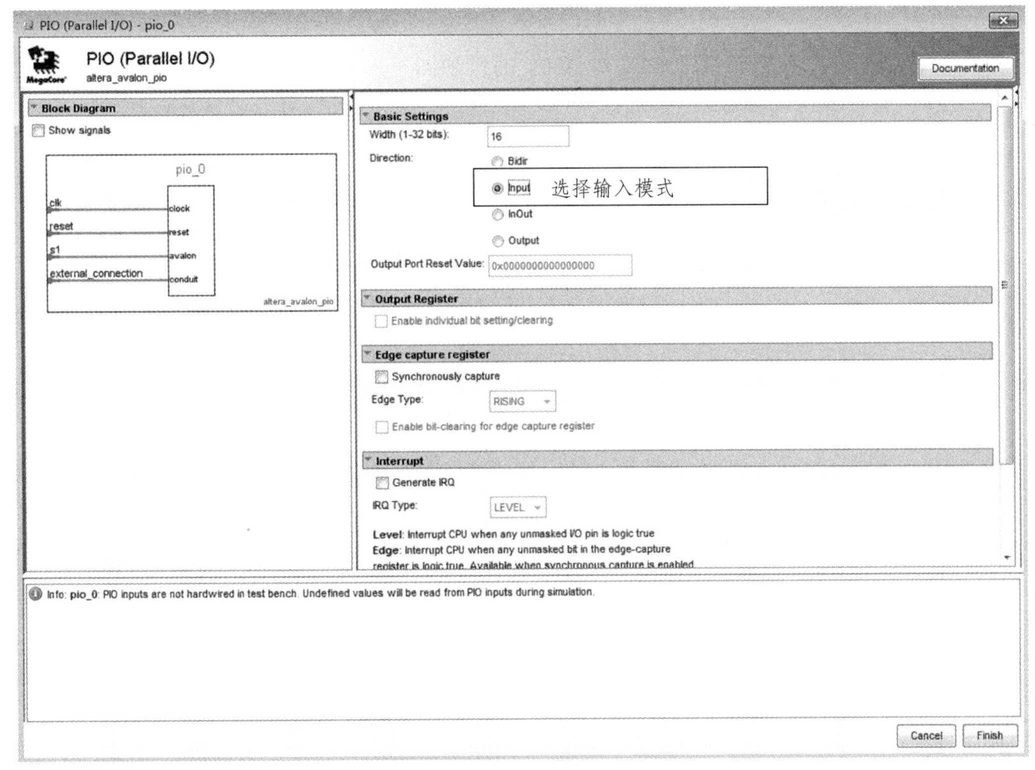

图 3-1　设置 IO 为输入模式

（3）编译内核。修改之后的内核文件如图 3-2 所示。

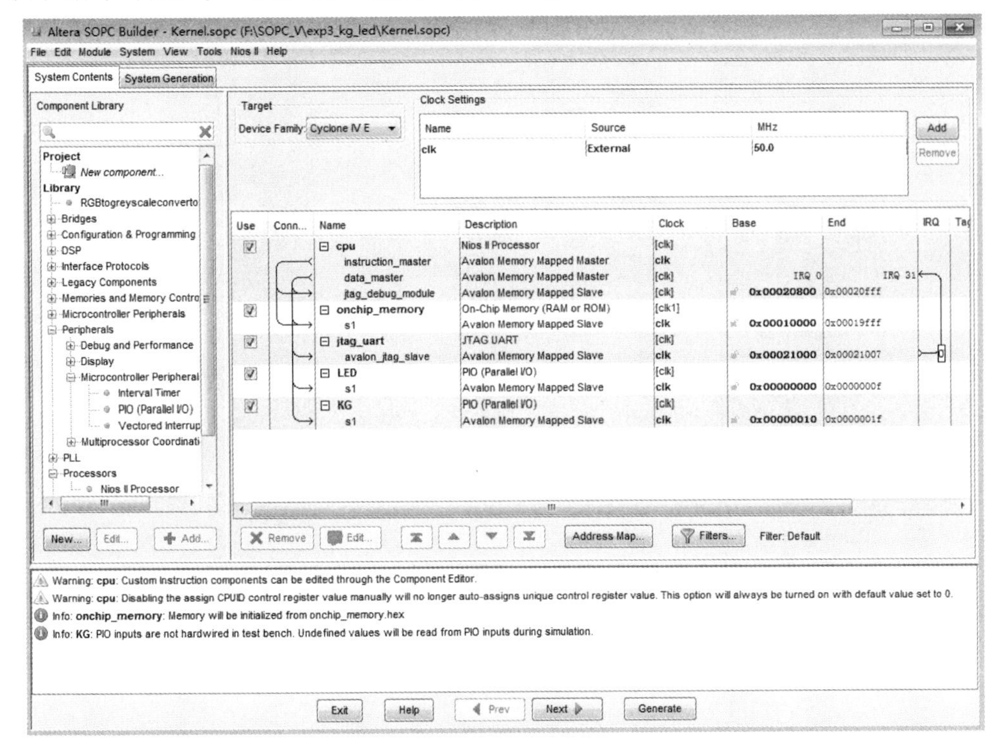

图 3-2　修改之后的内核文件

（4）修改原理图。

（5）增加输入引脚并将管脚命名为 KG[15..0]，如图 3-3 所示。

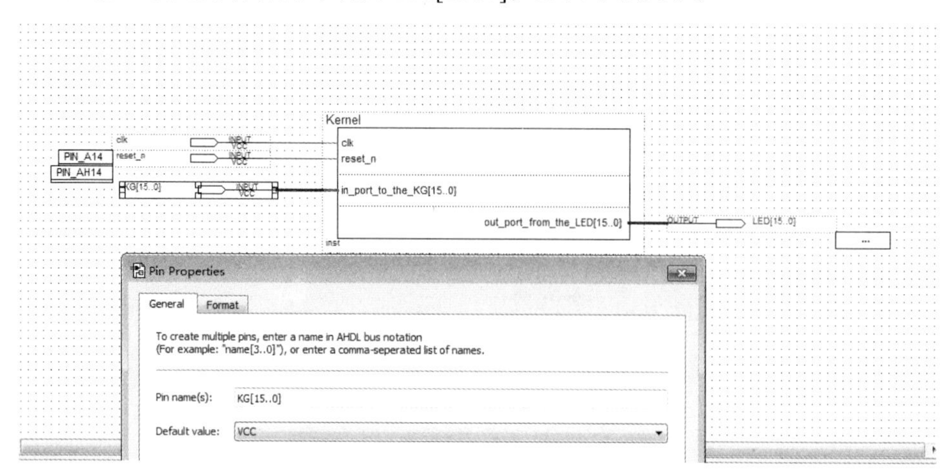

图 3-3　编辑新增加的引脚

（6）保存原理图修改，编译工程文件。

（7）分配管脚，根据附录Ⅱ分配管脚给开关。实验步骤参考实验二，管脚分配完成如图 3-4 所示。

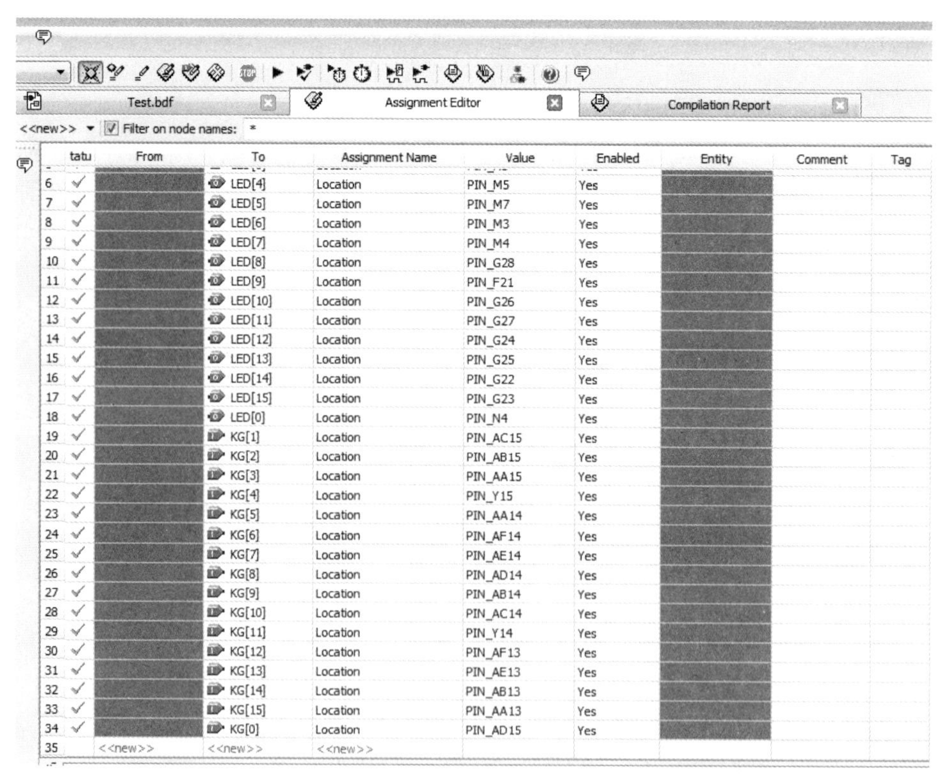

	tatu	From	To	Assignment Name	Value	Enabled	Entity	Comment	Tag
6	✓		LED[4]	Location	PIN_M5	Yes			
7	✓		LED[5]	Location	PIN_M7	Yes			
8	✓		LED[6]	Location	PIN_M3	Yes			
9	✓		LED[7]	Location	PIN_M4	Yes			
10	✓		LED[8]	Location	PIN_G28	Yes			
11	✓		LED[9]	Location	PIN_F21	Yes			
12	✓		LED[10]	Location	PIN_G26	Yes			
13	✓		LED[11]	Location	PIN_G27	Yes			
14	✓		LED[12]	Location	PIN_G24	Yes			
15	✓		LED[13]	Location	PIN_G25	Yes			
16	✓		LED[14]	Location	PIN_G22	Yes			
17	✓		LED[15]	Location	PIN_G23	Yes			
18	✓		LED[0]	Location	PIN_N4	Yes			
19	✓		KG[1]	Location	PIN_AC15	Yes			
20	✓		KG[2]	Location	PIN_AB15	Yes			
21	✓		KG[3]	Location	PIN_AA15	Yes			
22	✓		KG[4]	Location	PIN_Y15	Yes			
23	✓		KG[5]	Location	PIN_AA14	Yes			
24	✓		KG[6]	Location	PIN_AF14	Yes			
25	✓		KG[7]	Location	PIN_AE14	Yes			
26	✓		KG[8]	Location	PIN_AD14	Yes			
27	✓		KG[9]	Location	PIN_AB14	Yes			
28	✓		KG[10]	Location	PIN_AC14	Yes			
29	✓		KG[11]	Location	PIN_Y14	Yes			
30	✓		KG[12]	Location	PIN_AF13	Yes			
31	✓		KG[13]	Location	PIN_AE13	Yes			
32	✓		KG[14]	Location	PIN_AB13	Yes			
33	✓		KG[15]	Location	PIN_AA13	Yes			
34	✓		KG[0]	Location	PIN_AD15	Yes			
35		<<new>>	<<new>>	<<new>>					

图 3-4　引脚分配完成

（8）点击保存，完成管脚分配。再次点击编译，编译通过之后就可以启动 NiosⅡ软件。

（9）启动 NiosⅡ软件，选择进入工程目录下的 software 文件夹下。

（10）更新工程。

（11）重新创建更新 BSP，注意 sopc 内核文件的路径一定要选对。

（12）修改 main.c 文件，将读取到的开关的状态赋值给 LED 灯输出指示，详细代码如下：

```
/*
 *
 *  SOPC 测试代码      IO 读取实验
 *  文件名：main.c
 *  功能：实现 16 个 LED 灯指示 16 路开关状态
 *
 */
#include <stdio.h>
#include "system.h"
#include <sys/unistd.h>
#include "altera_avalon_pio_regs.h"
int main()
{

alt_u16 K;

   printf("\n    exp3_kg_led \n");
   while(1)
   {
       //读取开关状态
        K = IORD_ALTERA_AVALON_PIO_DATA(KG_BASE);

       // 调用 PIO 核的库函数使用方式给 IO 赋值
        IOWR_ALTERA_AVALON_PIO_DATA(LED_BASE, K);
   }
   return 0;
}
```

（13）编译代码。

（14）连接下载器，开启实验箱电源。

（15）下载*.sof 文件，下载过程可以参考实验一。

（16）在 NiosⅡ12.0 中进行硬件配置，配置过程可以参考实验一。

（17）点击 run，运行程序。

（18）查看程序运行结果是否正确，按正确的操作步骤拨动拨码开关 S1 ~ S16，可以观察到对应 LED 的亮灭。

（19）实验结果无误后，退出 NiosⅡIDE 软件，关闭 QuartusⅡ软件，关闭实验箱电源，拔出 USB 下载电缆。

实验四　中断实验

一、实验目的

（1）进一步熟悉 SOPC 的基本流程。
（2）熟练掌握 SOPC 上 PIO 端口的应用。
（3）熟悉掌握 SOPC 中断编程方法。
（4）熟悉自主创建工程的步骤以及强化编程的能力。

二、硬件需求

（1）EDA/SOPC 实验开发系统一台。
（2）电源线和端口连接线若干。

三、实验原理

当 PIO 核配置为输入模式时，它还可以产生中断信号到 NiosⅡCPU，基于此，可以说系统中可以扩展任意多个外部中断。当 PIO 被配置为输入模式时，其中断包括电平触发和边沿触发。对于边沿触发，它既可以检测上升沿和下降沿，还可以处理双边沿的情况。对于每一个输入的 IO 端口，都可以通过中断屏蔽寄存器将任意一个输入端口的中断进行屏蔽。具体可参照实验二中的原理。

四、实验内容

为了学习 SOPC Builder 中提供的 PIO 核以及中断编程方法，本实验要求在实验一的基础上加入 2 个 PIO 核，分别要求如下：
（1）1 个 1 位输出型，分别用于驱动 1 个 LED 中的 D1 显示。
（2）1 个 1 位输入型，支持电平触发中断，用于作为按键 K1 的输入。
实验具体要求为：K1 作为中断输入，当 K1 被按下时，中断触发，D1 状态取反。

五、实验步骤

（1）新建文件夹 exp4_sw_irq，将实验一工程下的文件拷贝到该文件夹下。
（2）打开 quartusⅡ工程，在 test 原理图文件中双击 kernel 内核，添加 PIO 端口。

（3）设置输出端口。添加一个 1 位的输出端口，并重命名为 LED1。

（4）设置输入端口。添加一个 1 位的输入端口，并设置为 S1，并设置为电平中断，设置方法如图 4-1 所示。

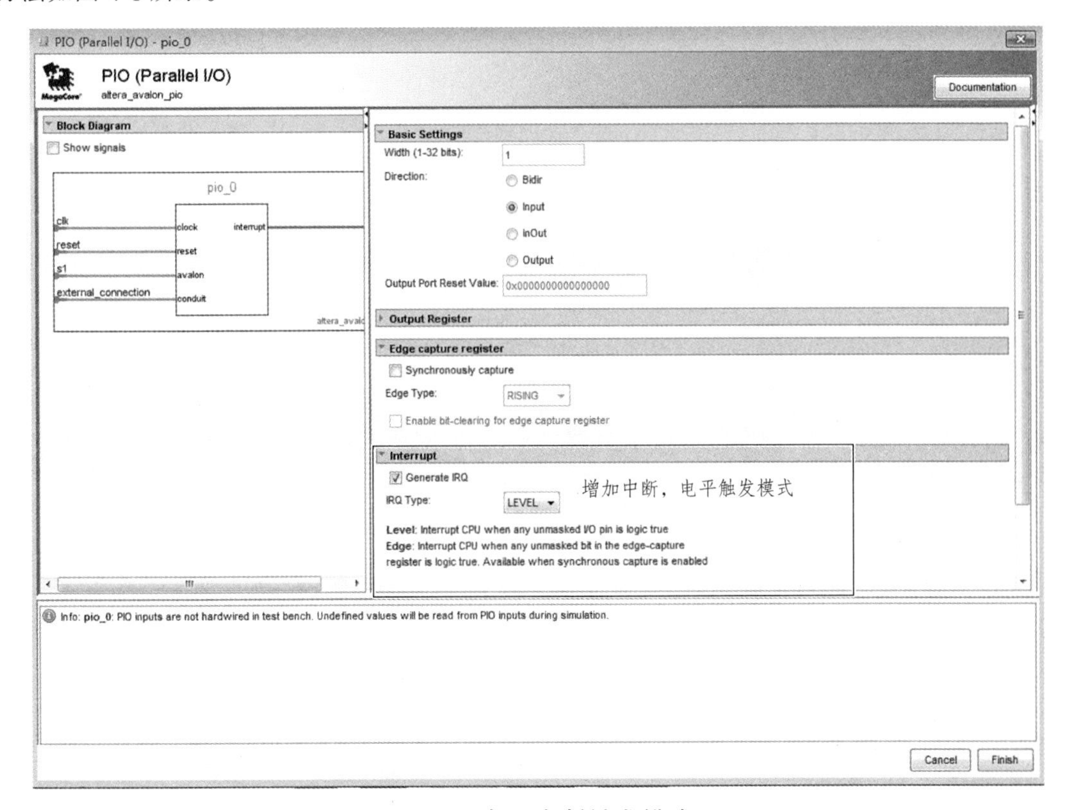

图 4-1　电平中断触发模式

（5）创建中断连接。一般将 IO 设置成输入中断模式时，需要为 IO 创建一个中断号，如图 4-2 所示。

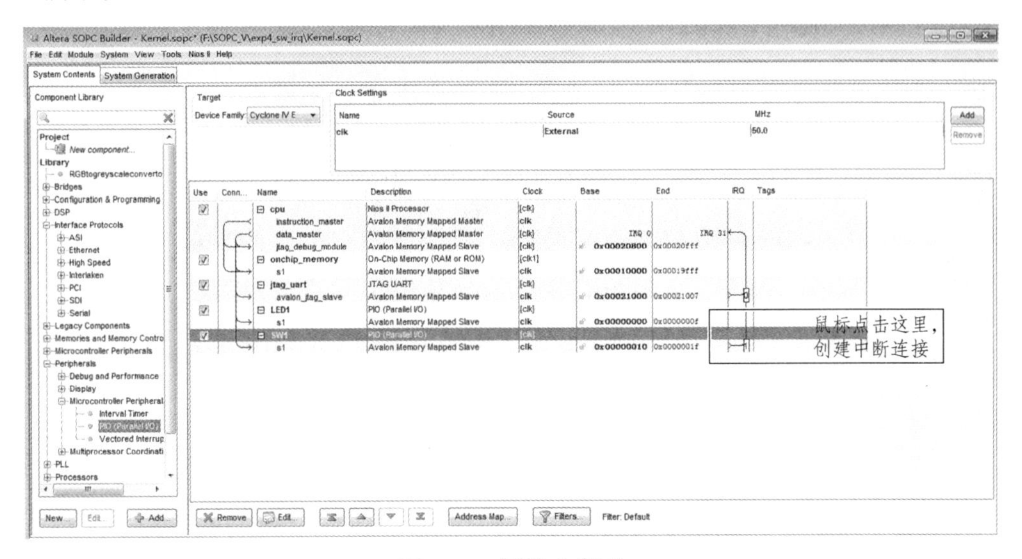

图 4-2　创建中断号

（6）保存编译内核，编译成功之后，退出 SOPC builder，更新原理图。

（7）设置管脚名称。将输入 IO 命名为 SW1，输出命名为 LED1，因为 SOPC 仅支持高电平中断，所以在 IO 输入前端加入一个非门，如图 4-3 所示。

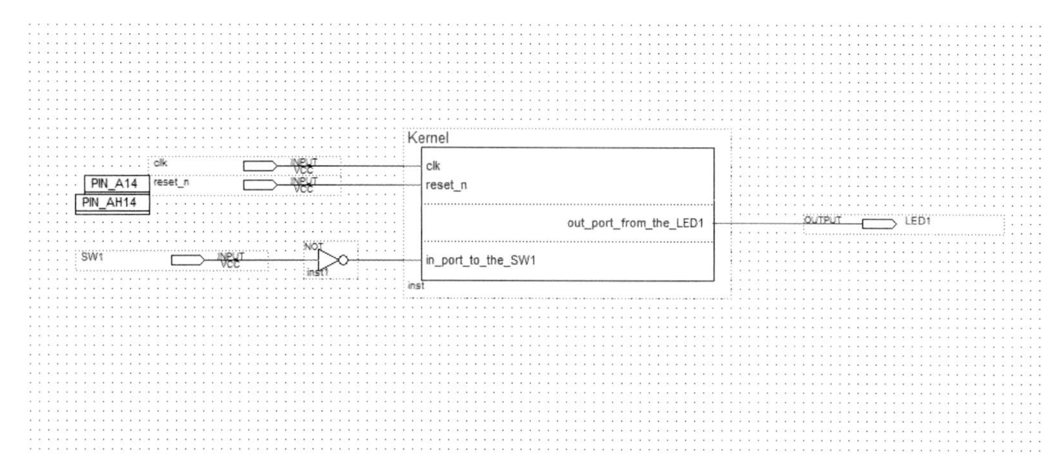

图 4-3　引脚设置

（8）保存原理图修改并编译工程。

（9）分配管脚。编译通过之后，按照附录Ⅱ的 IO 分配表给端口分配管脚，分配完成后如图 4-4 所示。

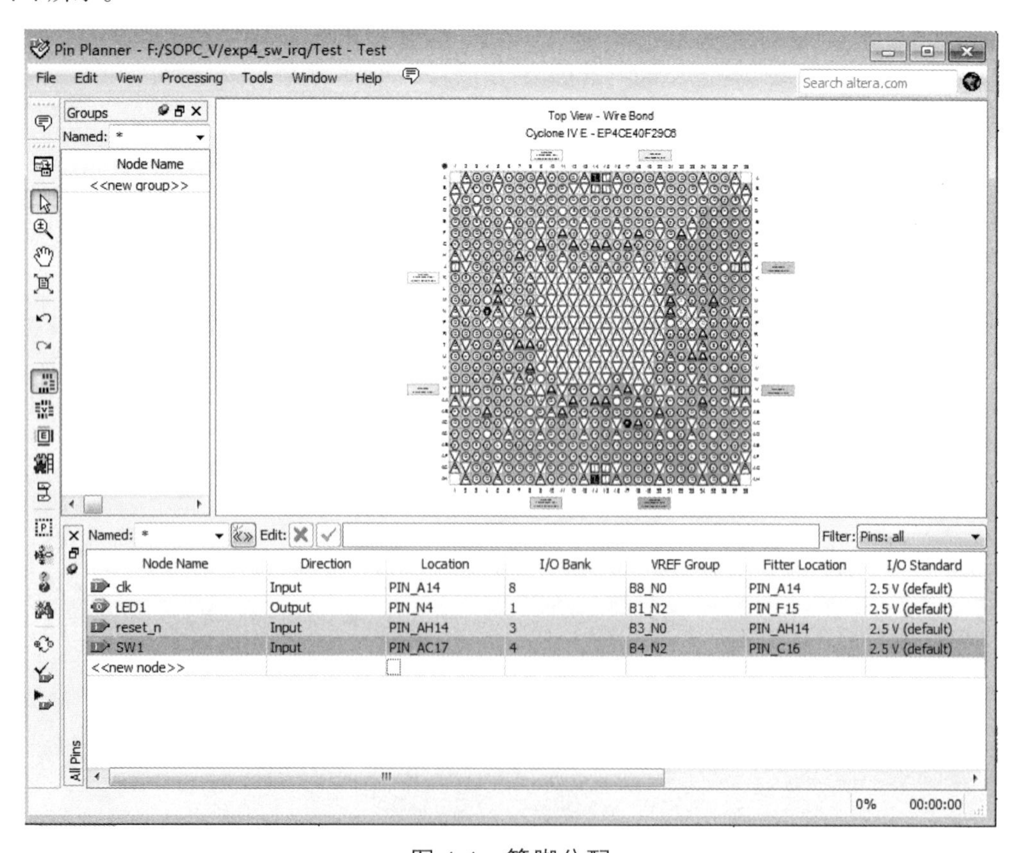

图 4-4　管脚分配

（10）保存工程，再次编译工程，编译完成之后就可以打开 NiosⅡ软件了。

（11）打开 NiosⅡ12.0 软件，注意选择进入当前工程的工作目录下。

（12）清理工程。清除原来工程的信息。

（13）重新构建 BSP，将 sopc 内核文件指向当前 BSP 中，详细步骤请参考实验二。

（14）修改 main.c 文件，检测中断，并将 LED1 状态取反。详细代码如下。

```
/*
 *
 *   SOPC 测试代码        中断实验
 *   文件名：main.c
 *   功能：按键中断每触发一次，LED 灯状态取反一次。
 *


 */
#include <stdio.h>
#include <sys/unistd.h>
#include <io.h>
#include <string.h>

#include "system.h"
#include "altera_avalon_pio_regs.h"
#include "alt_types.h"
#include "sys/alt_irq.h"

/**********************************************/
static int SW_ISR_Init（void）;        //初始化中断

/**********************************************/

alt_u8 led_flag=0;    // LED 状态标志

int main(void)
{
   Printf("\n Exp4 - sw_irq !\n");

   If(!(SW_ISR_Init()))    printf("\n  中断注册成功  !\n");
   else printf("\n  中断注册失败  !\n");
```

```
  while(1)
  {
  // 输出控制 LED 灯
    If(led_flag)  IOWR_ALTERA_AVALON_PIO_DATA(LED1_BASE, 0x01);
        else IOWR_ALTERA_AVALON_PIO_DATA(LED1_BASE, 0);
  }
  return 0;
}
/**********************************************/
static void SW_Irq_Handler(void *context, alt_u32 id)
{
    usleep(30*1000);  // 做按键检测消抖

    if(!(IORD_ALTERA_AVALON_PIO_DATA(SW1_BASE)))
    {
        led_flag=!led_flag;
    }

  //清除中断标志寄存器
  IOWR_ALTERA_AVALON_PIO_EDGE_CAP(SW1_BASE, 0);
}

static int SW_ISR_Init(void)
{
  //允许按键中断
  IOWR_ALTERA_AVALON_PIO_IRQ_MASK(SW1_BASE, 1);
  //清除中断标志寄存器
  IOWR_ALTERA_AVALON_PIO_EDGE_CAP(SW1_BASE, 0x0);
  //注册中断
 return (alt_irq_register(SW1_IRQ, NULL, SW_Irq_Handler));

}
```

（15）仔细阅读代码，全部理解透彻中断程序的编写方法后，编译工程。

（16）工程编译无误后，通过 USB 下载电缆把 PC 与实验箱相连接，然后开启实验箱电源。

（17）在 QuartusⅡ中通过 USB 下载电缆将 test.sof 文件通过 JTAG 接口下载到 FPGA 中。

（18）在 NiosⅡIDE 中进行硬件配置。

（19）点击 run，运行程序。

（20）查看程序运行结果是否正确。按下 K1 控制 D1 的亮灭。

（21）实验结果无误后，退出 NiosⅡIDE 软件，关闭 QuartusⅡ软件，关闭实验箱电源，拔出 USB 下载电缆。

实验五　定时器实验

一、实验目的

（1）进一步熟悉 SOPC 的基本流程。
（2）熟悉 Interval Timer 核的基本功能。
（3）掌握如何在软件中访问 Timer。
（4）进一步掌握如何在软件中实现中断编程。

二、硬件需求

（1）EDA/SOPC 实验开发系统一台。
（2）电源线和端口连接线若干。

三、实验原理

前面已经了解 PIO 核和中断程序设计，本实验继续学习新的 IP 核——Interval Timer。

SOPC Builder 中的 Timer 核是一个 32 位、基于 Avalon 接口的软核，它有以下特性：

① 启动、停止核复位都可由软件控制。

② 两种计数模式：单次向下计数模式和连续向下计数模式。

③ 向下计数周期寄存器。

④ 可屏蔽中断（当计数器递减到 0 的时候）。

⑤ 可工作在看门狗模式。

⑥ 可提供一个端口输出，使其产生周期性的脉冲。

⑦ 兼容 32 位和 16 位处理器。

在 NiosⅡ处理器的 HAL 系统库中，包含了所有访问和控制定时器的设备驱动。图 5-1 是其功能框图。

Timer 核对用户而言，呈现出下面两个特点：

① 基于 Avalon 总线接口的 6 个 16 位寄存器。

② 可选的端口输出，用以产生周期性的脉冲信号。

Timer 核提供的所有的寄存器都是 16 位宽的，因此它可以兼容 16 位和 32 位处理器。特定的寄存器仅在定时器被设定为特定功能时才有效，如果一个定时器被设定为固定周期，则其周期寄存器将不可访问。Timer 核提供了一组基于 Avalon 接口的寄存器，供 CPU 读取其状态、设定其周期、启动或停止计数器、复位计数器等。另外，Timer 核还嵌入了一个复位请求信号，用以实现其看门狗功能。

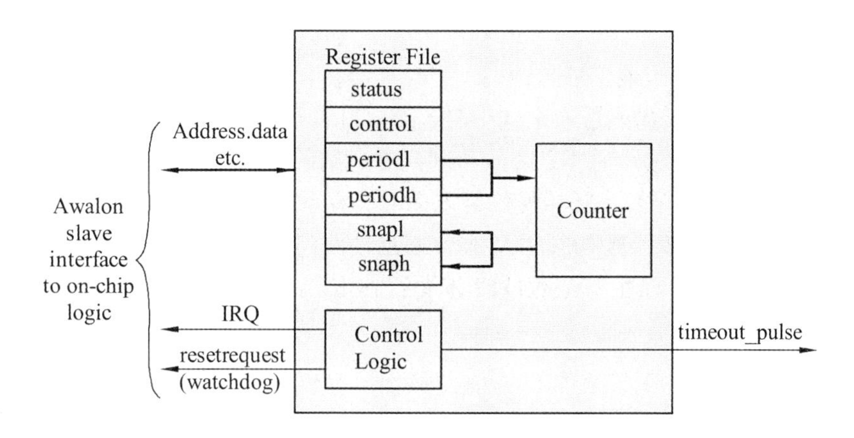

图 5-1　Timer 核的功能框图

Timer 核特性的设置是通过 SOPC Builder 中的 Interval timer 配置向导完成，它包括以下配置：

1. 计数周期（Timeout Period）

计数周期用来设定定时器的周期，它直接影响定时器的 period l 和 period h 寄存器，当周期可写属性使能时，其周期可由软件程序进行改变；当周期可写属性禁止时，其周期就是向导中设定的周期，软件将不可修改。定时周期可以以微秒、毫秒、秒或以系统时钟为单位进行设定，实际周期的获得将依赖于系统时钟。

2. 硬件属性（Hardware Options）

硬件属性的设置直接影响 SOPC Builder 产生的 Timer 硬件，包括：

（1）简单的周期性中断——在系统中需要定时中断的情况下，可以设定该功能。这种情况下，定时器的周期固定且不能被软件停止，但其中断可以被软件屏蔽。

（2）全功能——这种模式主要用于系统需要一个周期可变、定时器可控（停止或启动）的情况。

（3）看门狗——此时的定时器将起看门狗的作用，在设定的周期到达时，将复位系统。

3. 寄存器选项（Register Options）

寄存器选项主要包括有周期可写、计数器可读以及启动和停止控制位等。

（1）周期可写——当该选项选中时，CPU 就可以在程序中修改其周期

（2）可读的计数值——当该选项选中时，CPU 就可以在程序中读取当前计数器的计数值；当该选项未选中时，计数器的计数值将无法确定，此时只能通过状态寄存器或中断请求信号来粗略地确认。

（3）启动/停止控制位——当该选项被选中时，CPU 可以自由地在软件中启动或停止定时器；当该选项未被选中时，定时器将持续运行，不受软件限制。

4. 输出信号选项（Output Signal Options）

该选项主要包括定时脉冲输出和系统复位两项，其作用为：

（1）定时脉冲输出——当该选项选中时，定时器会在其计数递减至 0 的时候，输出一个时钟周期宽度的正脉冲信号；当该选项未选中时，定时脉冲信号将不存在。

（2）复位——当该选项选中时，定时器将起到看门狗的作用，当其递减至 0 的时候，将产生一个宽度为 1 个时钟周期的正脉冲复位请求信号。在系统复位过程中，该定时器将停止工作，软件可以通过写控制寄存器中的 START 位来启动看门狗定时器。

在软件中，控制 Timer 核主要是通过四个 6 个 16 位的存储器映射寄存器来实现的，如表 5-1 所示。

表 5-1 Timer 核相关寄存器

Offset	Register Name	R/W	Description of Bits						
			15	…	4	3	2	1	0
0	status	RW	（1）					RUN	To
1	control	RW	（1）			STOP	START	CONT	ITO
2	Period l	RW	Timeout Period-1（bits 15..0）						
3	Period h	RW	Timeout Period-1（bits 31..16）						
4	snapl	RW	Conunter Snapshot-1（bits 15..0）						
5	snaph	RW	Conunter Snapshot-1（bits 31..16）						

（1）Reserved Read values are undefined. Write zero.

5. 状态寄存器（Status）

当计数器递减至 0 的时候，状态寄存器中的 TO 位被置为“1”，并且将一直保持为“1”的状态，除非软件将其清除；向该位写入“0”可以将其清除。

状态寄存器中的 RUN 位是一个只读位，当定时器处于运行状态的时候，RUN 位被置“1”；当定时器停止的时候，该位为“0”。RUN 位不能被软件改写。

6. 控制寄存器（Control）

如果 ITO 位为“1”，则当定时器递减至“0”时，会产生一个中断请求信号；如果该位为“0”，则屏蔽定时器的中断功能。

CONT 位是用来控制定时器工作方式的，当它为“1”的时候，定时器将连续工作；当它为“0”的时候，定时器只工作一次。不管处于何种模式，当定时器递减至 0 的时候，它都会自动重载定时器周期寄存器中的值，以便下次重新计数。

START 位和 STOP 位分别用来启动定时器和停止定时器，只需向相应的位写入“1”，便可完成相应的动作。特别需要注意的是，不要同时向这两个位都写入“1”，否则将导致定时器工作异常。

7. 周期寄存器（Period l 和 Period h）

周期寄存器 period l 和 period h 共同组成了 32 位周期值，向这两个寄存器中写入周期值或定时器递减至 0 的时候，内部计数器都会自动重载该寄存器中的值。向这两个寄存器中写入值，都会导致定时器停止（除非定时器在配置的时候不支持软件启动/停止功能），因此，在初始化完周期寄存器之后，还必须配置控制寄存器来启动定时器。

当定时器核配置为周期固定时，向这两个寄存器中写值都会导致定时器重新开始计数，实际上还是相当于定时器完成了一次周期重载。

8. 定时器快照寄存器（Snap l 和 Snap h）

在有些系统中，CPU 可能需要不时地读取当前定时器的计数值，此时就必须使能定时器的可读计数值属性。当 CPU 需要读取当前计数值的时候，首先执行一个写 snap l 或 snap h 寄存器的操作，硬件就会将当前的计数值写入到 snap l 和 snap h 寄存器中，紧接着 CPU 读取这两个寄存器的值，就可以得到当前的 32 位计数值。上述的这些操作对定时器的计数器没有丝毫影响。

如果想要定时器计数值递减至 0 的时候产生中断，只需要把控制寄存器中的 ITO 置为‘1’便可。响应定时器中断的时候，只需要清除状态寄存器中的 TO 位，并将 ITO 位清零，禁止中断，待所有事情做完后，重新使能中断便可。

在软件中，CPU 若想访问 interval timer 核相关寄存器，只需要在软件中加入 altera_Avalon_timer_regs.h 头文件，按照其提供的标准库函数访问即可。该文件中提供的库函数包括：

（1）读写状态寄存器。

- IORD_ALTERA_AVALON_TIMER_STATUS（base）
- IOWR_ALTERA_AVALON_TIMER_STATUS（base，data）

（2）读写控制寄存器。

- IORD_ALTERA_AVALON_TIMER_CONTROL（base）
- IOWR_ALTERA_AVALON_TIMER_CONTROL（base，data）

（3）读写周期寄存器。

- IORD_ALTERA_AVALON_TIMER_PERIODL （base）
- IOWR_ALTERA_AVALON_TIMER_PERIODL（base，data）
- IORD_ALTERA_AVALON_TIMER_PERIODLH（base）
- IOWR_ALTERA_AVALON_TIMER_PERIODH（base，data）

（4）读写计数器快照寄存器。

- IORD_ALTERA_AVALON_PIO_TIMER_SNAPL（base）
- IOWR_ALTERA_AVALON_PIO_TIMER_SNAPL（base，data）
- IORD_ALTERA_AVALON_PIO_TIMER_SNAPH（base）
- IOWR_ALTERA_AVALON_PIO_TIMER_SNAPH（base，data）

四、实验内容

为了学习 SOPC Builder 中提供的 Timer 核，本实验要求在掌握 PIO 使用的基础上，加入 2 个定时器，分别如下：

（1）定时器 1：用来控制 LED 的循环，循环快慢由定时器 2 来确定。

（2）定时器 2：用来改变定时器 1 的周期，周期分别为 0.05 s，0.1 s，0.5 s，1 s。

五、实验步骤

完成本实验的实验步骤为：

（1）新建文件夹 exp5_timer，将实验二工程下的文件拷贝到该文件夹下。

（2）打开 quartusⅡ工程，在 test 文件中双击 kernel 内核，加入 2 个定时器。点击该窗口左侧的 Peripherals，然后选择 Microcontroler Peripherals 下的 interval Timer，再点击 Add 添加，定时器的设置如图 5-2 所示，counter Size 选择 32，Presets 选择 Full-featured，其余位保持默认，重复以上步骤再添加一个定时器。添加完后分别改名为 timer1 和 timer2。

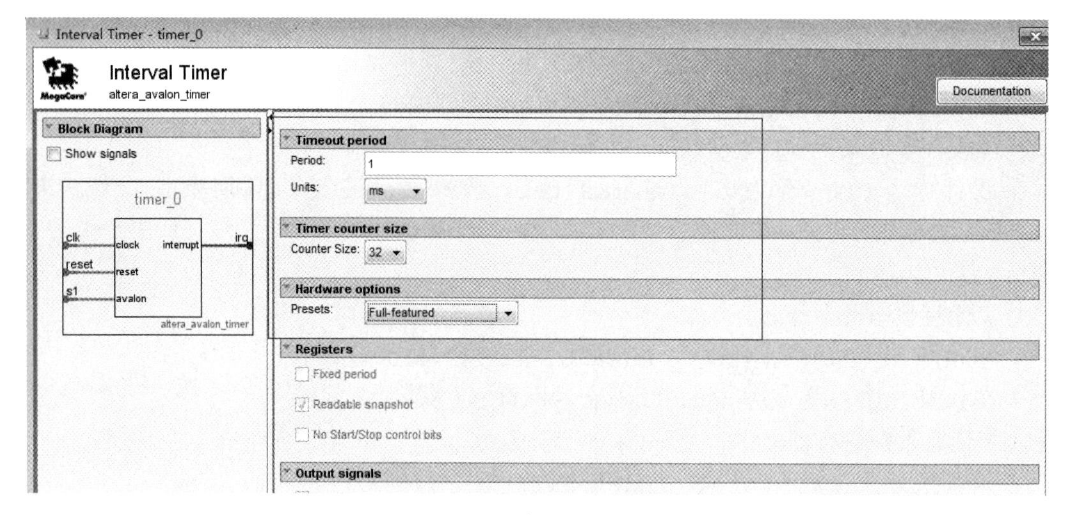

图 5-2　定时器设置

（3）内核文件编译。保存内核修改文件，编译生成新的 kernel 内核系统。

（4）原理图更新。原理图更新之后点击保存，之后编译。

（5）等待编译完成，由于我们是在实验二的基础上做的修改，没有添加外设，所以编译完成之后不需要再做引脚分配，最终原理图如图 5-3 所示。

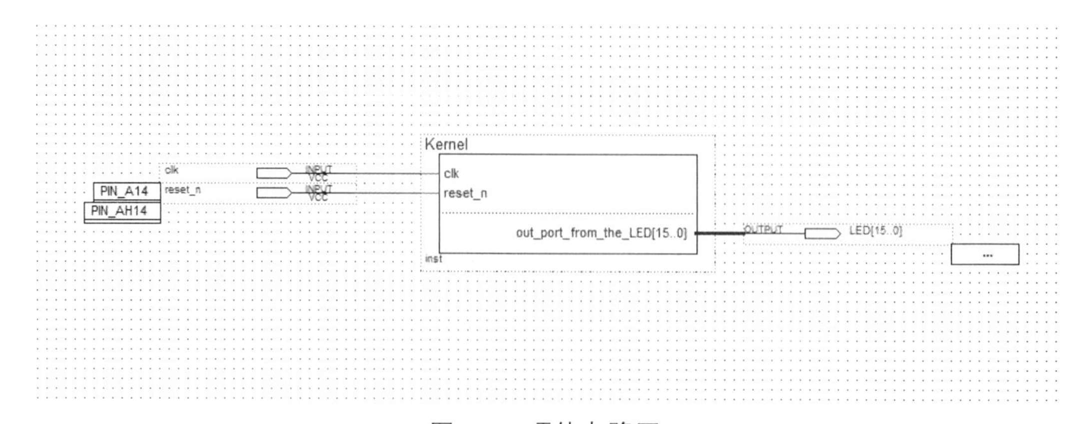

图 5-3　硬件电路图

（6）打开 NiosⅡ12.0 软件，选择当前工作目录。
（7）清理工程文件。
（8）更新 BSP。
（9）修改 main.c 文件代码，增加两个定时器操作，详细代码如下。

```
/*
 *
 *   SOPC 测试代码     定时器实验
 *   文件名：main.c
 *   功能：定时器 1：用来控制 LED 的循环，循环快慢由定时器 2 来确定。
 *            定时器 2：用来改变定时器 1 的周期，周期分别为 0.05 s，0.1 s，0.5 s，1 s
 */

/*-----------------------------------------------------------
 *   Include
 *-----------------------------------------------------------*/
#include <stdio.h>
#include <sys/unistd.h>
#include <io.h>
#include <string.h>

#include "system.h"
#include "altera_avalon_pio_regs.h"
#include "altera_avalon_timer_regs.h"
#include "alt_types.h"
#include "sys/alt_irq.h"



/*---------------------------------------------------------------------------
 *   Variable
 *  定时器中断初始化
 *---------------------------------------------------------------------------*/
static void timer_init(void);
int i = 0, j = 0, flag;
alt_u32 timer_prd[4] = {2500000, 5000000, 25000000, 50000000};
//返四个是定时器的时钟数
//定时器的定时时间的计算方法是：定时器的时钟数/定时器的时钟周期
//我用的系统时钟是 50MHz，所以，上面的四个的定时时间就为{0.05s， 0.1s， 0.5s， 1s}

/*=================   FUNCTION    ===================================
```

```
 *             Name:    main
 *   Description:
 * ==========================================================
 */
int main(void)
{

timer_init();   //  初始化 timer

while(1);

return 0;
}

/*=================     FUNCTION     =====================================
 *             Name:    ISR_timer
 *   Description:    定时器 timer1 中断服务程序
 * ==========================================================
 */
static void ISR_timer1(void *context, alt_u32 id)
{

IOWR_ALTERA_AVALON_PIO_DATA(LED_BASE, (1<<i));

i++;

if(i == 16)   i = 0;

//清除 Timer 中断标志寄存器
IOWR_ALTERA_AVALON_TIMER_STATUS(TIMER1_BASE, 0x00);
}

/*=================     FUNCTION     =====================================
 *             Name: ISR_timer2
 *   Description: 定时器 timer2 中断服务程序   通过定时器 2 来改变定时器 1 的周期，
改变后需要重新启动定时器
 * ==========================================================
 */
static void ISR_timer2(void *context, alt_u32 id)
```

```
{
//    改变定时器 timer1 的周期
IOWR_ALTERA_AVALON_TIMER_PERIODL(TIMER1_BASE, timer_prd[j]);
IOWR_ALTERA_AVALON_TIMER_PERIODH(TIMER1_BASE, timer_prd[j] >> 16);

//    重新启动定时器 timer1
IOWR_ALTERA_AVALON_TIMER_CONTROL(TIMER1_BASE, 0x07);

//闪烁频率先高后低然后又变高
if(j == 0)
      flag = 0;
if(j == 3)
      flag = 1;

if(flag == 0){
      j++;
}
else{
      j--;
}

//清除 timer2 中断标志位
IOWR_ALTERA_AVALON_TIMER_STATUS(TIMER2_BASE, 0);
}

/*
 * === FUNCTION  ==================================================
 *              Name:   timer_init
 *   Description:   定时器初始化
 * ================================================================
 */
void timer_init(void)
{
//清除 Timer1 中断标志寄存器
IOWR_ALTERA_AVALON_TIMER_STATUS(TIMER1_BASE, 0x00);

      //设置 Timer1 周期,这里输入的是时钟周期数
IOWR_ALTERA_AVALON_TIMER_PERIODL(TIMER1_BASE,10000000);
IOWR_ALTERA_AVALON_TIMER_PERIODH(TIMER1_BASE, 10000000 >> 16);
```

```
    //允讲 Timer1 中断
IOWR_ALTERA_AVALON_TIMER_CONTROL(TIMER1_BASE, 0x07);

    //注册 Timer1 中断
alt_irq_register(TIMER1_IRQ, (void *)TIMER1_BASE, ISR_timer1);

//清除 Timer2 中断标志寄存器
IOWR_ALTERA_AVALON_TIMER_STATUS(TIMER2_BASE, 0x00);

    //设置 Timer2 周期,这里输入的是时钟周期数
IOWR_ALTERA_AVALON_TIMER_PERIODL(TIMER2_BASE,400000000);
IOWR_ALTERA_AVALON_TIMER_PERIODH(TIMER2_BASE, 400000000 >> 16);

    //允讲 Timer2 中断
IOWR_ALTERA_AVALON_TIMER_CONTROL(TIMER2_BASE, 0x07);
    //注册 Timer2 中断
alt_irq_register(TIMER2_IRQ, (void *)TIMER2_BASE, ISR_timer2);
}
```

（10）仔细阅读代码，掌握定时器、中断程序的编写方法，全部理解透彻后，编译工程。

（11）工程编译无误后，通过 USB 下载电缆把 PC 与实验箱相连接，然后开启实验箱电源。

（12）在 QuartusⅡ中通过 USB 下载电缆将 test.sof 文件通过 JTAG 接口下载到 FPGA 中。

（13）在 NiosⅡIDE 中进行硬件配置。

（14）点击 run，运行程序。

（15）查看程序运行结果是否正确。16 个 LED 灯进行流水闪烁，频率由快到慢，再由漫到快。

（16）实验结果无误后，退出 NiosⅡIDE 软件，关闭 QuartusⅡ软件，关闭实验箱电源，拔出 USB 下载电缆。

实验六　交通灯实验

一、实验目的

（1）进一步熟悉 SOPC 的基本流程。
（2）进一步掌握如何在软件中操作定时器编程。
（3）进一步掌握 PIO 核的使用方法。
（4）掌握熟悉数码管的控制方法。

二、硬件需求

（1）EDA/SOPC 实验开发系统一台。
（2）电源线和端口连接线若干。

三、实验原理

本实验在实验五的基础上提升，定时器基本原理可以参考实验五，这里不再详述。本实验是在实验五的基础上加入了数码管的显示。

1. 七段码管扫描基本原理

一个基本的共阴极七段码管如图 6-1 所示，它有 8 个输入端 a、b、c、d、e、f、g 和 dp 分别对应显示的 7 个段和 1 个点，对于共阴极的七段码管而言，如果选通端（GND）为低电平，相应的 a ~ dp 段中某些或全部为高电平，则相应的段将被点亮。比如要显示数字 0，只需要将 a、b、c、d、e、f 输出高电平，将 g 和 dp 输出电平，同时将 GND 端接地即可。

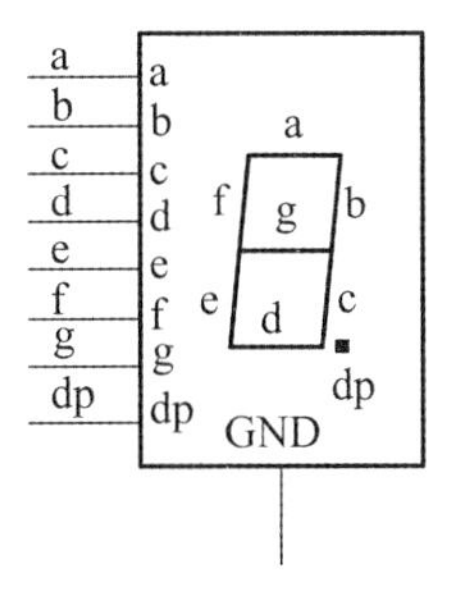

图 6-1　基本七段码管

本实验箱上采用的七段码管是两个 4 位一体的共阴极七段码管，其特点是 4 个七段码管的 8 个段（a、b、c、d、e、f、g 和 dp）全部连接在一起，而每个又拥有独立的 GND 端，因此具体显示的时候必须分时点亮七段码管，也就是说分时把 GND 端（每次只允许将其中的一个 GND 端拉低）循环拉低，同时对应地把要显示的段码送到 8 个显示段上，利用人眼的视觉暂留特点，来动态地显示。换句话说，实际上这些七段码管每次只有一个在显示，但是由于循环扫描的速度很快，所以人的眼睛感觉全部码管都被点亮了。

实验箱上具体的扫描驱动是通过一个简单的 3－8 译码器来实现的，为了让所有的七段码管均能显示，必须对其进行动态扫描，亦即先选通第 1 个七段码管，并在相应的 8 个段上驱动正确的电平使其显示，然后再选通第 2 个七段码管同时输出对应的 8 段码值，依此类推，直到选通到第 8 个七段码管并显示其值为止，这样一个动态扫描周期就完成了。然而，基于人眼的视觉暂留现象，当 8 个七段码管移比较快的速度轮番动态显示的时候，人眼会看着所有的七段码管均被点亮，事实上每个时刻仅有一个七段码管是被点亮的。

数码管电路原理图如图 6-2 所示。

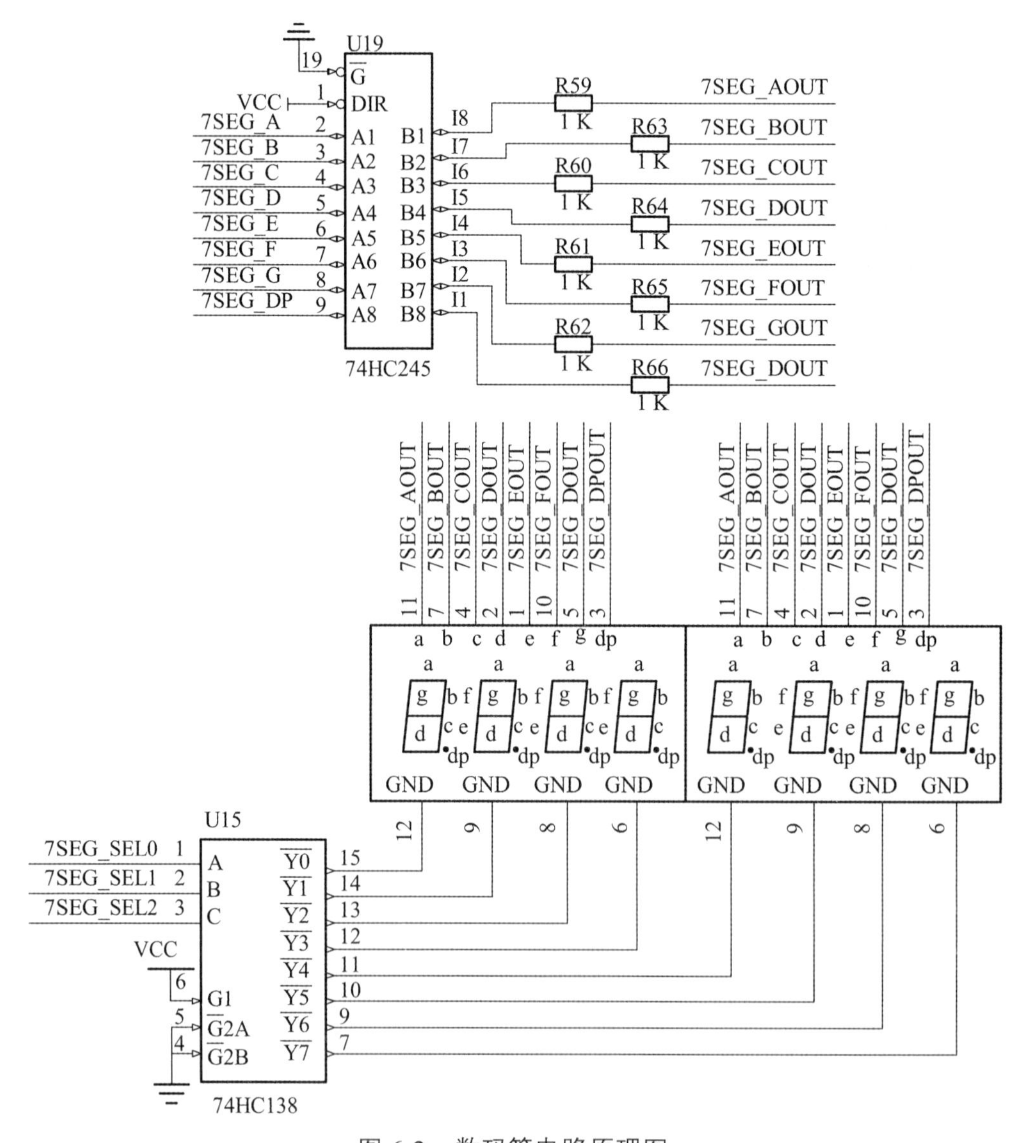

图 6-2　数码管电路原理图

2. 交通灯模拟实现

交通灯的模拟是利用红、黄、绿三种不同颜色的 LED 灯来实现的。交通灯模拟南北走向和东西走向，当南北走向绿灯亮时，东西走向红灯亮，定时器开始启动计时，实现 30S 的通行时间，同时数码管上显示通行剩余时间。

交通灯电路如图 6-3 所示。

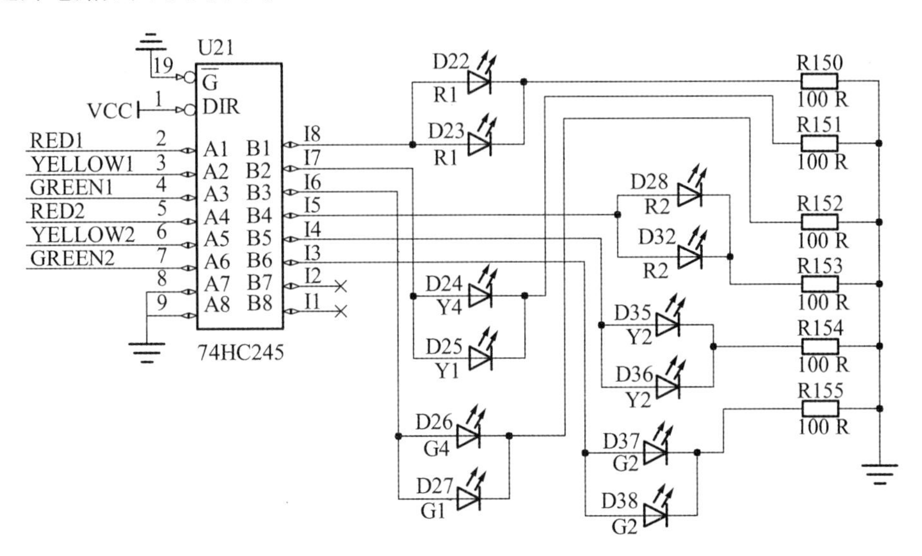

图 6-3　交通灯电路原理图

四、实验内容

本实验为了实现交通灯的模拟实验，需要添加以下 IP 核：

（1）定时器 1：用来精准定时，实现 1S 计时计数。

（2）1 个 6 位的 PIO 核：用于控制 12 个 LED 灯，实现交通提示灯效果。

（3）1 个 8 位的 PIO 核：用于控制数码管的段选。

（4）1 个 3 位的 PIO 核：用于控制数码管的位选。

五　实验步骤

完成本实验的实验步骤为：

（1）新建文件夹 exp6_traffic，将实验五工程下的文件拷贝到该文件夹下。

（2）打开 quartusⅡ工程，在 test 文件中双击 kernel 内核，将实验五中 8 位输出端口 LED 改为 6 位输出端口。

（3）添加数码管的段选和位选。添加方法和前文所述的 PIO 添加相同，其中段选是 8 位输出，位选是 3 位输出，添加完成后，分别重命名为 SMG_DX、SMG_WX，如图 6-4 所示，然后进行编译。

（4）点击 Generate 编译 kernel 内核，编译成功之后退出 sopc builder，软件会自动提示更新 kernel 内核，点击 OK 即可（若软件不提示，则右击 kernel 内核，选择 Update Symbol or Block，如图 6-5（a）所示，在弹出的对话框中点击 OK 即可）。此时管脚可能错乱，可先删除之前的管脚，重新自动生成管脚，如图 6-5（b）所示。

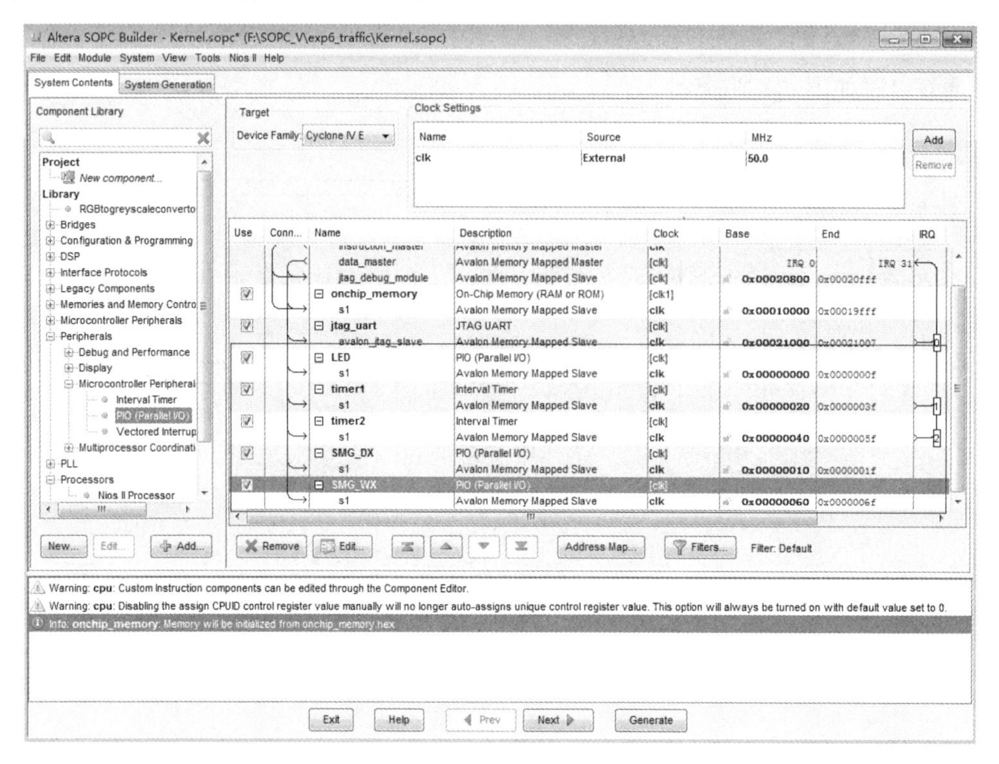

图 6-4　修改 kernel 内核

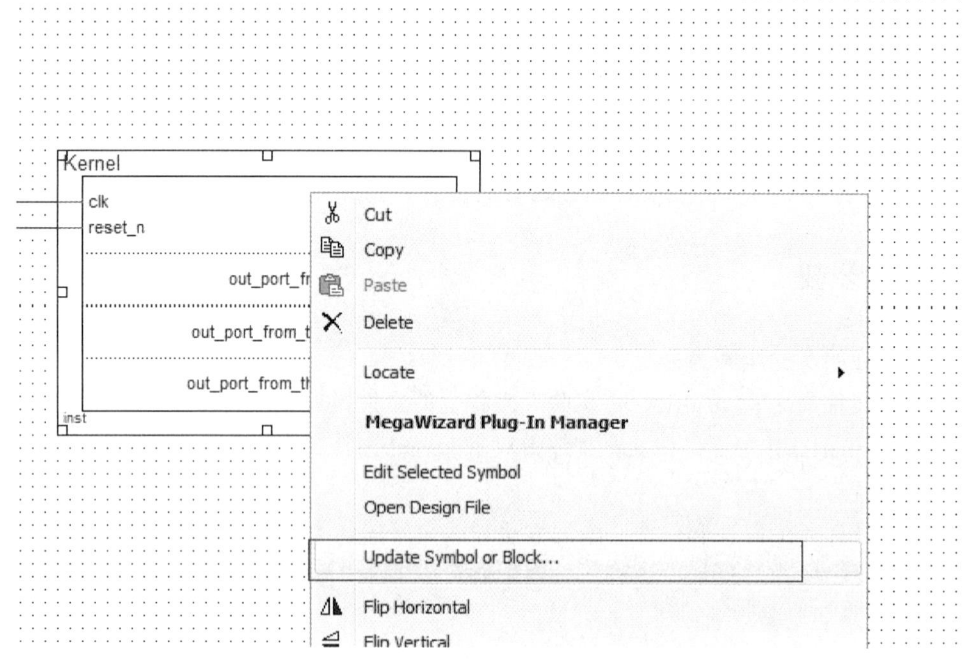

（a）升级原理图

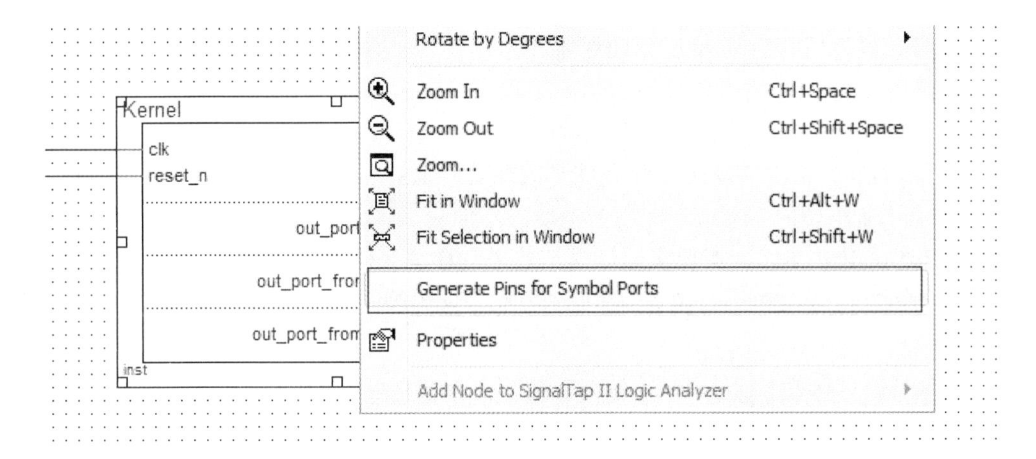

（b）自动分配管脚

图 6-5

（5）修改管脚名称，分别命名为 LED[5..0]、SMG_DX[7..0]、SMG_WX[2..0]，如图 6-6 所示，保存修改并编译。

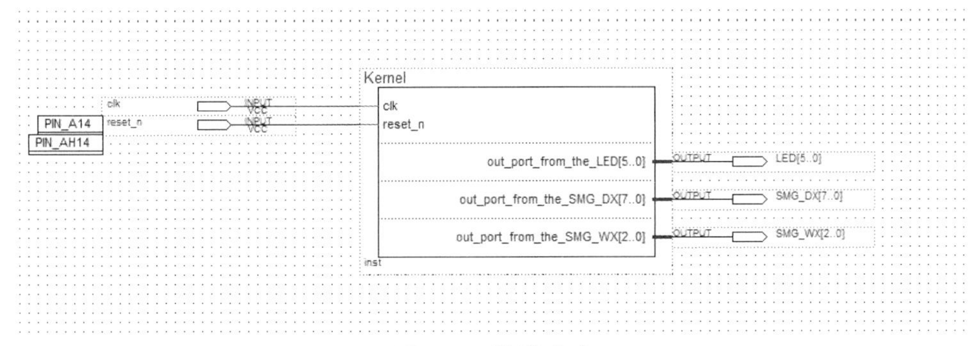

图 6-6　管脚命名

（6）分配 IO 引脚。根据附录Ⅱ，给管脚分配相应的 FPGA 引脚如图 6-7 所示，分配完成后再次编译工程。

	tatu	From	To	Assignment Name	Value	Enabled	Entity	Comment	Tag
1	✓		LED[0]	Location	PIN_AF23	Yes			
2	✓		LED[1]	Location	PIN_V20	Yes			
3	✓		LED[2]	Location	PIN_AG22	Yes			
4	✓		LED[3]	Location	PIN_AE22	Yes			
5	✓		LED[4]	Location	PIN_AC22	Yes			
6	✓		LED[5]	Location	PIN_AG21	Yes			
7	✓		SMG_DX[0]	Location	PIN_K28	Yes			
8	✓		SMG_DX[1]	Location	PIN_K27	Yes			
9	✓		SMG_DX[2]	Location	PIN_K26	Yes			
10	✓		SMG_DX[3]	Location	PIN_K25	Yes			
11	✓		SMG_DX[4]	Location	PIN_K22	Yes			
12	✓		SMG_DX[5]	Location	PIN_K21	Yes			
13	✓		SMG_DX[6]	Location	PIN_L23	Yes			
14	✓		SMG_DX[7]	Location	PIN_L22	Yes			
15	✓		SMG_WX[0]	Location	PIN_L24	Yes			
16	✓		SMG_WX[1]	Location	PIN_M24	Yes			
17	✓		SMG_WX[2]	Location	PIN_L26	Yes			
18	✓		clk	Location	PIN_A14	Yes			
19	✓		reset_n	Location	PIN_AH14	Yes			
20		<<new>>	<<new>>	<<new>>					

图 6-7　分配引脚

（7）编译无误之后，启动 NiosⅡ12.0 软件。

（8）选择 NiosⅡ12.0 的工作目录为当前工程文件夹的 software 目录下。

（9）清理工程。

（10）更新 BSP，每次移动了工程文件都需要更新 BSP，将 SOPC 内核文件重新指定到当前目录。

（11）修改 main.c 文件，实现交通灯模拟效果，详细代码如下：

```
/*
 *
 *  SOPC 测试代码    交通灯实验
 *  文件名：main.c
 *  功能：  实现交通灯的模拟，数码管实现时间。
 *
 */

/*---------------------------------------------------------------
 *  Include
 *---------------------------------------------------------------*/
#include <stdio.h>
#include <sys/unistd.h>
#include <io.h>
#include <string.h>
#include "system.h"
#include "altera_avalon_pio_regs.h"
#include "altera_avalon_timer_regs.h"
#include "alt_types.h"
#include "sys/alt_irq.h"

/*---------------------------------------------------------------
 *  Variable
 * 函数声明
 *---------------------------------------------------------------*/
void timer_init(void);
void delay_ms(alt_u8 n);
// 标志位定义
alt_u8 Time_Count, fx_flag,js_flag ,count_down , Operation_Type, i=0, k=0;
// 显示的数字数组，依次为 0, 1, .. , 9
alt_u8 disp[]={0x3F, 0x06, 0x5B, 0x4F, 0x66, 0x6D, 0x7D, 0x07, 0x7f, 0x6f, 0x40, 0x00};
// 剩余时间
alt_u8 time[]={0, 0, 0, 0};
```

```
// 数码管位选定义
alt_u8 wei[]={0x00, 0x01, 0x02, 0x03, 0x04, 0x5, 0x6, 0x07};

// LED 灯控制
alt_u8 State[4]={0x0c, 0x0a, 0x21, 0x11};

#define   timer1_prj      50000000 // 定时初值

int main(void)
{
alt_u8 cnt=0;

      Time_Count=0;
      fx_flag=1;
      js_flag=1;
      count_down=0;
      Operation_Type=1;

     timer_init();   // 初始化 timer
while(1){

         for(cnt=0;cnt<4;cnt++)   // 数码管显示控制
         {

          if(js_flag==1)   count_down=30-Time_Count;
              else      count_down=5-Time_Count;

               time[0]=0x0a;
               time[1]=count_down/10;
               time[2]=count_down%10;
               time[3]=0x0a;
          if(fx_flag==1) IOWR_ALTERA_AVALON_PIO_DATA(SMG_WX_BASE,wei[cnt]);
              else    IOWR_ALTERA_AVALON_PIO_DATA(SMG_WX_BASE,wei[cnt+4]);

          IOWR_ALTERA_AVALON_PIO_DATA(SMG_DX_BASE,disp[time[cnt]]);

               usleep(1000);
         }
```

```
    }
return 0;
}

static void ISR_timer1(void *context, alt_u32 id)
{


    //清除 Timer 中断标志寄存器
    IOWR_ALTERA_AVALON_TIMER_STATUS(TIMER1_BASE, 0x00);

    //  改变定时器 timer1 的周期
    IOWR_ALTERA_AVALON_TIMER_PERIODL(TIMER1_BASE, timer1_prj );
    IOWR_ALTERA_AVALON_TIMER_PERIODH(TIMER1_BASE, timer1_prj >> 16);

  //  重新启动定时器 timer1
    IOWR_ALTERA_AVALON_TIMER_CONTROL(TIMER1_BASE, 0x07);

  switch(Operation_Type)
   {
      case 1: //东西向绿灯与南北向红灯亮 30 s
      {

           IOWR_ALTERA_AVALON_PIO_DATA(LED_BASE,State[0]);
            Time_Count++;
            fx_flag=1;
            js_flag=1;
           if(Time_Count>30)
           {
               IOWR_ALTERA_AVALON_PIO_DATA(LED_BASE,State[1]);
              fx_flag=1;
              js_flag=0;
              Time_Count=0;
              Operation_Type = 2;
              break;
           }
           break;
      }
```

```
case 2: //东西向黄灯亮 5 s，绿灯关闭
{
    IOWR_ALTERA_AVALON_PIO_DATA(LED_BASE,State[1]);
    Time_Count++;
     fx_flag=1;
     js_flag=0;
    if(Time_Count>5)
    {
        IOWR_ALTERA_AVALON_PIO_DATA(LED_BASE,State[2]);
        fx_flag=0;
        js_flag=1;
        Time_Count=0;
        Operation_Type = 3;
        break;
    }

    break;
 }

case 3: //东西红绿灯与南北向绿灯亮 30 s
{
    IOWR_ALTERA_AVALON_PIO_DATA(LED_BASE,State[2]);
     Time_Count++;
     fx_flag=0;
     js_flag=1;
    if(Time_Count>30)
    {
        IOWR_ALTERA_AVALON_PIO_DATA(LED_BASE,State[3]);
        fx_flag=0;
        js_flag=0;
        Time_Count=0;
        Operation_Type = 4;
        break;
    }

    break;
   }
```

```
        case 4: // 南北向黄灯亮 5 s,绿灯关闭
        {
              Time_Count++;
              IOWR_ALTERA_AVALON_PIO_DATA(LED_BASE,State[3]);
                fx_flag =0;
                js_flag =0;
              if(Time_Count>5)
              {
                    IOWR_ALTERA_AVALON_PIO_DATA(LED_BASE,State[0]);
                   fx_flag =1;
                   js_flag =1;
                   Time_Count=0;
                   Operation_Type = 1;
                   break;
              }

            }
          break;

    }

}
void timer_init(void)
{
//清除 Timer1 中断标志寄存器
IOWR_ALTERA_AVALON_TIMER_STATUS(TIMER1_BASE, 0x00);

    //设置 Timer1 周期，这里输入的是时钟周期数
IOWR_ALTERA_AVALON_TIMER_PERIODL(TIMER1_BASE,10000000);
IOWR_ALTERA_AVALON_TIMER_PERIODH(TIMER1_BASE, 10000000 >> 16);

    //允讲 Timer1 中断
IOWR_ALTERA_AVALON_TIMER_CONTROL(TIMER1_BASE, 0x07);

    //注册 Timer1 中断
alt_irq_register(TIMER1_IRQ, (void *)TIMER1_BASE, ISR_timer1);
}
```
（12）仔细阅读代码，全部理解透彻后，编译工程。

（13）工程编译无误后，通过 USB 下载电缆把 PC 与实验箱相连接，然后开启实验箱电源。

（14）在 QuartusⅡ中通过 USB 下载电缆将 test.sof 文件通过 JTAG 接口下载到 FPGA 中。

（15）在 NiosⅡIDE 中进行硬件配置。

（16）运行程序。

（17）查看程序运行结果是否正确。正确的实验结果是交通灯模块数码管用来倒计时 30 s，红、黄、绿灯分别循环亮灭。

（18）实验结果无误后，退出 NiosⅡIDE 软件，关闭 QuartusⅡ软件，关闭实验箱电源，拔出 USB 下载电缆。

实验七　矩阵键盘实验

一、实验目的

（1）进一步熟悉 SOPC 的基本流程。
（2）进一步掌握 PIO 核的应用。
（3）进一步熟悉软件中访问 PIO 的操作。

二、硬件需求

（1）EDA/SOPC 实验开发系统一台。
（2）电源线和端口连接线若干。

三、实验原理

PIO 核基本原理参考实验二，这里不再详述。

1. 键盘扫描基本原理

对于 4×4 键盘阵列，键盘的 4 个行共用，4 个列共用，其内部基本连接如图 7-1 所示。

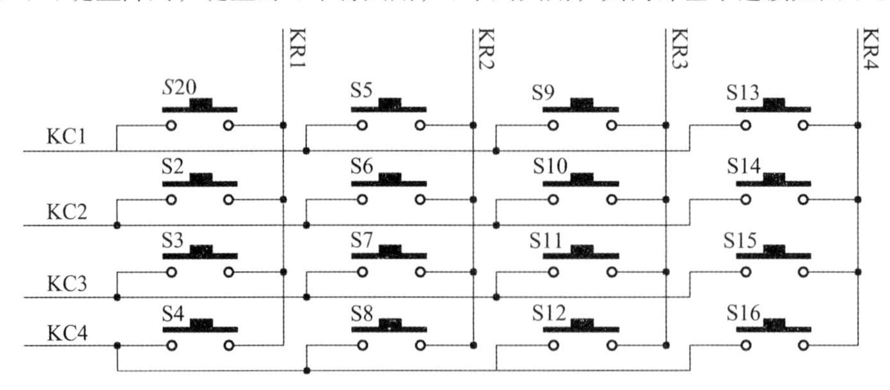

图 7-1　基本 4×4 键盘阵列

要完成一次键盘阵列的扫描，首先将第一行输出低电平，其他行输出高电平，此时如果第一行某列有按键按下，那么对应的列将会被拉低，所以此时只需读取该列的值并判断是否全为高电平就知道是否有按键按下；然后再将第二行输出低电平，其他行输出高电平，此时如果第二行某列如果有按键按下，那么对应的列就会被拉低，同样，此时只需要读取该列的值并判断是否全为高电平就知道是否有按键按下。以此类推，直到扫描完第四行为止。假如扫描到某一行是发现某一列不全为高电平，那么根据当前的行号和被拉低的列号就可以确定出一个按键值。以上就是 4×4 键盘扫描的基本扫描原理。当然还有其他的方法，如行列输出反转法等，此处不再赘述。

四、实验内容

为了学习 SOPC Builder 中提供的 PIO 核，本实验要求在实验一的基础上，加入 2 个 4 位的 PIO 核，分别要求如下：

（1）1 个 4 位输出型，矩阵键盘输出的扫描信号。

（2）1 个 4 位输入型，扫描信号的输入，用于确定键值。

实验具体要求为：矩阵键盘上相应的键按下时，在 NiosⅡIDE 的 Console 窗口上显示相应的键值。

五、实验步骤

完成本实验的实验步骤为：

（1）新建文件夹命名为 exp7_kb_4x4，将实验一工程目录下的文件拷贝到该文件夹下。

（2）打开工程文件，在原理图中双击 kernel 系统，进入 SOPC Builder，编辑内核文件。

（3）加入驱动键盘扫描的 PIO，一个为 4 位输出型 PIO 用来驱动键盘行信号，加入后将其重命名为 KB_COL；另一个为 4 位输入型 PIO，不支持任何中断和边沿检测功能，加入后将其重命名为 KB_ROW。如图 7-2 所示。

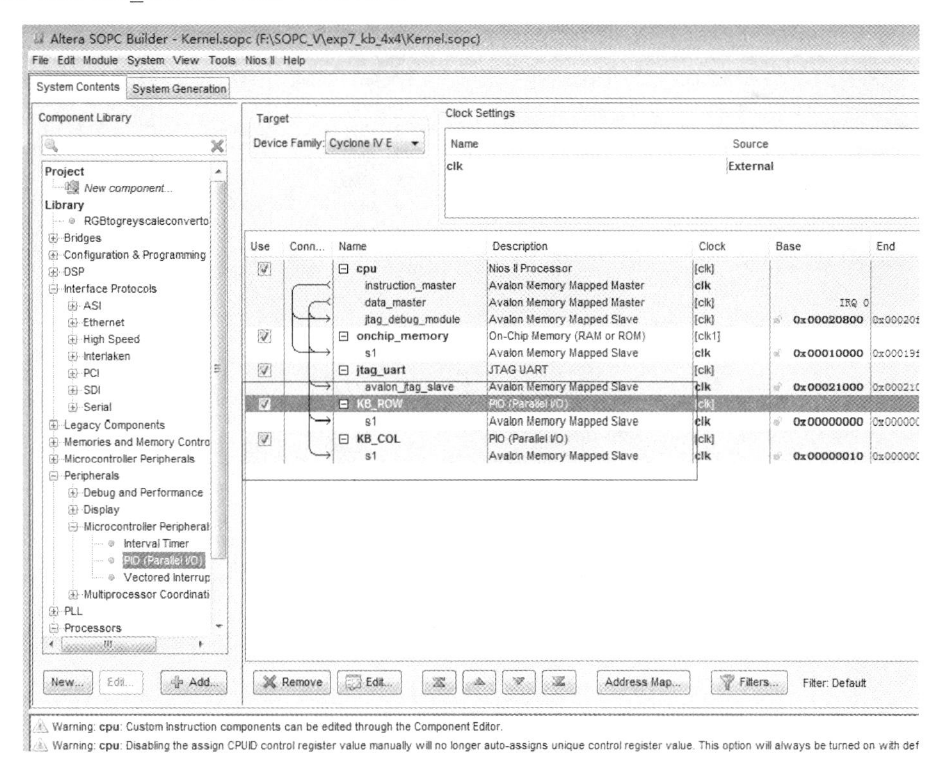

图 7-2　增加键盘控制 IO

（4）编译修改之后的内核文件，升级原理图。

（5）分配管脚并命名。用键盘输入引脚命名为 KB_ROW[3..0]，输出引脚命名为 KB_COL[3..0]。如图 7-3 所示。

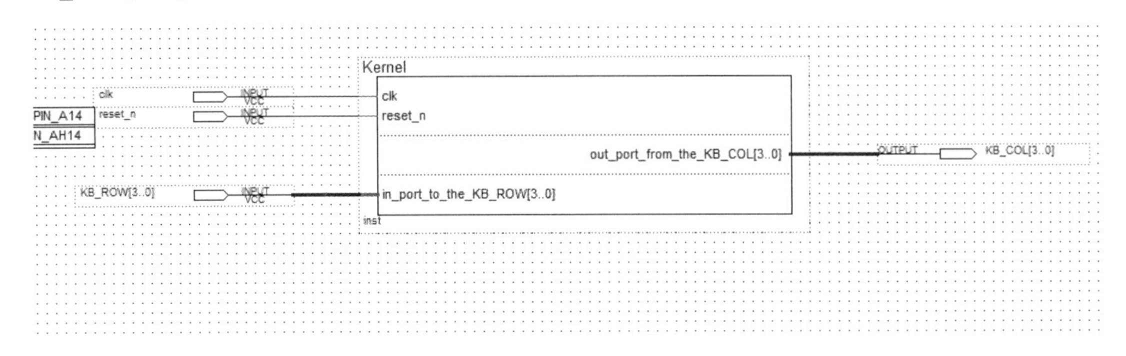

图 7-3　管脚命名

（6）编译工程。

（7）按照附录Ⅱ资源表，给管脚分配 PFGA 引脚，如图 7-4 所示。完成之后再次编译工程。

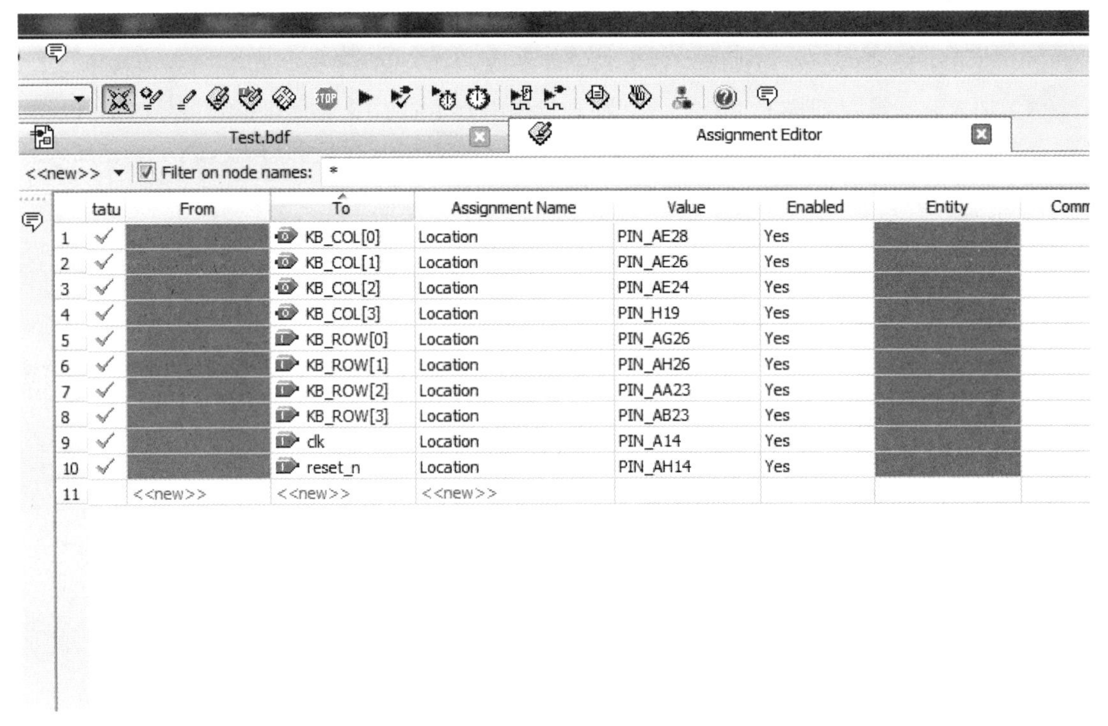

	tatu	From	To	Assignment Name	Value	Enabled	Entity	Comm
1	✓		KB_COL[0]	Location	PIN_AE28	Yes		
2	✓		KB_COL[1]	Location	PIN_AE26	Yes		
3	✓		KB_COL[2]	Location	PIN_AE24	Yes		
4	✓		KB_COL[3]	Location	PIN_H19	Yes		
5	✓		KB_ROW[0]	Location	PIN_AG26	Yes		
6	✓		KB_ROW[1]	Location	PIN_AH26	Yes		
7	✓		KB_ROW[2]	Location	PIN_AA23	Yes		
8	✓		KB_ROW[3]	Location	PIN_AB23	Yes		
9	✓		clk	Location	PIN_A14	Yes		
10	✓		reset_n	Location	PIN_AH14	Yes		
11		<<new>>	<<new>>	<<new>>				

图 7-4　分配引脚

（8）工程编译通过之后，启动 NiosⅡ12.0 软件。

（9）选择当前工作目录，打开 NiosⅡ12.0 工程。

（10）清理工程。

（11）更新 BSP，注意更新 sopc 内核文件路径。

（12）修改 main.c 文件，修改代码，实现按下一个按键，将键值打印出来。详细代码如下。

```
/*
 *
 *   SOPC 测试代码      矩阵键盘实验
 *   文件名：main.c
 *   功能：将按键值输出打印出来
 *
 */

#include <stdio.h>
#include <sys/unistd.h>
#include <io.h>
#include <string.h>
#include "system.h"
#include "altera_avalon_pio_regs.h"
#include "alt_types.h"

#define     TRUE       1
#define     FALSE      0
alt_u8 DispSegTab[]={ 0x3f, 0x06, 0x5b, 0x4f, 0x66, 0x6d ,0x7d, 0x07,
                      0x7f, 0x6f, 0x77, 0x7c, 0x39, 0x5e, 0x79, 0x71, 0x40};   //0 ~ F
alt_u8 PrintDispTab[]={ '0', '1', '2', '3', '4', '5', '6', '7',
                        '8', '9', 'A', 'B', 'C', 'D', 'E', 'F'};   //0 ~ F

alt_u8 KeyTab[]={     0x4e, 0x67, 0x47, 0x27,
                      0x6b, 0x4b, 0x2b, 0x6d,
                      0x4d, 0x2d, 0x07, 0x0b,
                      0x0d, 0x0e, 0x6e, 0x2e };
alt_u8 KB_Scan_Tab[8] = {0x0e, 0xff, 0x0d, 0xff, 0x0b, 0xff, 0x07, 0xff};

alt_u8 DispBuff[8] = {16, 16, 16, 16, 16, 16, 16, 16};

alt_u8 KeyValue;
alt_u8 DisplayNum, PressedKeyNum = 0, KeyPressedFlag;
/*********************************************/
 void keyboard(void);
 /*********************************************/
int main(void)
{
```

```
    while(1)
    {
        keyboard();
        usleep(1000);
    }
    return 0;
}

void keyboard()
  {
alt_u8 i;

    DisplayNum = (DisplayNum + 1) % 8;

    //判断有无按键按下
    IOWR_ALTERA_AVALON_PIO_DATA(KB_COL_BASE, KB_Scan_Tab[DisplayNum]);
    KeyValue = IORD_ALTERA_AVALON_PIO_DATA(KB_ROW_BASE) & 0x0f;
    if(KeyValue != 0x0f && !KeyPressedFlag)
    {
        KeyPressedFlag = TRUE;
        PressedKeyNum = DisplayNum;
        //转换键值
        KeyValue |= DisplayNum << 4;
        for(i=0; i<16; i++)
        {
            if(KeyValue == KeyTab[i])
                break;
        }
        if(i < 16)
        {
            printf("You pressed '%c' key!\n", PrintDispTab[i]);
        }
    }
    else if(PressedKeyNum == DisplayNum && KeyValue == 0x0f && KeyPressedFlag)
        KeyPressedFlag = FALSE;

 }
```

（13）仔细阅读代码，掌握 PIO 核操作的详细过程，全部理解透彻后，编译工程。

（14）工程编译无误后，通过 USB 下载电缆把 PC 与实验箱相连接，然后开启实验箱电源。

（15）在 QuartusⅡ中通过 USB 下载电缆将 test.sof 文件通过 JTAG 接口下载到 FPGA 中。

（16）在 NiosⅡIDE 中进行硬件配置（参考实验一）。

（17）运行程序（参考实验一）。

（18）查看程序运行结果是否正确。按下矩阵键盘的值，观察 NiosⅡIDE 中是否有相应的值输出。实验结果如图 7-5 所示。

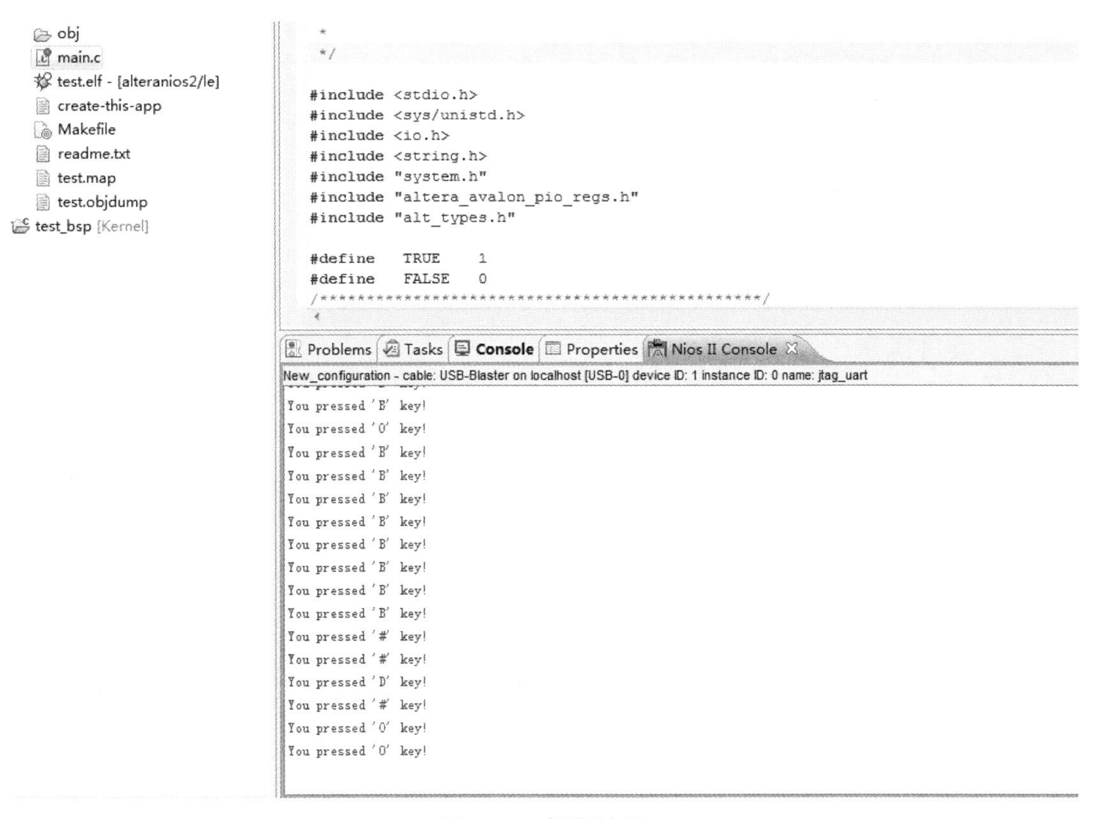

图 7-5　实验结果

（19）实验结果无误后，退出 NiosⅡIDE 软件，关闭 QuartusⅡ软件，关闭实验箱电源，拔出 USB 下载电缆。

实验八　串口通信实验

一、实验目的

（1）熟悉掌握 SOPC 的基本流程。
（2）掌握 UART 核的基本原理。
（3）掌握 UART 核的使用方法。

二、硬件需求

（1）EDA/SOPC 实验开发系统一台。
（2）电源线和端口连接线若干。

三、实验原理

UART 是通用异步收发（Universal Asynchronous Receiver/Transmitter）的缩写，经过外围简单的电平转换后，就可满足 RS-232 标准，所以 UART 通常可以理解为标准的串行通信。

串行通信是一种能把二进制数据按位传送的通信，故它所需要的传输线条极少，特别适用于分级、分层和分布式控制系统以及远程通信之中。按照串行通信的同步方式，串行通信可以分为同步通信和异步通信两类。同步通信是按照软件识别同步字符来实现数据的发送和接收的，异步通信是利用字符的再同步技术来实现数据的发送和接收的。在实际使用过程中，基本上都是采用异步通信机制来实现双机通信的，故此处对同步通信将不作过多介绍。

在异步通信中，数据通常是以字符为单位组成字符帧传送的。字符帧由发送端一帧一帧地发送，通过传输线被接收端一帧一帧地接收。发送端和接收端可以有各自的时钟来控制数据的发送和接收，这两个时钟源彼此独立，互不同步。

在异步通信过程中，字符帧格式和波特率是两个最重要的指标，由用户根据实际情况选定，下面对此作详细介绍：

1. 字符帧

字符帧也叫数据帧，由起始位、数据位、奇偶校验位和停止位等四部分组成，现对各部分功能分述如下：

（1）起始位：位于字符帧开头，只占 1 位，始终为逻辑低电平，用于向接收设备表示发送端开始发送一帧信息。

（2）数据位：紧跟起始位之后，用户可根据实际情况取 5 位、6 位、7 位或 8 位，低位在前，高位在后。

（3）奇偶校验位：位于数据位后，仅占 1 位，用于表征串行通信中采用奇校验还是偶校验。此位可选，即可以没有校验位，用户根据实际情况来决定。

（4）停止位：位于字符帧末尾，为逻辑高电平，通常取 1 位、1.5 位或 2 位，用于向接收端表示一帧字符信息已发送完毕，同时也为发送下一帧字符作准备。

2. 波特率

波特率的定义为每秒钟传送二进制数据的位数（亦即比特数），单位是 bits/s。波特率是串行通信的重要指标，用于表征数据传输的速度，波特率越高，数据传输速度越快。但和字符的实际传输速率不同，字符的实际传输速率是指每秒钟传送字符帧的帧数，这和字符帧的格式有关。通常，对于串行通信，波特率基本上是在 2400 ~ 115 200 bits/s 之间某些特定的值可选。

异步通信的优点是不需要传送同步脉冲，字符帧长度也不受限制，故所需设备简单；缺点是字符帧中包含起始位和停止位，甚至还有奇偶校验位，从而使得字符的实际传输速率下降。

另外需要注意的是，根据数据传送的方向，串行通信还可以分为半双工和全双工两种制式。现在的串行接口基本上都是全双工的，也就是说接收和发送可以同时进行。对于全双工方式下的串口通信，至少需要 3 条传输线：一条用于发送数据，一条用于接收数据，另外一条用于信号地。

SOPC Builder 软件提供了一个 UART 核，也是基于 Avalon 接口设计。该 UART 核把 RS-232 协议时序全部实现，同时其波特率可以改变，另外还支持硬件流控制所需的信号，图 8-1 是其功能框图。

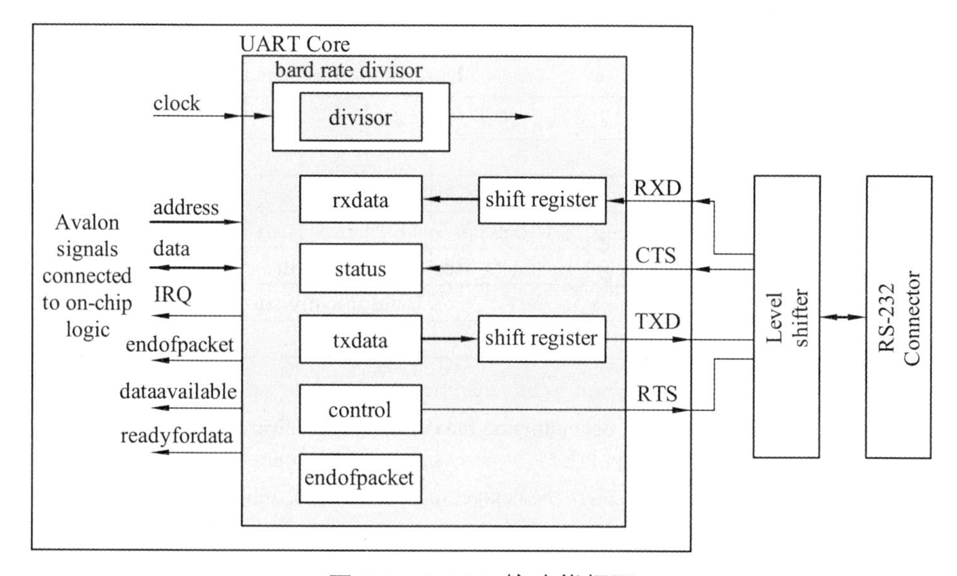

图 8-1　UART 核功能框图

UART 核提供了 6 个基于 Avalon 接口的 16 位寄存器供软件访问和控制，同时当它收到数据或准备好接收下一个发送数据的时候，都会产生一个高有效的中断请求信号。另外，UART

核还可以与 DMA 配合使用，完全工作在 DMA 方式，无需 CPU 干预便可完成数据的收发。

UART 核的硬件特性也是在 SOPC Builder 中通过其配置向导来设置，主要包括以下几个方面：

1）UART 核波特率（Baud Rate Opitons）

UART 核的波特率可以设定为固定波特率和可变波特率两种方式，当设置为可变波特率的时候，软件可以在运行过程中通过改变分频器寄存器来得到不同的波特率。波特率的计算公式为

$$\text{波特率}=\frac{\text{系统时钟}}{\text{分频系数}+1}$$

2）校验位、数据位和停止位（Parity，Data Bits，Stop Bits）

校验位可以选择奇校验、偶校验或无校验位三种方式；数据位可选择 7 位、8 位或 9 位；停止位可选则 1 位或 2 位。

3）流控制（Flow Control）

流控制主要包括 CTS 和 RTS 两个信号及其相关的控制寄存器。当使能流控制属性后，UART 的硬件就自动产生 CTS_N 输入端口、RTS_N 输出端口、状态寄存器中的 CTS 位和 TCTS 位以及控制寄存器中的 RTS 位和 IDCTS 位。

4）DMA

UART 核的 Avalon 接口中如果嵌入了 DMA 功能，它就会自动产生一个 7 位、8 位或 9 位的包结束寄存器、状态寄存器中的 EOP 位和控制寄存器中的 IEOP 位。EOP 检测可以配合 DMA 一起使用，使其在不需要 CPU 干预的情况下，完成数据的自动收发。

UART 核提供了 6 个基于 Avalon 接口的寄存器，如表 8-1 所示。

表 8-1　UART 核相关寄存器

Offset	Register name	R/W	Description/Register Bits													
			15…13	12	11	10	9	8	7	6	5	4	3	2	1	0
0	rxdata	RO	（1）					（2）	（2）	Reciver Date						
1	txdata	WO	（1）					（2）	（2）	Transmit Date						
2	status（3）	RW	（1）	eop	cts	dcts	（1）	e	rrdy	trdy	tmt	toe	roe	brk	fe	pe
3	control	RW	（1）	ieop	rts	idcts	trbk	ie	irrd	itrdy	itmt	itoe	iroe	ikrk	ife	ipe
4	divosor（4）	RW	Baud rate divisor													
5	endofpacket	RW	（1）					（2）	（2）	End-of packet value						

（1）These bits are reserved. Reading returns an undefined value. Write zero.

（2）These bits may or may not exist, depending on the date width hardware option. If they do not exits, they read zero, and writing has no effect.

（3）Write zero to the status register clears the dcts, e, toe, roe, brk, fe, and pe bits.

（4）This register may or may not exist, depending on hardware configuration options. If they do not exits, reading returns an undefined value and writing has no effect.

当 UART 接收到数据的时候，就会把它存放在 rxdata 寄存器中。当程序需要发送数据的时候，只需要向 txdata 寄存器写入数据即可。status 寄存器中包含了 UART 相关的状态，如校

验错误标志（PE）、帧错误（FE）、接收间断错误（BRK）、数据溢出错误（ROE 和 TOE）、发送错误（TMT0）、数据接收发送准备好标志（TRDY 和 RRDY）、错误标志（E）以及帧计数标志等。控制寄存器中主要用来控制 UART 的各项中断等，分频寄存器则用来改变 UART 的波特率。

在软件中，如果将 UART 指定为系统标准输入/输出（stdin/stdout），那么就可以通过 printf（ ）和 getchar（ ）函数来访问。当然，也可以通过 Altera 提供的标准函数来访问，这些函数包含在 altera_Avalon_uart_regs.h 头文件中，主要包括：

（1）读写数据接收寄存器。

- IORD_ALTERA_AVALON_UART_RXDATA（base）
- IOWR_ALTERA_AVALON_UART_RXDATA（base，data）

（2）读写数据发送寄存器。

- IORD_ALTERA_AVALON_UART_TXDATA（base）
- IOWR_ALTERA_AVALON_UART_TXDATA（base，data）

（3）读写状态寄存器。

- IORD_ALTERA_AVALON_UART_STATUS（base）
- IOWR_ALTERA_AVALON_UART_ STATUS（base，data）

（4）读写控制寄存器。

- IORD_ALTERA_AVALON_UART_CONTROL（base）
- IOWR_ALTERA_AVALON_UART_ CONTROL（base，data）

（5）读写分频寄存器。

- IORD_ALTERA_AVALON_UART_ DIVISOR（base）
- IOWR_ALTERA_AVALON_UART_ DIVISOR（base，data）

（6）读写包结束寄存器。

- IORD_ALTERA_AVALON_UART_ EOP（base）
- IOWR_ALTERA_AVALON_UART_ EOP（base，data）

四、实验内容

本实验中主要学习使用 UART 的基本使用，主要是通过串口与计算机通信来证明数据收发的正确性。具体的过程是在软件中使能 UART 的接收中断，然后在接收中断中读取接收的数据，并通过 UART 再发送出去。实际实验中，可以将实验箱与 PC 串口使用串口线相连，上位机采用串口测试软件向下发送数据，同时侦测实验箱发送上来的数据，如果收发完全一致，则说明通信正确。

五、实验步骤

完成本实验的实验步骤为：

（1）新建文件夹 exp8_uart，将实验一工程下的文件拷贝到该文件夹下。

（2）打开 quartusⅡ工程，在 test 文件中双击 kernel 内核。

（3）加入 UART 核。打开 System Contents，点击列表中的 Interface protocols 类中的 Serial 中的 UART（RS-232 serial port），然后点击底部的 Add 按钮，在弹出的对话框中作如下设置（图 8-2）：

- Configuration：固定波特率为 115 200 bits/s，无校验位，8 位数据位，1 位停止位，无流控制，不支持 DMA 控制
- Simulation：默认设置。点击 Finish 按钮，并将其重命名为 UART0。

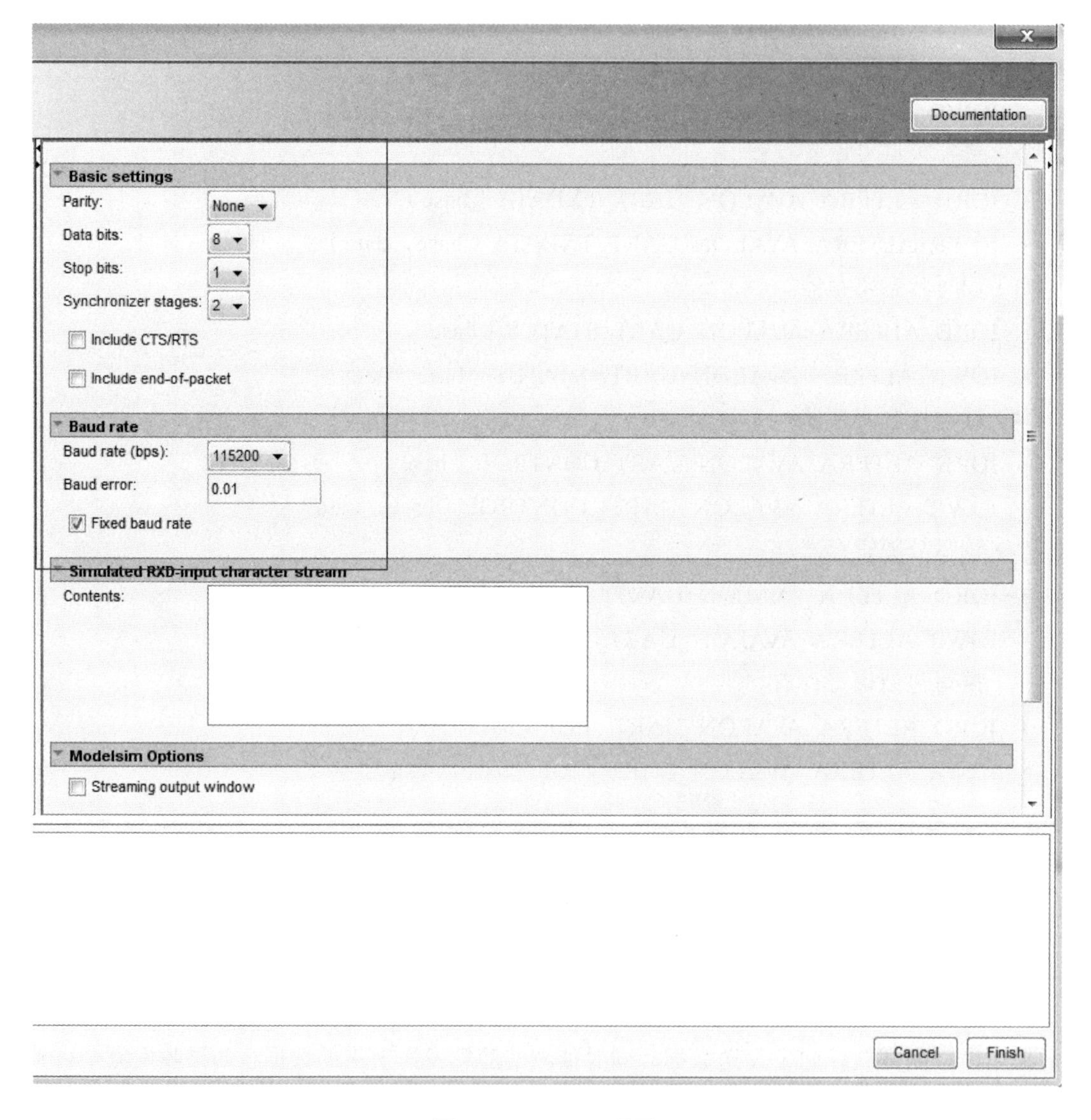

图 8-2　UART 配置

（4）点击 Generate，编译修改之后的 kernel 内核，编译成功之后退出。

（5）升级原理图，并添加管脚，修改管脚名称，保存原理图并编译。

（6）分配引脚。工程编译成功之后，按照附录Ⅱ给管脚命名，完成之后再次保存编译，如图 8-3 所示。

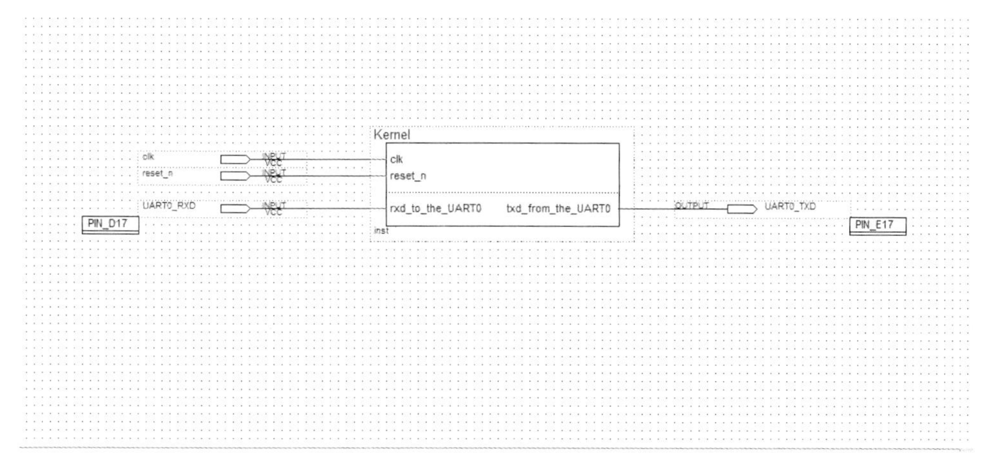

图 8-3　工程编译成功原理图

（7）启动 NiosⅡ12.0 软件，注意切换到当前工作目录下。

（8）打开工作空间，清理工程。

（9）更新 BSP，注意，每次内核文件发生变化的时候都需要 Generate 一下 BSP。本次实验我们添加的是实际串口，我们在 BSP 中需要配置一下，如图 8-4 所示，其余设置参考实验一。

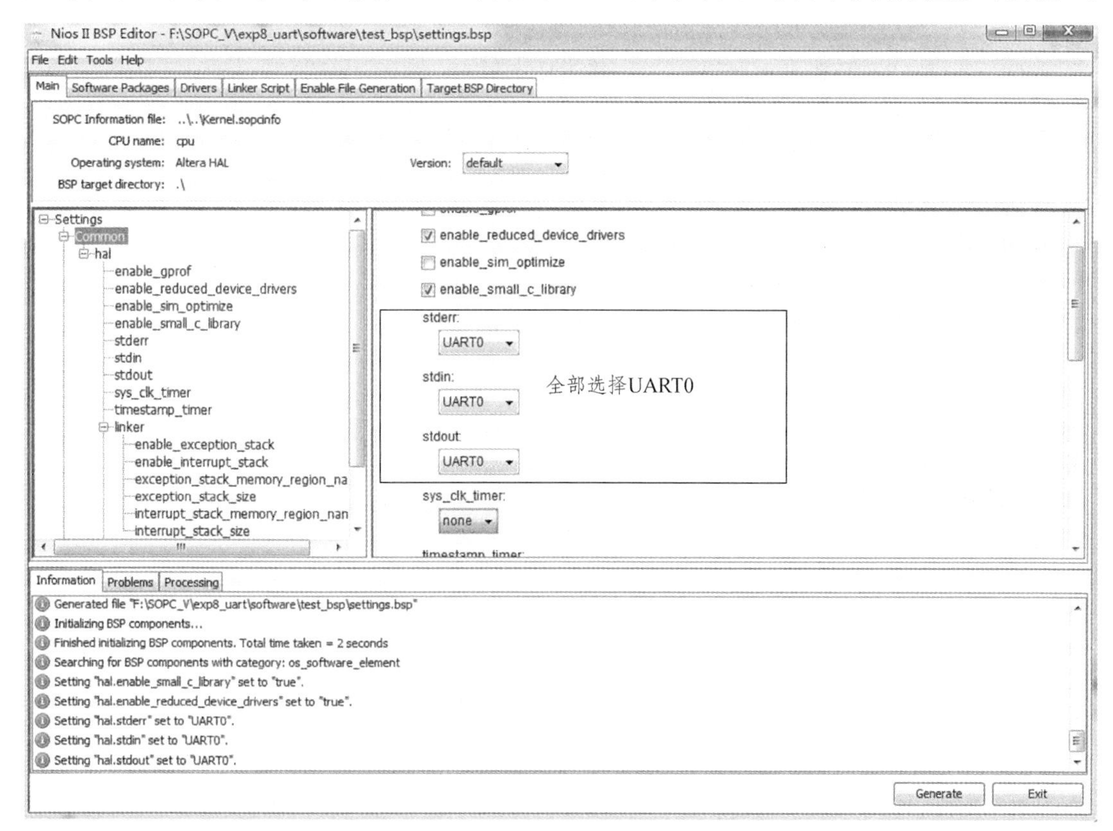

图 8-4　选择实际串口输入输出

（10）修改 main.c 文件，编写代码实现串口功能。详细代码如下。

```
/*
```

```
 *
 *   SOPC 测试代码      串口通信实验
 *   文件名：main.c
 *   功能：实验串口自发自收功能
 *
 */

#include <stdio.h>
#include <sys/unistd.h>
#include <io.h>
#include <string.h>
#include "system.h"
#include "altera_avalon_uart_regs.h"
#include "alt_types.h"
#include "sys/alt_irq.h"

/*******************************************/
static void UART_ISR_Init(void);      //初始化串口

/*******************************************/
alt_u16 sts;
int main(void)
{
   printf("\n EXP8 UART Communication Test!\n");
   //初始化串口
   UART_ISR_Init();

   while(1);

   return 0;
}
/*******************************************/
/*********************************************/
static void UART_Irq_Handler(void *context，  alt_u32 id)
{
   alt_u8 rx_dat;
   //读取接收数据
   rx_dat = IORD_ALTERA_AVALON_UART_RXDATA(UART0_BASE);
   //发送接收数据
```

```
    IOWR_ALTERA_AVALON_UART_TXDATA(UART0_BASE, rx_dat);
    //清除中断标志寄存器
    IOWR_ALTERA_AVALON_UART_STATUS(UART0_BASE, 0x00);
}

static void UART_ISR_Init(void)
{
    //清除中断标志寄存器
    IOWR_ALTERA_AVALON_UART_STATUS(UART0_BASE, 0x00);
    //注册中断
    alt_irq_register(UART0_IRQ, NULL, UART_Irq_Handler);
    //允许 UART 接收中断
    IOWR_ALTERA_AVALON_UART_CONTROL(UART0_BASE, 0x80);
}
```

（11）仔细阅读代码，掌握 UART 的详细过程，全部理解透彻后，编译工程。

（12）工程编译无误后，通过 USB 下载电缆把 PC 与实验箱相连接，然后开启实验箱电源。

（13）在 QuartusⅡ中通过 USB 下载电缆将 test.sof 文件通过 JTAG 接口下载到 FPGA 中。

（14）在 NiosⅡIDE 中进行硬件配置。

（15）运行程序。

（16）连接串口到 PC 端，打开串口调试助手，设置波特率 115200。

（17）实验现象：在串口调试助手发送区输入一串字符，点击发送，在接收区可以看到返回的数据与发送的一致。如图 8-5 所示。

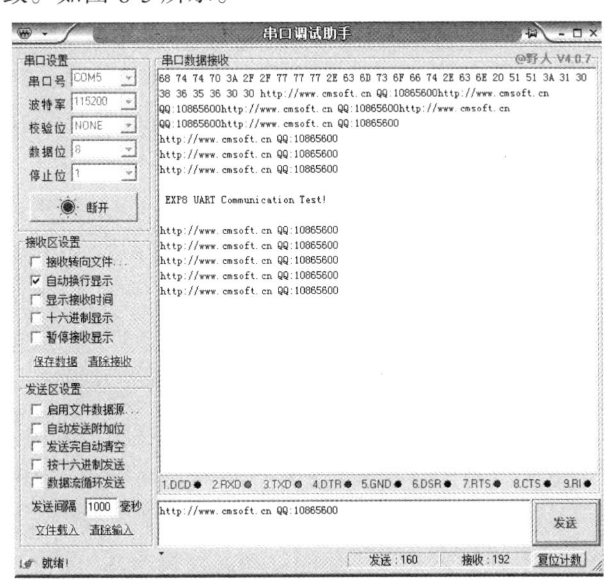

图 8-5　串口测试结果

（18）实验结果无误后，退出 NiosⅡIDE 软件，关闭 QuartusⅡ软件，关闭实验箱电源，拔出 USB 下载电缆。

实验九　串行 ADC 与 DAC 实验

一、实验目的

（1）熟悉掌握 SOPC 的基本流程。
（2）掌握串行 ADC 和 DAC 的工作原理。
（3）掌握 SPI 核的工作原理。
（4）掌握 SPI 核的使用方法。

二、硬件需求

（1）EDA/SOPC 实验开发系统一台。
（2）USB 下载电缆一条。

三、实验原理

1. SPI 核

SPI 是一种工业标准的串行接口协议，主要用在控制器与数据转换器、存储器和控制设备之间通信，由于是串行接口，所以占用端口资源很少。SOPC Builder 中提供的 SPI 核支持主和从两种工作模式，最多可同时连接 16 个 SPI 外设，数据位最多支持 16 位，如此性能的 SPI 控制器足以满足绝大多数场合的需求。

SOPC Builder 中提供的 SPI 核拥有四个基本端口（mosi、miso、sclk 以及 ss_n），同时提供 5 个 16 位基于 Avalon 接口的寄存器供软件访问，从而实现对 SPI 接口的控制。图 9-1 是 SPI 核的功能框图。

SPI 核支持主从两种工作模式。这两种模式的不同之处仅在于时钟 SCLK 由谁驱动，如果由 CPU 自己驱动，则为主模式；如果被外部设备所驱动，则为从模式。

与前面使用过的 IP 核一样，SPI 核的属性设置也是在 SOPC Builder 中通过 SPI 核的设置向导来设置的，在设置向导中可以设置的属性包括：主/从工作模式、外设数量（直接影响 ss_n 的数量）、时钟波特率、时钟延迟、数据位宽、数据输出顺序（高位先出还是低位先出）、时钟极性以及时钟相位等。需要注意的是，上述的这些属性仅当 SPI 工作在主模式时才可以设置，当工作在从模式的时候，仅能设置数据位宽、数据输出顺序、时钟极性以及时钟相位，其他属性将不能设置。

SPI 核提供了 5 个 16 位寄存器供软件访问，这 5 个寄存器如表 9-1 所示。

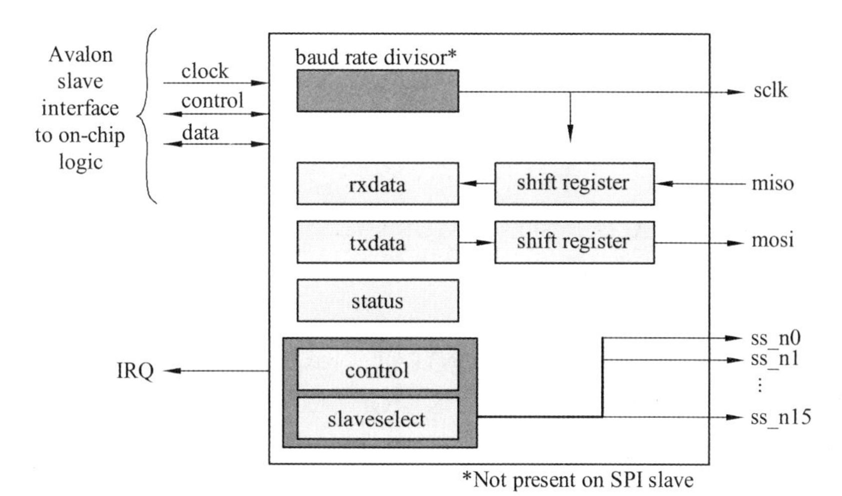

图 9-1　SPI 核的功能框图

表 9-1　SPI 核相关寄存器

Internal Address	Register name	15…11	10	9	8	7	6	5	4	3	2	1	0
0	rxdata（1）	RXDATA（n-1..0）											
1	txdata（1）	TXDATA（n-1..0）											
2	status（2）				E	RRDY	TRDY	TMT	TOE	ROE			
3	control		SSO（3）		IE	IRRDY	ITRDY		ITOE	IROE			
4	reserved												
5	Slaveselect（3）	Slave Select Mask											

（1）Bits 15to *n* are undefined when *n* is less than 16.

（2）A write operation to the status register clears the ros, toe and e bits.

（3）Present only in master mode

当 SPI 接收到数据的时候，会把数据保存在 rxdata 寄存器中；当 CPU 需要发送数据时候，只需把数据写入 txdata 寄存器即可。

状态寄存器中主要包含了一些与 SPI 相关的状态，如接收溢出错误（ROE）、发送溢出错误（TOE）、发送移位寄存器空（TMT）、发送准备好（TRDY）、接收到数据（RRDY）以及错误标志（E）等。

控制寄存器主要用来设置 SPI 的某些特殊属性，如使能接收溢出错误中断（IROE）、使能发送溢出错误中断（ITOE）、准备好发送数据中断（ITRDY）、接收到数据中断（IRRDY）、错误中断（IE）以及强行将 SS_n 信号置为有效（SSO）等。

在软件设计过程中，只需要将 altera_Avalon_spi_reg.h 头文件包含进来便可，该文件中提供了以下基本函数供程序调用。

（1）读写数据接收寄存器。

- IORD_ALTERA_AVALON_SPI_RXDATA（base），
- IOWR_ALTERA_AVALON_SPI_RXDATA（base，data），

（2）读写数据发送寄存器。

- IORD_ALTERA_AVALON_ SPI _TXDATA（base）
- IOWR_ALTERA_AVALON_ SPI _TXDATA（base，data）

（3）读写状态寄存器。

- IORD_ALTERA_AVALON_ SPI _STATUS（base）
- IOWR_ALTERA_AVALON_ SPI _ STATUS（base，data）

（4）读写控制寄存器。

- IORD_ALTERA_AVALON_ SPI _CONTROL（base）
- IOWR_ALTERA_AVALON_ SPI _ CONTROL（base，data）

（5）读从设备选择寄存器。

- IORD_ALTERA_AVALON_ SPI_SLAVE_SEL（base）
- IOWR_ALTERA_AVALON_ SPI_SLAVE_SEL（base，data）

软件还可以通过函数 alt_avalon_spi_command（ ）来访问 SPI 接口，该函数在 altera_Avalon_spi.h 中得到了定义，具体如下：

```
int alt_avalon_spi_command (alt_u32 base, alt_u32 slave,
                            alt_u32 write_length, const alt_u8 * write_data,
                            alt_u32 read_length, alt_u8 * read_data,
alt_u32 flags)
```

但上述的函数仅能访问数据位宽不超过 8 位的 SPI 接口，对于数据位宽超过 8 位的 SPI 接口，该函数尚不支持。

2. 串行 ADC

实验箱上使用的串行 ADC 是基于 SPI 接口的 12 位高精度 ADC——ADS7822。其最高采样速率可达 75 kHz，支持 2.7 ~ 3.6 V 工作电压，其 SPI 的时钟波特率支持 10 kHz ~ 1.2 MHz 工作范围。图 9-2 是其基本工作时序。

从时序中可以看出，ADC 在输出上次转换数据的时候，会自动启动本次转换。每次读取需要至少 14 个时钟信号（当超过 14 个时钟时，ADC 会输出 0 信号），数据在时钟下降沿输出，输出顺序为先高位后低位。

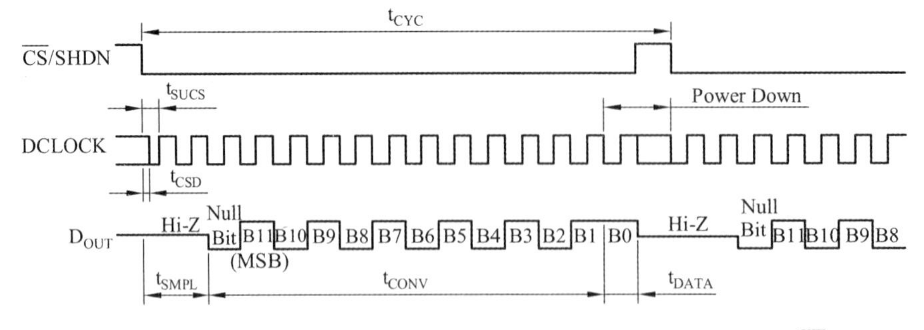

Note: (1) After completing the data transfer, if further clocks are applied with $\overline{CS}$ LOW,the ADC will output LSB-First data then followed with zeroes indefinitely.

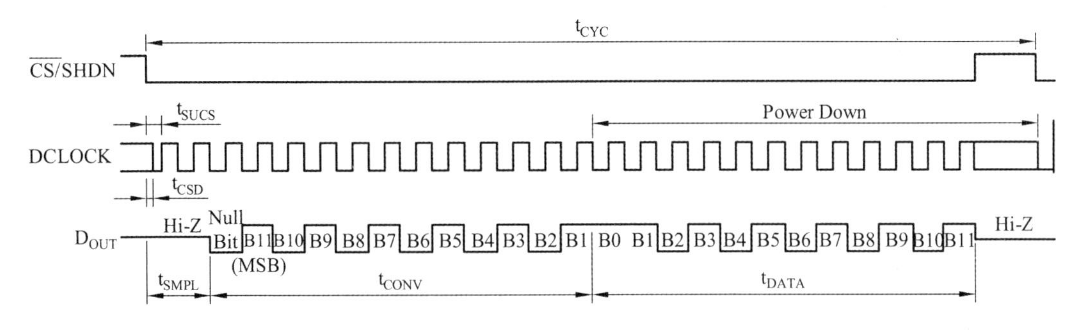

Note: (1) After completing the data transfer, if further clocks are applied with CS LOW,the ADC will output zeroes indefinitely.

图 9-2　串行 ADC 基本工作时序

3. 串行 DAC

实验箱上使用的串行 DAC 是基于 SPI 接口的 12 位高精度 DAC——DAC7513。其最高转换速率可达 100 kHz，支持 2.7 ~ 5.5 V 工作电压，其 SPI 的时钟波特率支持高达 30 MHz。图 9-3 是其基本工作时序。

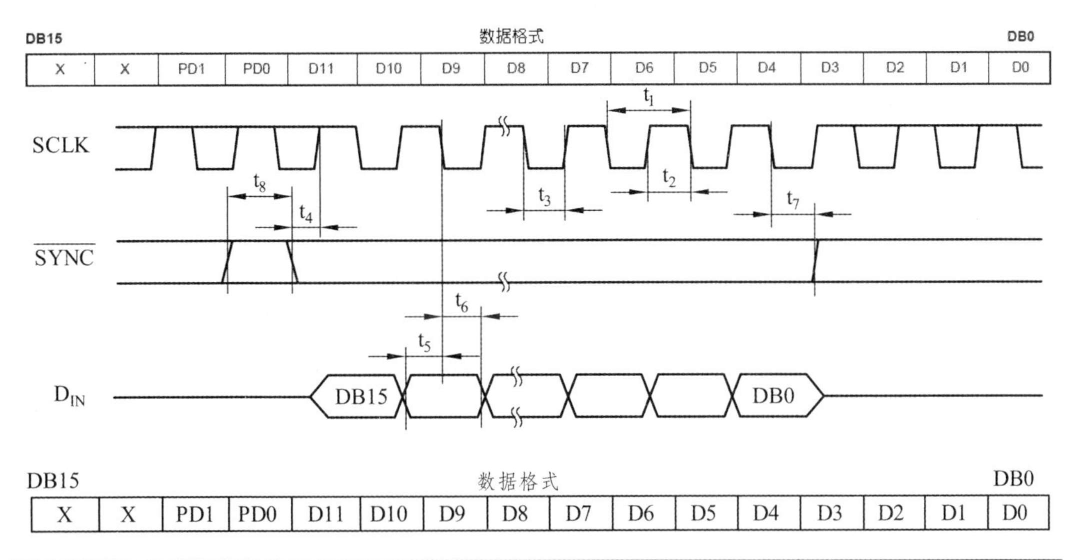

DB13	DB12	OPERATING MODE
0	0	Normal Operation
		Power-Down Modes
0	1	Output 1kΩ to GND
1	0	Output 100kΩ to GND
1	1	High-Z

图 9-3　串行 DAC 基本工作时序

从时序中可以看出，DAC 在接收完数据后，在 SYNC 的上升沿启动转换。每次接收需要

16 个时钟，数据在时钟下降沿高位输入，输入顺序为先高位后地位。

观察串行 ADC 的时序和串行 DAC 的时序，发现它们可以用一个工作为主模式的 SPI 接口来控制，mosi 连接到串行 DAC 的数据输入，而 miso 连接到串行 ADC 的数据输出，ADC 的 nCS 和 DAC 的 nSYNC 可以连接在一起。需要注意的是，由于 ADC 的时序在超过 14 个时钟时，会输出 0，所以在读取完 ADC 数据时需要对其简单处理。

四、实验内容

本实验中主要学习 SPI 核的基本使用，因此实验中，CPU 通过 SPI 接口从串行 ADC 读取数据，然后再通过 SPI 接口把数据写到 ADC 进行转换。实际操作过程中，当向 txdata 寄存器写 DAC 转换数据的时候，实际上 ADC 的转换数据会同时自动读入到 rxdata 寄存器。

五、实验步骤

完成本实验的实验步骤为：

（1）新建文件夹命名为 exp9_spi_adc_dac，将实验一工程目录下的文件拷贝到该文件夹下。

（2）打开工程文件，在原理图中双击 kernel 系统，进入 SOPC Builder，编辑内核文件。

（3）加入 SPI 核。单击选中 System Contents 列表中的 Communication 类中的 SPI（3 Wire Serial），然后点击底部的 Add 按钮，在弹出的对话框中作如下设置（如图 9-4 所示）：

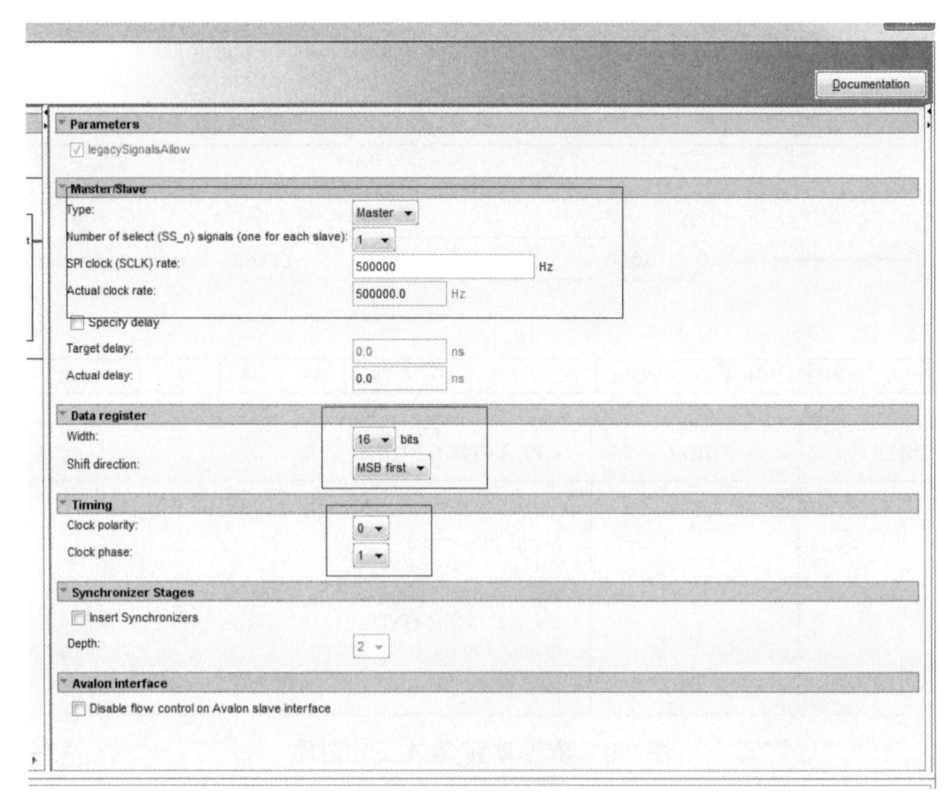

图 9-4　SPI 核设置

- 主工作模式（Master）
- 连接一个外设（SS_n 为 1）
- SPI 时钟速率：500 kHz
- 数据位宽：16 位
- 数据顺序：MSB first
- 时钟极性："0"
- 时钟相位："1"

点击 Finish 按钮，并将其重命名为 SPI0。

（4）点击 Generate，编译修改之后的 kernel 内核，编译成功之后退出。

（5）升级原理图，并添加管脚，修改管脚名称，保存原理图并编译。

（6）分配引脚。工程编译成功之后，按照附录Ⅱ给管脚命名，完成之后再次保存编译，如图 9-5 所示。

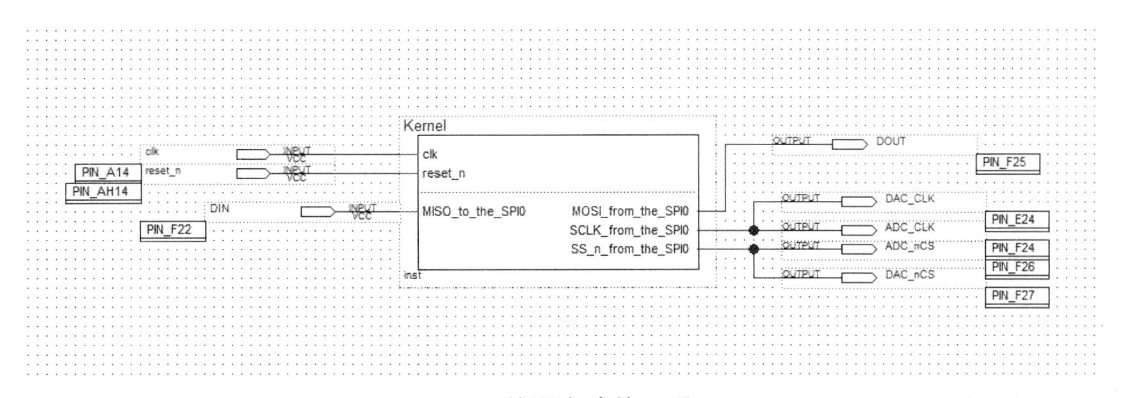

图 9-5　编译完成的原理图

（7）启动 NiosⅡ12.0 软件，注意路径。

（8）打开软件工程，清理工程。

（9）更新 BSP，注意 sopc 内核文件的路径。

（10）修改 main.c 文件，修改代码，实现 adc 与 dac 的驱动。详细代码如下：

```
/*
 *
 *  SOPC 测试代码      SPI ADC 与 DAC 实验
 *  文件名：main.c
 *  功能：信号通过 ADC 采集之后经过 DAC 还原
 *


 */


#include <stdio.h>
#include <sys/unistd.h>
#include <io.h>
```

```
#include <string.h>

#include "system.h"
#include "altera_avalon_spi_regs.h"
#include "alt_types.h"
#include "sys/alt_irq.h"

/***********************************************/
static void SPI0_ISR_Init(void);       //初始化中断

/***********************************************/
int main(void)
{
//设置 SPI 中断
   SPI0_ISR_Init();

   while(1);

   return 0;
}

/***********************************************/
alt_u16 dat;
static void SPI0_Irq_Handler(void *context, alt_u32 id)
{
    //读取 ADC 转换结果
   dat = IORD_ALTERA_AVALON_SPI_RXDATA(SPI0_BASE);
   dat >>= 1;
   dat &= 0xfff;
   //输出数据进行 DAC 转换
   IOWR_ALTERA_AVALON_SPI_TXDATA(SPI0_BASE, dat);
   //清除中断标志寄存器
   IOWR_ALTERA_AVALON_SPI_STATUS(SPI0_BASE, 0x0);
}

static void SPI0_ISR_Init(void)
{
   //清除中断标志寄存器
   IOWR_ALTERA_AVALON_SPI_STATUS(SPI0_BASE, 0x0);
```

```
    //注册中断
    alt_irq_register(SPI0_IRQ, NULL, SPI0_Irq_Handler);
    //允许 SPI 发送结束中断
    IOWR_ALTERA_AVALON_SPI_CONTROL(SPI0_BASE, 0x0040);
}
```

（11）仔细阅读代码，掌握 SPI 库函数使用，与中断处理过程，全部理解透彻后，编译工程。

（12）工程编译无误后，通过 USB 下载电缆把 PC 与实验箱相连接，然后开启实验箱电源。

（13）在 QuartusⅡ中通过 USB 下载电缆将 test.sof 文件通过 JTAG 接口下载到 FPGA 中。

（14）在 NiosⅡIDE 中进行硬件配置。

（15）运行程序。

（16）打开示波器，先检测信号源区 J13 的信号输出，设置 JP7 使 J13 输出波形为正弦波。

（17）将示波器另一个输入通道接到串行 ADC&DAC 区的 J11 DAC_OUT 上，观察 DAC 的输出信号，注意将 J4 拨动开关拨到内部一侧，使 ADC 的信号源来自内部，即 J13 的输出。

（18）比较 J13 与 J11 两处的信号波形，如果发现，二者波形基本一致，则说明实验是成功的，我们成功将一个信号通过 ADC 采集，并将其还原出来。

（19）确认实验结果无误后，退出 NiosⅡIDE 软件，关闭 QuartusⅡ软件，关闭实验箱电源，拔出 USB 下载电缆。

实验十　并行 ADC 与 DAC 实验

一、实验目的

（1）熟悉掌握 SOPC 的基本流程。
（2）掌握并行 ADC 和 DAC 的工作原理。
（3）进一步掌握 PIO 核的工作原理以及 SOPC 中时序设计。

二、硬件需求

（1）EDA/SOPC 实验开发系统一台。
（2）USB 下载电缆一条。

三、实验原理

PIO 操作原理可参考实验二，这里不做多描述。

1. 并行 ADC——TLC5540

TLC5540 是美国德州仪器公司推出的高速 8 位 A/D 转换器。它的最高转换速率可达每秒 40 兆字节。TLC5540 采用了一种改进的半闪结构及 CMOS 工艺，因而大大减少了器件中比较器的数量，而且在高速转换的同时能够保持低功耗。在推荐工作条件下，其功耗仅为 75 mW。由于 TLC5540 具有高达 75 MHz 的模拟输入带宽以及内置的采样保持电路，所以非常适合在欠采样的情况下应用。另外，TLC5540 内部还配备有标准的分压电阻，可以从+5 V 的电源获得 2 V 满刻度的参考电压，并且可保证温度的稳定性。TLC5540 被广泛应用于数字电视、医学图象、视频会议、CCD 扫描仪、高速数据变换及 QAM 调制器等方面。

TLC5540 的内部结构如图 10-1 所示。它包括时钟发生器，内部参考电压分压器，1 套高 4 位采样比较器、编码器、锁存器，2 套低 4 位采样比较器、编码器和一个低 4 位锁存器。

TLC5540 的外部时钟信号 CLK 通过其内部的时钟发生器产生 3 路内部时钟，用于驱动 3 组斩波稳零结构的采样比较器。参考电压分压器则为这 3 组比较器提供参考电压。其中低位比较器的参考电压是高位比较器的 1/16。采用输出信号的高 4 位由高 4 位编码器直接提供，低 4 位的采样数据则由两个低 4 位的编码器交替提供。其中低 4 位比较器是对输入信号的“残余”部分进行变换的（时间为高 4 位的两倍），因此与标准的半闪结构相比，这种变换方式可减少 30%的采样比较器，并且具有相同的采样率。

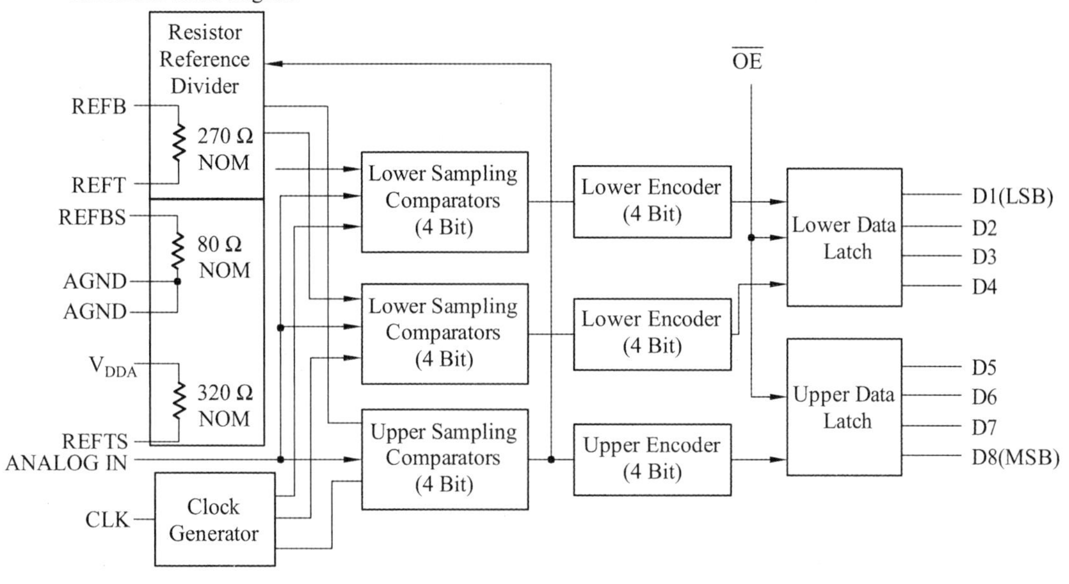

图 10-1　TLC5540 内部结构

TLC5540 的运行时序见图 10-2，时钟信号 CLK 在每一个下降沿采集模拟输入信号，第 N 次采集的数据经过 3 个时钟周期的延迟之后，送到内部数据总线上。此时如果输出使能 OE 有效，则数据可由 CPU 读取或进入缓冲存储器。其中，时钟的高、低电平持续时间 $t_{W(H)}$、t_{w}（L）最小为 12.5 ns，时钟周期是了小为 25 ns，因此最高采样速率为 40 MSPS。

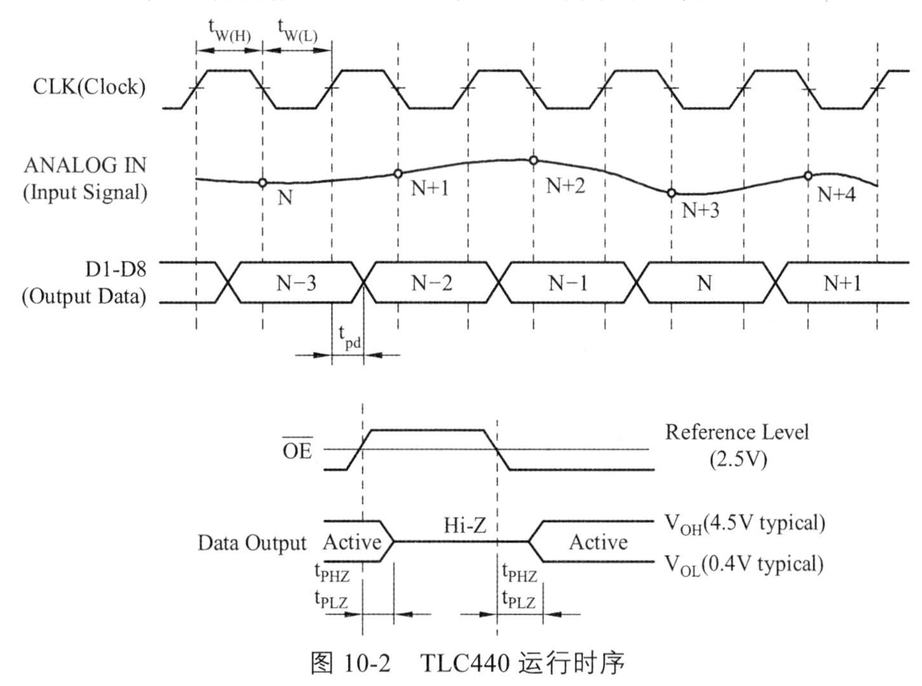

图 10-2　TLC440 运行时序

图 10-2 中 t_{pd} 为数据输出延迟时间，典型值为 9 ns，最大为 15 ns；t_{PHZ}、t_{PLZ} 为数据输出端有效至高阻的延迟时间，最大为 20 ns；t_{PZH}、t_{PZL} 为数据输出端从高阻转为有效的延迟时间，最大为 15 ns。

2. DAC TLC5602

TLC5602C 是使用 LinEPIC 1-μm 工艺的低功率、超高速视频数模转换器。TLC5602X 以从 DC 至 20 MHz 的取样速度将数字信号转换成模拟信号。由于高速工作，TLC5602X 适合于数字电视、电脑视频处理及雷达信号处理等数字视频应用。其内部结构如图 10-3 所示，典型工作时序如图 10-4 所示。

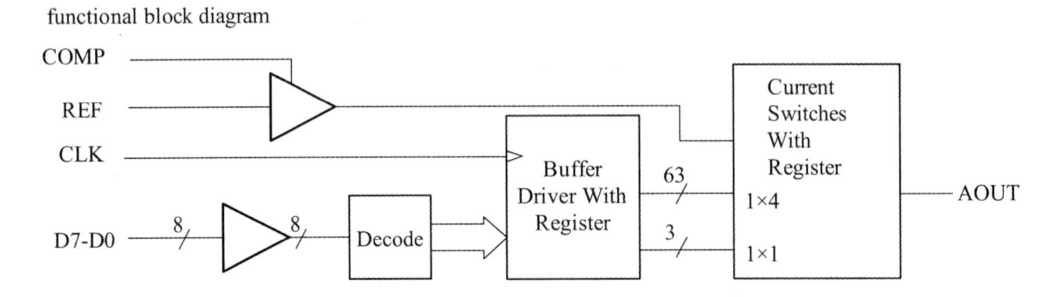

STEP	DIGITAL INPUTS								OUTPUT VOLTAGE+
	D7	D6	D5	D4	D3	D2	D1	D0	
0	L	L	L	L	L	L	L	L	3.980V
1	L	L	L	L	L	L	L	L	3.984V
⋮					⋮				⋮
127	L	H	H	H	H	H	H	H	4.488V
128	H	L	L	L	L	L	L	L	4.492V
129	H	L	L	L	L	L	L	L	4.496V
⋮					⋮				⋮
254	H	H	H	H	H	H	H	L	4.996V
255	H	H	H	H	H	H	H	H	5.000V

t_{VDD}=5V and V_{ref}=4.02V

图 10-3 tlc5602 内部结构

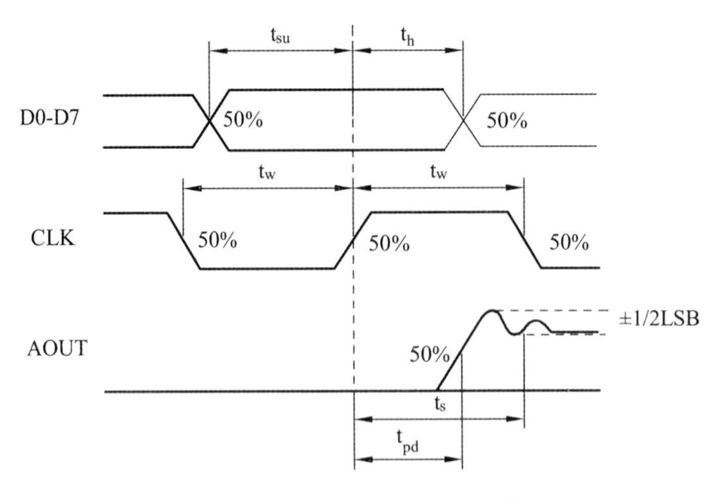

图 10-4 TLC5602 典型时序

需要注意的是 t_w 至少要维持 25 ns，t_{su} 最少需要 16.5 ns，t_h 至少需要 12.5 ns

3. 电路原理图

并行 ADC&DAC 电路原理如图 10-5 所示。

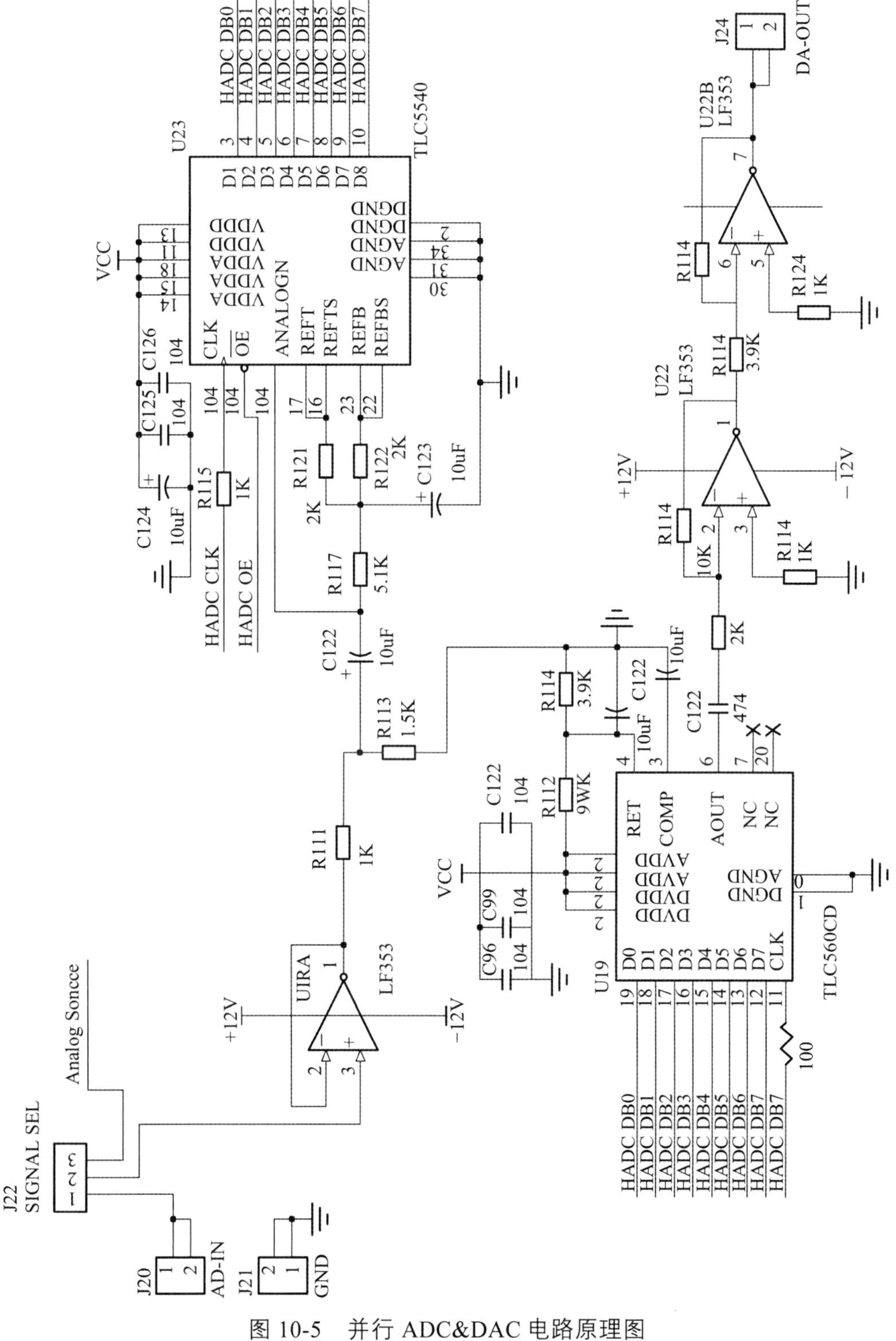

图 10-5　并行 ADC&DAC 电路原理图

四、实验内容

本实验中主要熟练掌握 PIO 核的基本使用，以及对并行总线的时序操作，实验中通过 ADC 完成模拟信号采集，将数据传递给 DAC，将信号再还原出来。为实现这个目的，需要添加以下 PIO 核：

① 1 个 8 位的输入端口，用于接收 ADC 的数据，命名为 AD_DATA。

② 1 个 8 位的输出端口，用于将数据输出给 DAC，命名为 DA_DATA。

③ 1 个 1 位的输出端口，用于 ADC 的时钟控制，命名为 AD_CLK。

④ 1 个 1 位的输出端口，用于 ADC 的使能控制，命名为 AD_OE。

⑤ 1 个 1 位的输出端口，用于 DAC 的时钟控制，命名为 DA_CLK。

五、实验步骤

完成本实验的实验步骤为：

（1）新建文件夹命名为 exp10_parallel_adc_dac，将实验一工程目录下的文件拷贝到该文件夹下。

（2）打开工程文件，在原理图中双击 kernel 系统，进入 SOPC Builder，编辑内核文件。

（3）向内核中添加 PIO 核并修改名称，如图 10-6 所示。

（4）编译修改之后的内核文件，成功后退出。

（5）升级原理图，并修改管脚名称，保存原理图修改并编译工程。

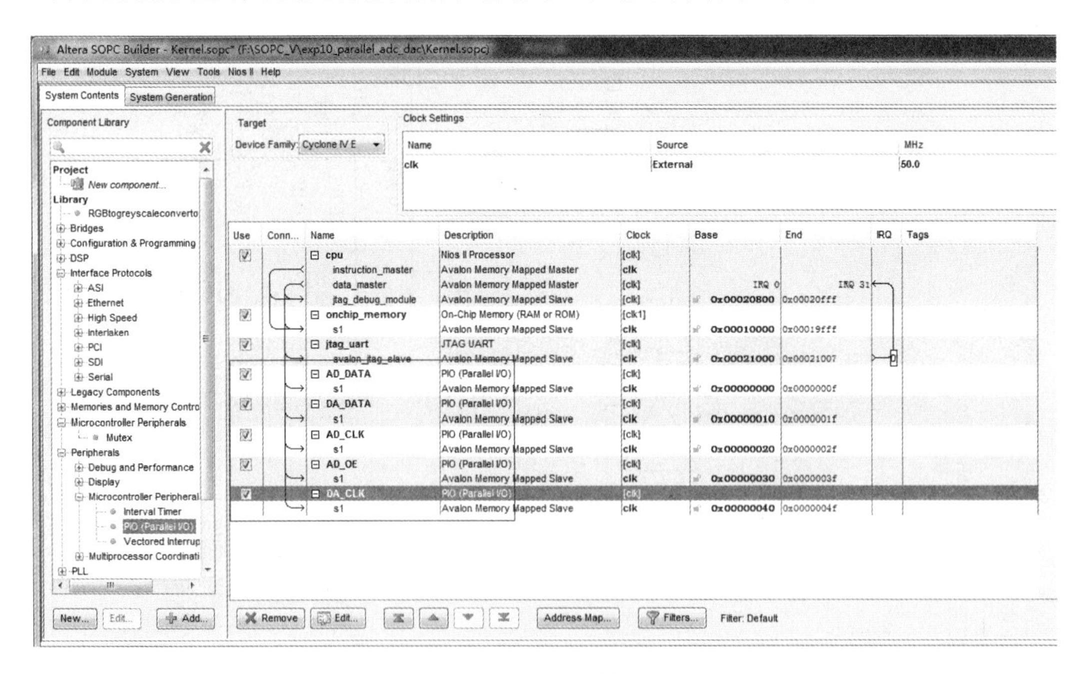

图 10-6　PIO 核的添加

（6）按照附录Ⅱ，给管脚分配 FPGA 引脚，保存工程修改，再次编译。

（7）编译完成之后，如图 10-7 所示。至此，quatrusⅡ工作就告一段落，可以启动 NiosⅡ

软件了。

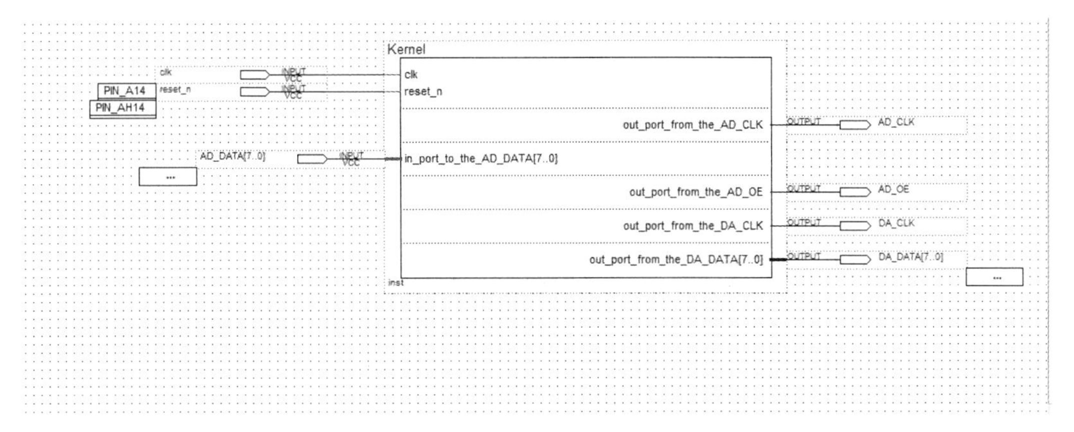

图 10-7　编译完成的原理图

（8）打开 NiosⅡ12.0 软件，注意切换到当前工作目录下。

（9）清理工程。

（10）更新 BSP，注意 sopc 内核文件路径。

（11）修改 main.c 文件代码，实验 adc&dac 操作，详细代码如下：

```
/*
 *
 *   SOPC 测试代码       并行 ADC&DAC 实验
 *   文件名：main.c
 *   功能：DAC 将通过 ADC 采集的信号还原回来
 *
 */

#include <stdio.h>
#include "system.h"
#include "alt_types.h"
#include "altera_avalon_pio_regs.h"

unsigned char m_data;

int main()
{
  printf("AD_DA Test!");
  while(1)
  {
    //AD 转换获取数据
   IOWR_ALTERA_AVALON_PIO_DATA(AD_OE_BASE, 1);   //写 AD 使能
```

```
    IOWR_ALTERA_AVALON_PIO_DATA(AD_CLK_BASE, 0); //拉低 AD 时钟
    IOWR_ALTERA_AVALON_PIO_DATA(AD_OE_BASE, 0);   //写 AD 使能

    m_data=IORD_ALTERA_AVALON_PIO_DATA(AD_DATA_BASE)&0xff; //读 AD 数据

    IOWR_ALTERA_AVALON_PIO_DATA(AD_CLK_BASE, 1);

    IOWR_ALTERA_AVALON_PIO_DATA(AD_OE_BASE, 1);

    IOWR_ALTERA_AVALON_PIO_DATA(DA_CLK_BASE, 0); //拉低 DA 时钟

    IOWR_ALTERA_AVALON_PIO_DATA(DA_DATA_BASE, m_data); //写 DA 数据

    IOWR_ALTERA_AVALON_PIO_DATA(DA_CLK_BASE, 1); /拉高 DA 时钟

  }

  return 0;
}
```

（12）仔细阅读代码，掌握 PIO 库函数使用，全部理解透彻后，编译工程。

（13）工程编译无误后，通过 USB 下载电缆把 PC 与实验箱相连接，然后开启实验箱电源。

（14）在 QuartusⅡ中通过 USB 下载电缆将 test.sof 文件通过 JTAG 接口下载到 FPGA 中。

（15）在 NiosⅡIDE 中进行硬件配置。

（16）运行程序。

（17）打开示波器，先检测信号源区 J13 的信号输出，设置 JP7 使 J13 输出波形为正弦波。

（18）将示波器另一个输入通道接到并行 ADC&DAC 区的 J24 DAC_OUT 上，观察 DAC 的输出信号，注意将 J22 拨动开关拨到内部一侧，使 ADC 的信号源来自内部，即 J13 的输出。

（19）比较 J13 与 J24 两处的信号波形，如果发现二者波形基本一致，则说明实验是成功的，已成功将一个信号通过 ADC 采集，并通过 DAC 将其还原出来。

（20）确认实验结果无误后，退出 NiosⅡIDE 软件，关闭 QuartusⅡ软件，关闭实验箱电源，拔出 USB 下载电缆。

实验十一　温度传感器实验

一、实验目的

（1）熟悉掌握 SOPC 的基本流程。
（2）掌握单总线总线工作原理。
（3）掌握如何用 PIO 核来产生单总线时序。
（4）进一步掌握 PIO 工作为双向模式时的用法。

二、硬件需求

（1）EDA/SOPC 实验开发系统一台。
（2）USB 下载电缆一条。

三、实验原理

单总线通信顾名思义就是 1 根线通信，也就是 CPU 通过一条连接线，按照规定的协议，就可以完成和从设备之间的通信。单总线协议设计的最初（多年以前）目标只是用于相邻器件之间的短距离通信——一种通过微处理器的一个端口增加辅助存储器的方法。实际应用中，客户很快就发明了许多独特的应用，其中包括扩展总线和从机器件与主控器之间的远距离通信。

单总线网络是器件、电缆和线路连接的复杂组合，每个网络在拓扑（布局）和硬件上通常都不相同，具体可以分为线形拓扑、树形拓扑和星形拓扑，如图 11-1 所示。

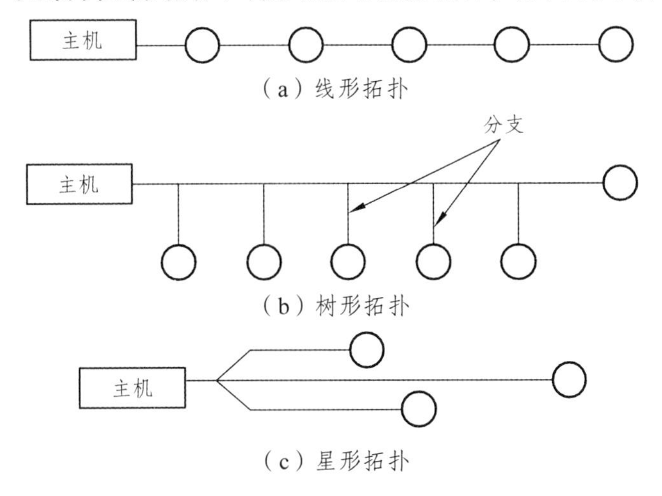

图 11-1　单总线总线的拓扑结构

开设本实验的目的是学习单总线总线协议，并非 SOPC Builder 提供的 IP 核，因此在硬件设计上也没有设计任何拓扑结构，就是直接将一个双向模式的 PIO 直接与单总线器件的信号引脚相连。本实验中用到的单总线器件是 DS18B20——数字温度传感器，它可以提供 9 ~ 12 位（由软件配置）的数据来表示不同的温度（位数越高，测量温度的精度也越高）。所有写入 DS18B20 的数据或从 DS18B20 读出的数据都是通过单总线接口来实现，因此硬件上只需要将 FPGA 的某个 IO 与 DS18B20 相连即可，并且整个读、写以及温度转换过程所需的电源，都可以由与其相连接的总线自动供给，无需外接电源。由于每个 DS18B20 都包含一个唯一的序列号，因此多个 DS18B20 可以同时挂接在一个单总线总线上，这样就可以实现利用单总线读取多个不同位置温度的目的。归纳起来，DS18B20 有如下特性：

（1）采用单总线总线接口。

（2）支持多个器件同时连接在一个单总线总线上。

（3）无需外接任何元件，便可正常工作。

（4）供电电压支持 3.0 ~ 5.5 V。

（5）支持零功耗掉电模式。

（6）测量温度范围为−55 ~ + 125 °C（−67 ~ + 257 F）。

（7）测量范围在−10 ~ + 85 °C 之间可以达到±0.5 °C 的误差。

（8）温度转换位数可配置为 9 到 12 位。

（9）转换成 12 位数据的时间仅 750 ms。

（10）支持用户自定义报警设置，且数据采用非挥发性介质存储。

图 11-2 是 DS18B20 的功能框图。从图中可以看出它包含 4 个部分：64 位 ROM、温度传感器、非挥发温度报警触发单元以及一个配置寄存器。由于本实验仅仅读取温度，所以只对温度模块和配置模块作一些介绍。

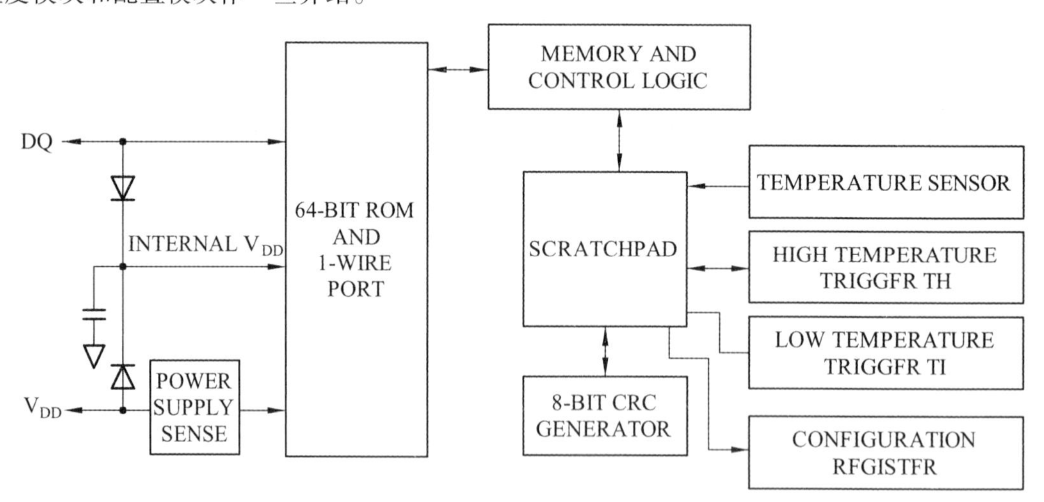

图 11-2　DS18B20 功能框图

DS18B20 的核心功能模块就是一个直接数字式温度传感器，其数据转换位数为 9 ~ 12 位（具体位数可以配置，出厂默认设置为 12 位）。在 CPU 发送温度转换命令（0x44）后，DS18B20 就开始进行新的温度转换，并将转换结果保存在一个 16 位的临时寄存器中，数据格式以 16 位有符号数的方式存放。通过单总线总线，CPU 在发送读取温度命令（0xBE）后，即可以读取到该寄存器中的数值。需要注意的是，单总线总线上的数据是最低位先被发送，最高位最后发送，并且 DS18B20 在上电复位的时候，该寄存器中存放的数值是+85 °C。表 11-1 是该寄存器中的数据存储格式及其代表的温度值表。

表 11-1 温度数据存放格式及其与温度的对应关系

2^3	2^2	2^1	2^0	2^{-1}	2^{-2}	2^{-3}	2^{-4}	LSB
MSb				（unit=°C）			LSb	
S	S	S	S	S	2^6	2^5	2^4	MSB

Temperature/°C	Digital Output（Binary）	Digital Output（Hex）
+125	0000 0111 1101 0000	07D0h
+85	0000 0101 0101 0000	0550h*
+25.062 5	0000 0001 1001 0001	0191h
+10.125	0000 0000 1010 0010	00A2h
+0.5	0000 0000 0000 1000	0008h
0	0000 0000 0000 0000	0000h
−0.5	1111 1111 1111 1000	FFF8h
−10.125	1111 1111 0101 1110	FF5Eh
−25.062 5	1111 1110 0110 1111	FF6Fh
−55	1111 1100 1001 0000	FC90h
*The power on reset register value is+85 °C		

配置寄存器中包含了当前 DS18B20 的具体温度转换位数的信息，数据格式如表 11-2 所示。

表 11-2 配置寄存器

0	R1		1	1	1	1	1
MSb							LSb

上表中，第 0～4 位实际没有用到，读出的时候永远为“1”；第 7 位也没有用到，读出的时候永远为“0”；R1，R0 则代表了具体的转换位数，具体对应关系如表 11-3 所示，该值可以由 CPU 配置以得到不同温度转换位数。

表 11-3 配置寄存器中的 R1 R0 与温度转换位数对应表

R1	R0	Thermometer Resolution	Max Conversion Time/ins	
0	0	9-bit	93.75	（$t_{conv}/8$）
0	1	10-bit	187.5	（$t_{conv}/4$）
1	0	11-bit	375	（$t_{conv}/2$）
1	1	12-bit	750	（t_{conv}）

由于篇幅有限，还有很多有关 DS18B20 的操作和说明来叙述，具体可以查看 DS18B20 的数据手册。

四、实验内容

由于 SOPC Builder 中没有单总线核，所以要实现该控制时序，一是采用 FPGA 硬件实现，二是通过软件控制 PIO 实现。本实验中将采用软件控制 PIO 的方式来模拟单总线控制器时序，通过 CPU 模拟的时序来读写 DS18B20 的当前温度，并通过 JTAG UART 打印在 NiosⅡIDE 的 Console 窗口中。

五、实验步骤

完成本实验的实验步骤为：

（1）新建文件夹命名为 exp11_ds18b20，将实验一工程目录下的文件拷贝到该文件夹下。

（2）打开工程文件，在原理图中双击 kernel 系统，进入 SOPC Builder，编辑内核文件。

（3）向内核中添加一个双向 PIO 核，并修改名称，如图 11-3 所示。

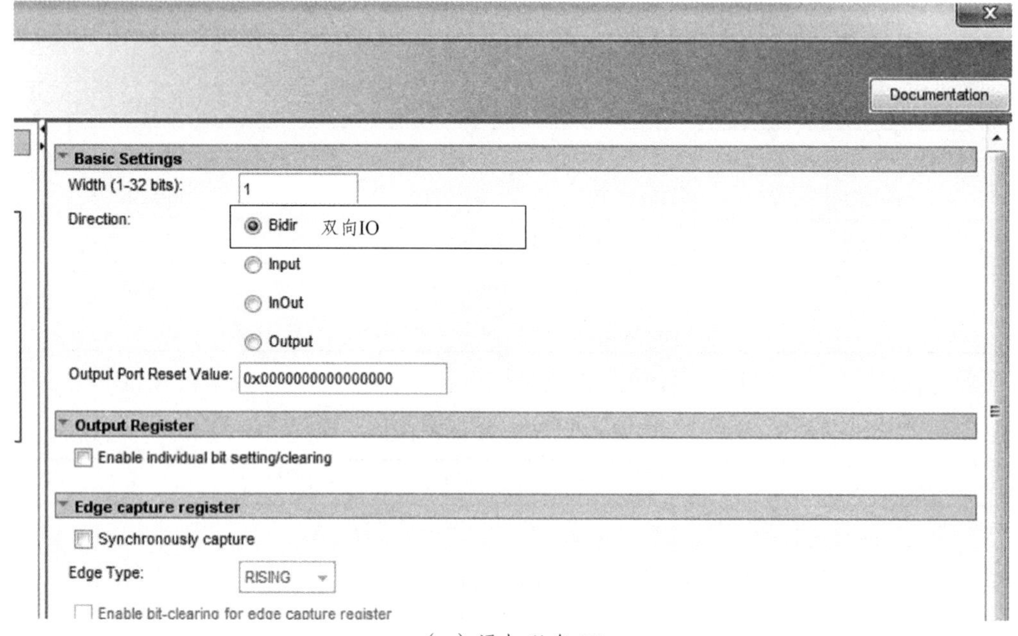

（a）添加双向 IO

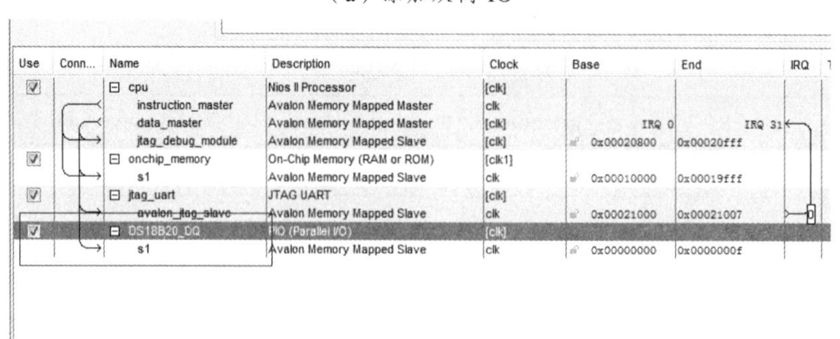

（b）增加 DS18B20 控制管脚

图 11-3　向内核中添加双向 PIO 核

（4）编译修改之后的内核文件，成功之后退出。

（5）升级原理图，并修改管脚名称，保存原理图修改并编译工程。

（6）按照附录Ⅱ，给管脚分配 FPGA 引脚，保存工程修改，再次编译。

（7）编译完成之后，如图 11-4 所示。至此，quatrus Ⅱ工作就告一段落，可以启动 Nios Ⅱ软件了。

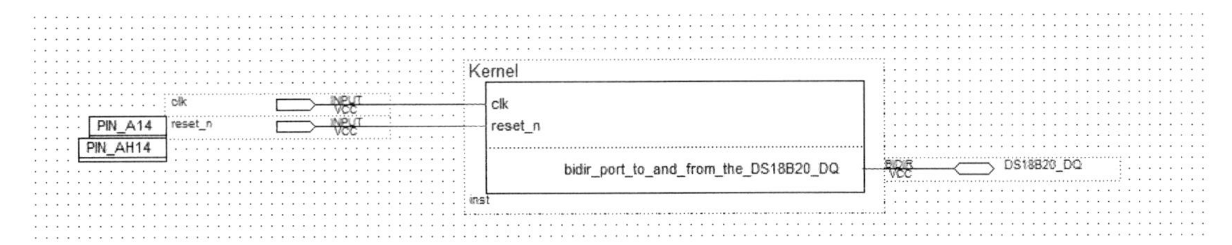

图 11-4　编译完成的原理图

（8）打开 NiosⅡ12.0 软件，注意切换到当前工作目录下。

（9）清理工程。

（10）更新 BSP，注意 sopc 内核文件路径。

（11）修改 main.c 文件代码，实验 ds18b20 的单总线操作，详细代码如下：

```
/*
 *
 *   SOPC 测试代码        温度传感器实验
 *   文件名：main.c
 *   功能：将读取到温度打印输出
 *
 */
#include <stdio.h>
#include <sys/unistd.h>
#include <io.h>

#include "system.h"
#include "altera_avalon_pio_regs.h"
#include "alt_types.h"

#define     OUT        1
#define     IN         0
/************************************************/
alt_16 Read_Temperature(void);     //读取温度值

alt_16 temp,tempz,tempx;
alt_32 t=0;
float ftemp;
```

```
/**********************************************/
int main(void)
{

   while(1)
   {

temp = Read_Temperature(); //读取温度值
if(temp&0x8000) //判断温度正负
{
 temp= ~ temp;       //如果温度为负,取反加一
 temp=temp+1;
}
ftemp=(temp*0.0625)*100; //乘以分辨率,得到十进制实际温度值
tempz=ftemp/100;     // 取整数
tempx=(alt_32)(ftemp)%100;     // 去小数
printf("Current temprature is %d.%d C\n", tempz,tempx);

usleep(1500000);
   }
   return 0;
}

/**********************************************/
void uDelay(alt_u32 us)
{
   alt_u8 i;
   while(us--)
      for(i=0; i<2; i++);
}

alt_u8 Reset_DS1820(void)       //复位 DS1820
{
   alt_u8 Presence;
   IOWR_ALTERA_AVALON_PIO_DIRECTION(DS18B20_DQ_BASE, OUT);
   IOWR_ALTERA_AVALON_PIO_DATA(DS18B20_DQ_BASE, 0);
   usleep(650);
   IOWR_ALTERA_AVALON_PIO_DATA(DS18B20_DQ_BASE, 1);
```

```
    usleep(40);
    IOWR_ALTERA_AVALON_PIO_DIRECTION(DS18B20_DQ_BASE, IN);
    usleep(40);
    Presence = IORD_ALTERA_AVALON_PIO_DATA(DS18B20_DQ_BASE)&0X01;
    usleep(500);
    return Presence;
}

void Write_DS1820(alt_u8 Data)     //向 DS1820 写一个字节的数据
{
    alt_u8 i;
    IOWR_ALTERA_AVALON_PIO_DIRECTION(DS18B20_DQ_BASE, OUT);
    for(i=0; i<8; i++)
    {
        //时钟信号拉低
        IOWR_ALTERA_AVALON_PIO_DATA(DS18B20_DQ_BASE, 0);
        uDelay(15);
        //送数据出去
        IOWR_ALTERA_AVALON_PIO_DATA(DS18B20_DQ_BASE, Data);
        uDelay(45);
        //提供时钟上升沿
        IOWR_ALTERA_AVALON_PIO_DATA(DS18B20_DQ_BASE, 1);
        Data >>= 1;                 //修改数据
        uDelay(5);
    }
    usleep(50);
}

alt_u8 Read_DS1820(void)     //从 DS1820 读取一个字节的数据
{
    alt_u8 i, Data=0;
    for(i=0; i<8; i++)
    {
        IOWR_ALTERA_AVALON_PIO_DIRECTION(DS18B20_DQ_BASE, OUT);
        Data >>= 1;
        //时钟信号拉低
        IOWR_ALTERA_AVALON_PIO_DATA(DS18B20_DQ_BASE, 0);
        uDelay(10);
        IOWR_ALTERA_AVALON_PIO_DATA(DS18B20_DQ_BASE, 1);
```

```
        uDelay(1);
        IOWR_ALTERA_AVALON_PIO_DIRECTION(DS18B20_DQ_BASE, IN);
        uDelay(2);
        if((IORD_ALTERA_AVALON_PIO_DATA(DS18B20_DQ_BASE)&0x01)==0X01)
            Data |= 0x80;
        usleep(10);
    }
    return Data;
}

alt_16 Read_Temperature(void)        //读取温度值
{
    alt_u8 Temp1,Temp2;
    alt_u16 t;
    if(Reset_DS1820())
    {
        printf("\nReset DS18B20 failed!");
        return -1;
    }
    Write_DS1820(0xcc);     //略过 ROM
    Write_DS1820(0x44);     //读取寄存器值

    Reset_DS1820();
    Write_DS1820(0xcc);     //略过 ROM
    Write_DS1820(0xBE);     //启动温度转换

    Temp1 = Read_DS1820();
    Temp2 = Read_DS1820();
    t = Temp2;
    t<<=8;
    t+= Temp1;

    return t;
}
```

（12）仔细阅读代码，掌握 PIO 库函数使用，全部理解透彻后，编译工程。

（13）工程编译无误后，通过 USB 下载电缆把 PC 与实验箱相连接，然后开启实验箱电源。

（14）在 QuartusⅡ中通过 USB 下载电缆将 test.sof 文件通过 JTAG 接口下载到 FPGA 中。

（16）运行程序。

（17）查看运行结果。若程序运行正确，打印窗口输出当前温度信息，如图 11-5 所示。

```
Current temprature is 24.43 C
Current temprature is 24.43 C
Current temprature is 24.50 C
Current temprature is 24.50 C
Current temprature is 24.50 C
Current temprature is 24.43 C
Current temprature is 24.43 C
Current temprature is 24.50 C
Current temprature is 24.43 C
Current temprature is 24.43 C
Current temprature is 24.43 C
Current temprature is 24.50 C
Current temprature is 24.43 C
Current temprature is 24.43 C
Current temprature is 24.43 C
Current temprature is 24.43 C
```

图 11-5　打印输出当前温度

（18）确认实验结果无误后，退出 NiosⅡIDE 软件，关闭 QuartusⅡ软件，关闭实验箱电源，拔出 USB 下载电缆。

实验十二　步进电机实验

一、实验目的

（1）熟悉掌握 SOPC 的基本流程。
（2）掌握步进电机工作原理。
（3）掌握如何用 PIO 核来控制步进电机。
（4）掌握使用寄存器的方式来操作 PIO。

二、硬件需求

（1）EDA/SOPC 实验开发系统一台。
（2）USB 下载电缆一条。

三、实验原理

步进电动机是纯粹的数字控制电动机，它将电脉冲信号转变成角位移，即给一个脉冲，步进电机就转一个角度，因此非常适合单片机控制。在非超载的情况下，电机的转速、停止的位置只取决于脉冲信号的频率和脉冲数，而不受负载变化的影响，电机则转过一个步距角，同时步进电机只有周期性的误差而无累积误差，精度高。

步进电机主要有反应式，励磁式等类型。反应式步进电动机的转子上没有绕组，依靠变化的磁阻生成磁阻转矩工作。励磁式步进电动机的转子上有磁极，依靠电磁转矩工作。反应式步进电动机的应用最为广泛，它有两相，三相，多相之分，也有单段，多段之分。

步进电动机有如下特点：

① 步进电动机的角位移与输入脉冲数严格成正比，因此当它转一圈后，没有累计误差，具有良好的跟随性。

② 由步进电动机与驱动电路组成的开环数控系统，既简单、廉价，又非常可靠。同时，它也可以与角度反馈环节组成高性能的闭环数控系统。

③ 步进电动机的动态响应快，易于启停、正反转及变速。

④ 速度可在相当宽的范围内平稳调整，低速下仍能获得较大转矩，因此一般可以不用减速器而直接驱动负载。

⑤ 步进电机只能通过脉冲电源供电才能运行，不能直接使用交流电源和直流电源。

⑥ 步进电机存在振荡和失步现象，必须对控制系统和机械负载采取相应措施。

步进电机实际上是一个数据/角度转换器，三相步进电机的结构如图 12-1 所示。

从图中可以看出，电机的定子有六个等分的磁极，A、A′、B、B′、C、C′，相邻的两个磁极之间夹角为 60°，相对的两个磁极组成一组（A—A′，B—B′，C—C′），当某一绕组有电流通过时，该绕组相应的两个磁极形成 N 极和 S 极，每个磁极上各有五个均分布的矩形小齿。电机的转子上有 40 个矩形小齿均匀地分布在圆周上，相邻两个齿之间夹角为 9°。

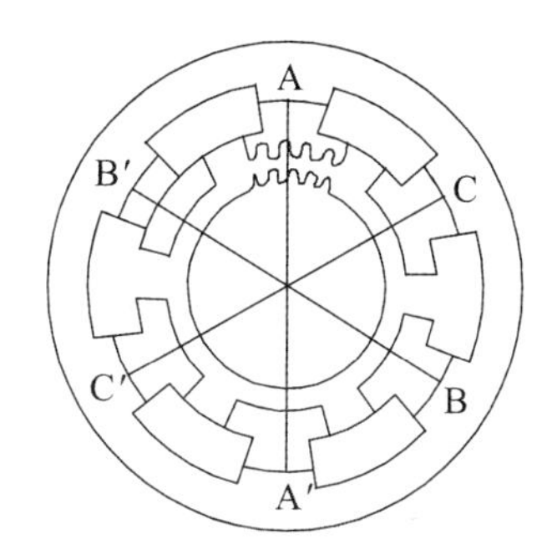

图 12-1　三相步进电机的结构示意图

（1）当某一相绕组通电时，对应的磁极就产生磁场，并与转子转动一定的角度，使转子和定子的齿相互对齐。由此可见，错齿是促使步进电机旋转的原因。

例如在三相三拍控制方式中，若 A 相通电，B、C 相都不通电，在磁场作用下使转子齿和 A 相的定子齿对齐，我们以此作为初始状态。设与 A 相磁极中心线对齐的转子的齿为 0 号齿，由于 B 相磁极与 A 相磁极相差 120°不是 9°的整数倍（$120\div9=\frac{40}{3}$），所以此时转子齿没有与 B 相定子的齿对应，只是第 13 号小齿靠近 B 相磁极的中心线，与中心线相差 3°。如果此时突然变为 B 相通电，A、C 相不通电，则 B 相磁极迫使 13 号转子齿与之对齐，转子就转动 3°，这样使电机转子一步。如果按照 A—AB—B—BC—C—CA—A 次序通电则为正转。通常用三相六拍环形脉冲分配器产生步进脉冲。

（2）运转速度的控制。若改变 ABC 三相绕组高低电平的宽度，就会导致通电和断电的变化速率变化，使电机转速改变，因此调节脉冲的周期就可以控制步进电机的运转速度。

（3）旋转的角度控制。因为输入一个 CP 脉冲使步进电机三相绕组状态变化一次，并相应地旋转一个角度，所以步进电机旋转的角度由输入的 CP 脉冲数确定。

本实验所使用步进电机为 4 相步进电机，最小旋转角度为 18°。

图 12-2 是四相六线制步进电机原理图，这类步进电机既可作为四相电机使用，也可做为两相电机使用，使用灵活，应用广泛。

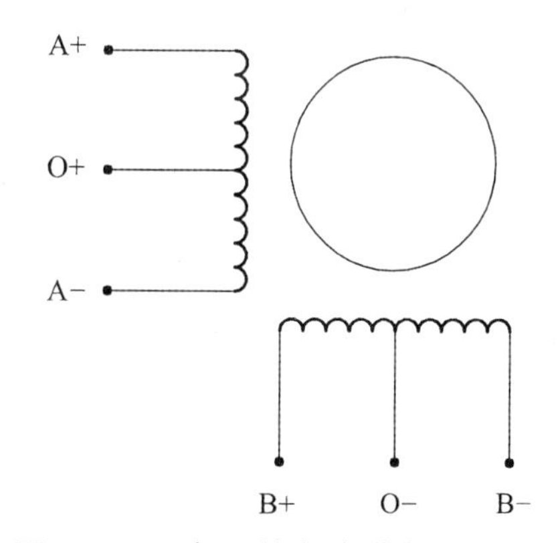

图 12-2　四相六线制步进电机原理图

四相电机的接法如下：

O+、O-接正电源，-A、+A、-B、+B 的通电顺序有下面基本的三种：

① 单相励磁两拍：+A→+B→-A→-B 整步。

② 双相励磁两拍：+A+B→+B-A→-A-B→ -B+A 整步。

③ 单-双相励磁四拍：+A→+A+B→+B→+B-A→-A→-A-B→-B→-B+A 半步。

这里我们选用单双相励磁四拍的顺序。

表 12-1　半步时序表

时序	A+	B−	A−	B+
1	0	0	0	1
2	0	0	1	1
3	0	0	1	0
4	0	1	1	0
5	0	1	0	0
6	1	1	0	0
7	1	0	0	0
8	1	0	0	1

步进电机有两种工作方式：整步方式和半步方式。以步进角 18°四相混合式步进电机为例，在整步方式下，步进电机每接收一个脉冲，旋转 18°，旋转一周，则需要 200 个脉冲。在半步方式下，步进电机每接收一个脉冲，旋转 9°，旋转一周则需要 400 个脉冲。控制步进电机旋转必须按一定时序对步进电机引线输入脉冲。其半步工作方式的控制时序如表 12-1 所示。

四、实验内容

本次实验中，需要设置四个 1 位输出型 PIO 核，用于控制步进电机的四相，为方便叙述，将其命名为 STEP_A、STEP_B、STEP_C、STEP_D。同时须添加一个 1 位的输入型 PIO 核，用于控制步进电机方向。

五、实验步骤

完成本实验的实验步骤为：

（1）新建文件夹命名为 exp12_step_motor，将实验一工程目录下的文件拷贝到该文件夹下。

（2）打开工程文件，在原理图中双击 kernel 系统，进入 SOPC Builder，编辑内核文件。

（3）添加 4 个 1 位输出 PIO，1 个 1 位输入 PIO，分别命名 STEP_A、STEP_B、STEP_C、STEP_D、KEY，如图 12-3 所示。

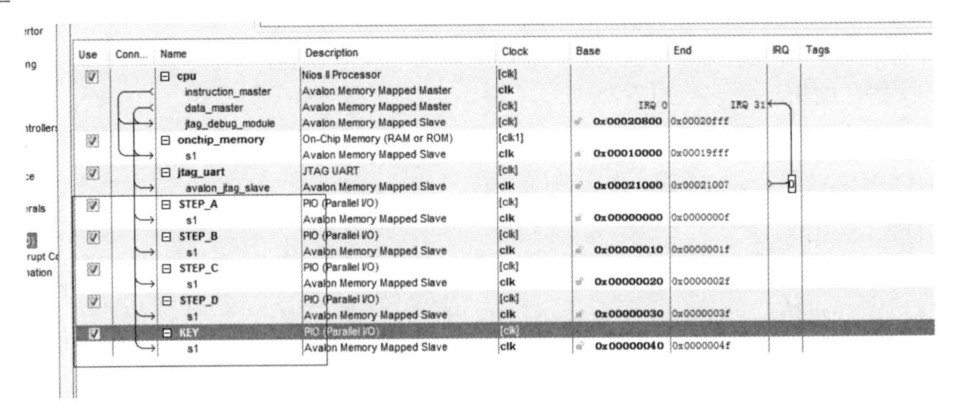

图 12-3　修改的 kernel

（4）编译修改之后的内核文件，成功之后退出。

（5）升级原理图，并修改管脚名称，保存原理图修改并编译工程。

（6）按照附录Ⅱ，给管脚分配 FPGA 引脚，保存工程修改，再次编译。

（7）编译完成后，如图 12-4 所示。至此，quatrusⅡ工作就告一段落，可以启动 Nios Ⅱ软件了。

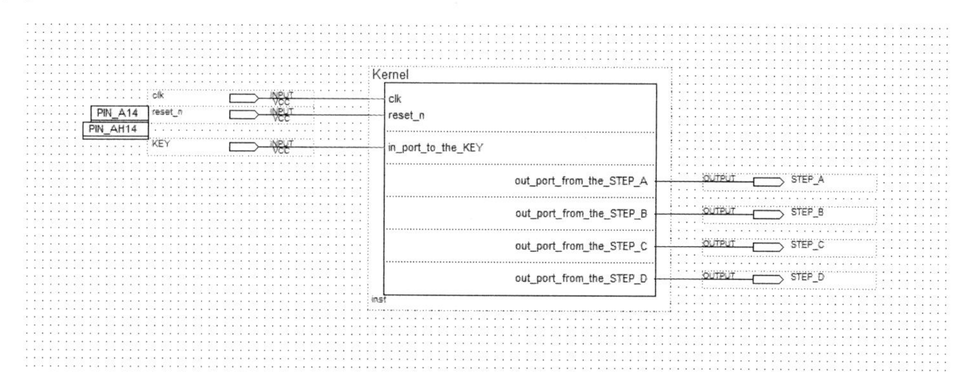

图 12-4　编译成功的原理图文件

（8）打开 NiosⅡ12.0 软件，注意切换到当前工作目录下。

（9）清理工程。

（10）更新 BSP，注意 sopc 内核文件路径。

（11）编写步进电机控制代码。添加三个文件夹到工程（图 12-5（a））：一个 main 文件夹，用于存放 main.c 文件；一个 inc 文件夹用于工程需要用到的头文件；一个 device 文件夹，用于存放相关硬件驱动。如图 12-5（b）所示。

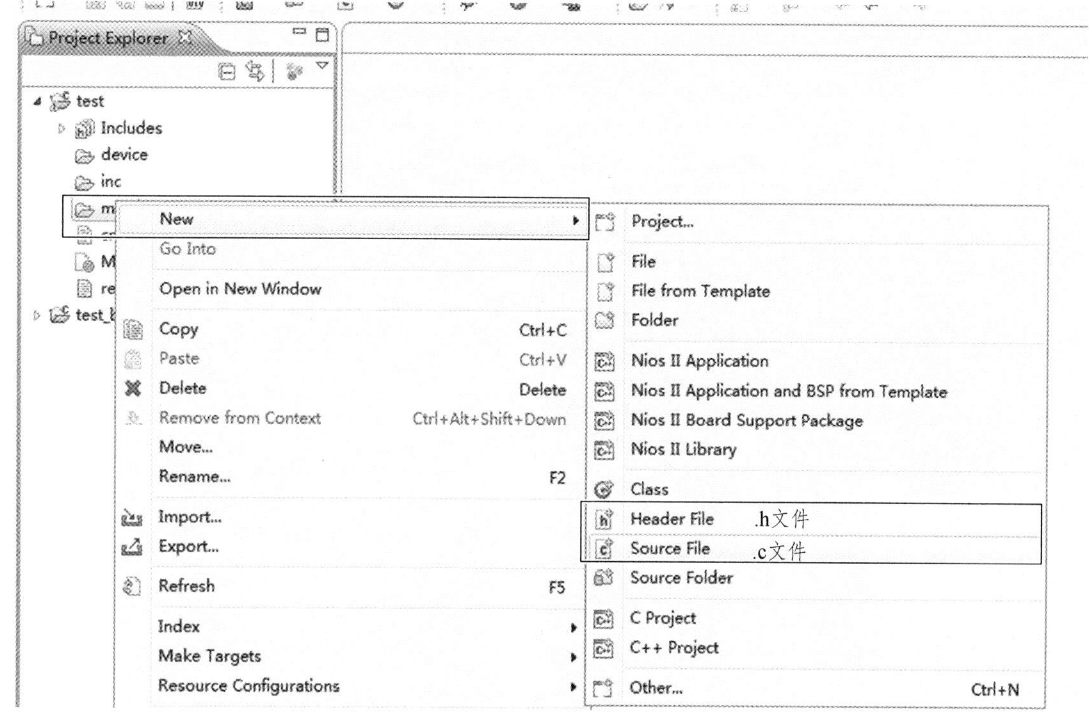

（a）往工程下添加文件夹

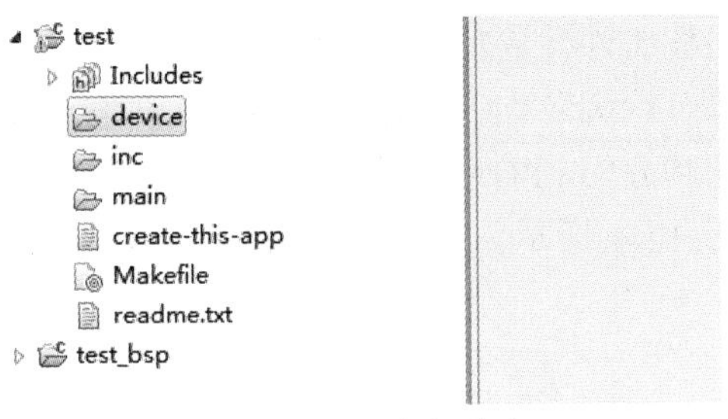

（b）添加三个文件夹

图 12-5　添加文件夹到工程

往文件夹添加文件，如图 12-6（a）所示，本次试验需要在 main 文件夹下添加一个 main.c 文件，在 inc 文件夹下添加一个 sopc.h 文件，device 暂时保留不用，如图 12-6（b）所示。注意：文件一定要加上.c 或是.h 文件后缀。

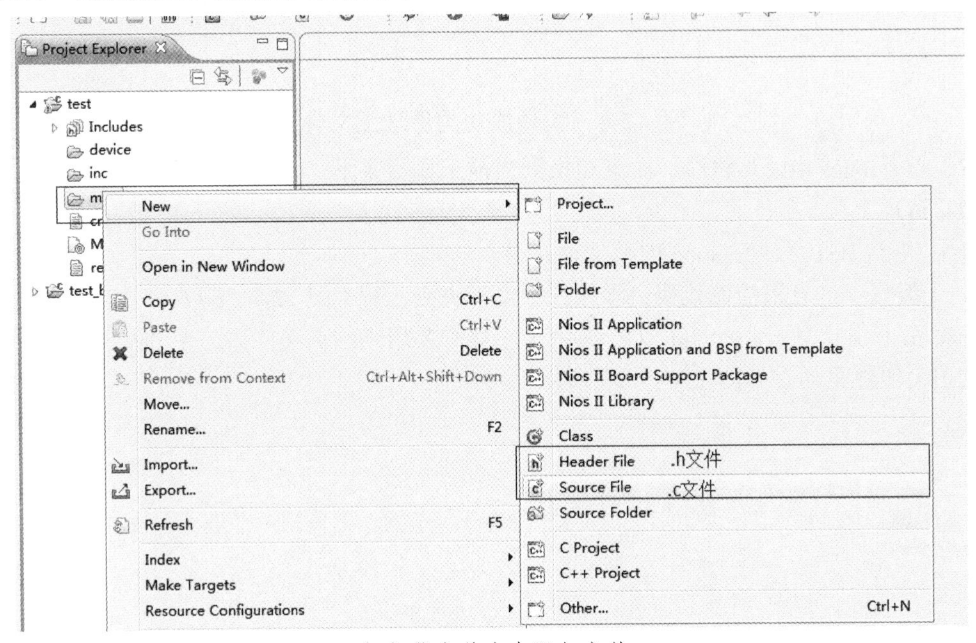

（a）往文件夹中添加文件

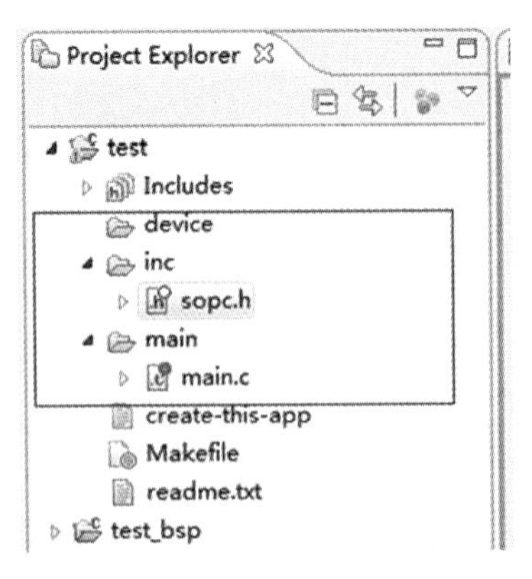

（b）完整工程文件列表

图 12-6　添加文件到文件夹

编写文件代码，这里着重讲解 sopc.h 文件，详细代码如下：

```
#ifndef SOPC_H_
#define SOPC_H_

/*------------------------------------------------------------------------
 *   Include
 *------------------------------------------------------------------------*/
#include "system.h"
/*------------------------------------------------------------------------
 *   Define
 *------------------------------------------------------------------------*/
#define uint8_t unsigned char

#define _STEP
#define _KEY

/*------------------------------------------------------------------------
 *   Peripheral registers structures
 *------------------------------------------------------------------------*/
typedef struct
{
      unsigned long int DATA;   // 数据
      unsigned long int DIRECTION;   // IO 方向
      unsigned long int INTERRUPT_MASK;   // 中断控制位
      unsigned long int EDGE_CAPTURE;    //  边沿控制位

}PIO_STR;

/*------------------------------------------------------------------------
 *   Peripheral declaration
 *------------------------------------------------------------------------*/
#ifdef _STEP
#define AP              ((PIO_STR *) STEP_A_BASE)
#define BP              ((PIO_STR *) STEP_B_BASE)
#define CP              ((PIO_STR *) STEP_C_BASE)
#define DP              ((PIO_STR *) STEP_D_BASE)
#endif /*_STEP*/
```

```
#ifdef _KEY
#define TP              ((PIO_STR *) KEY_BASE)
#endif /*_KEY*/

#endif /*SOPC_H_*/
```

在头文件 sopc.h 文件中，定义了一个结构体 PIO_STR，这个结构体是 N（N<32）位的，它包含四个部分：第一项是数据 data，第二项是 IO 口方向，第三项是中断控制位，第四项是边沿控制位。这个结构体是参考芯片手册得来的，如图 12-7 所示。关于四个寄存器详细情况可以参考实验二中有关 PIO 核的原理叙述。

Offset	Register Nalne		R/W	(n-l)	…	2	1	0
0	data	read access	R	Data value currently on PIO inputs				
		write access	W	New value to drive on PIO outputs				
1	direction(1)		R/W	Individual direction control for each I/0 port. A value of 0 sets the direction to input; 1 sets the direction to output.				
2	interruptmask(1)		R/W	IRQ enable/disable for each input port. Setting a bit to 1 enables interrupts for the corresponding port.				
3	edge c ap ture(1)，(2)		R/W	Edge detection for each input port.				

(1) This register may not exist, depending on the hardware configuration. If a register is not present, reading the register returns an undefined value, and writing the register has no effect.
(2) Writing any value to edge capture clears all bits to 0.

图 12-7 PIO 寄存器

同时定义了几个宏，用于指向结构体指针。例如：定义一个宏，命名 AP，用于指向 STEP_A_BASE 的结构体指针，在系统文件 system.h 文件中可以找到 STEP_A_BASE 的定义，实际上它就是指向我们定义的 PIO STEP_A 端口的基地址。如图 12-8 所示。

其他代码在这里就不多讲述了，详细可以查看工程文件。

（12）仔细阅读代码，掌握 PIO 寄存器的使用，全部理解透彻后，编译工程。

（13）工程编译无误后，通过 USB 下载电缆把 PC 与实验箱相连接，然后开启实验箱电源。

（14）在 QuartusⅡ中通过 USB 下载电缆将 test.sof 文件通过 JTAG 接口下载到 FPGA 中。

（15）在 NiosⅡIDE 中进行硬件配置。

（16）运行程序。

（17）查看运行结果，步进电机开始顺时针转动，按下按键 K1 时，电机方向改变，变成逆时钟方向。

（18）确认实验结果无误后，退出 NiosⅡIDE 软件，关闭 QuartusⅡ软件，关闭实验箱电源，拔出 USB 下载电缆。

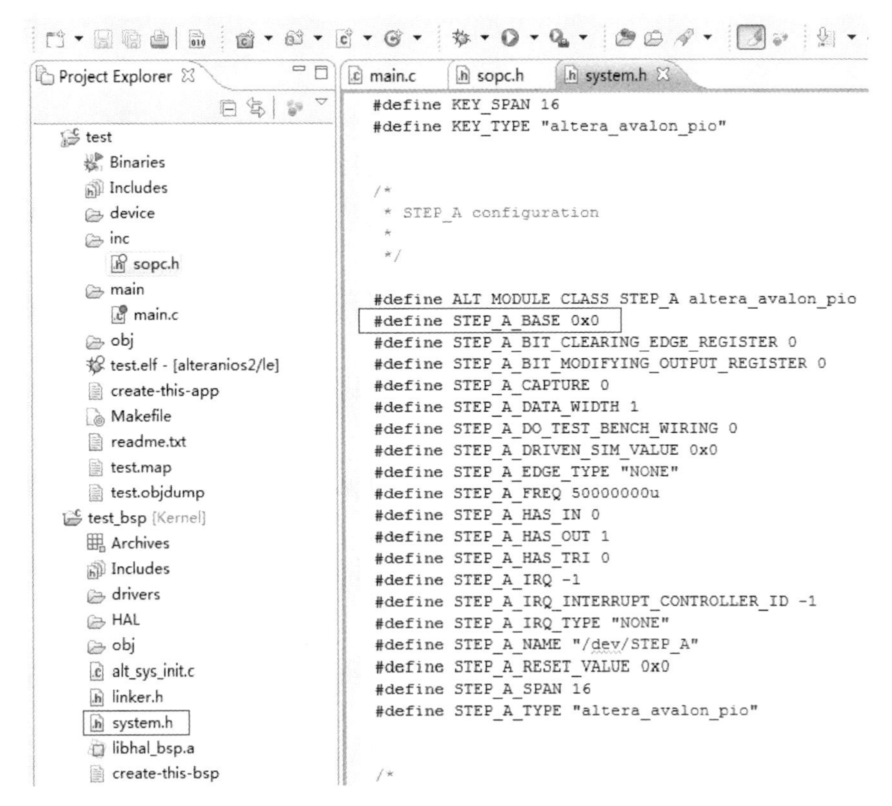

图 12-8 system.h 文件示意

实验十三　PS/2 键盘实验

一、实验目的

（1）掌握 SOPC 的基本流程。
（2）了解 PS/2 的基本协议规范。
（3）熟悉采用 PIO 核模拟产生 PS/2 键盘时序的过程。
（4）掌握 PS/2 键盘数据的基本结构。

二、硬件需求

（1）EDA/SOPC 实验开发系统一台。
（2）电源线和端口连接线若干。

三、实验原理

PS/2 设备接口用于许多现代的键盘和鼠标，它由 IBM 开发并由 IBM 规定其各项协议。物理上的 PS/2 端口是两类连接器中的一种：5 脚的 DIN 或 6 脚的 mini-DIN，这两种连接器十分类似，仅仅是管脚的排列略有不同。当然，采用一种很简单的硬件连线适配器就能够很方便地对上述的两种接口进行转换。实验箱上采用的 6 脚 mini-DIN 型插座，所以此处仅针对这类型鼠标进行讲解。6 脚的 mini-DIN 接口信号定义如表 13-1 所示。

表 13-1　PS/2 接口信号定义

Male　公的	Female　母的	6-pin Mini-DIN（PS/2）	6 脚 Mini-DIN（PS/2）
5 6 3 4 1 2	6 5 4 3 2 1	1——Data	1——数据
		2——Not Implemented	2——未实现，保留
		3——Ground	3——电源地
		4——+5 V	4——电源+5 V
（Plug）插头	（Socket）插座	5——Clock	5——时钟
		6——Not Implemented	6——未实现，保留

从表中可以看出，PS/2 真正使用到的信号只有 4 个，即：电源+5 V、地、时钟和数据。其中，电源由 PS/2 主机提供。对于数据和时钟信号，都是集电极开路输出的，所以在设计硬件电路的时候，需要在这两个信号线上增加 2 个上拉电阻。

PS/2 鼠标和键盘履行的是一种双向同步串行协议。换句话说，每次数据线上发送一位数据并且每在时钟线上发一个脉冲就被读入。键盘/鼠标可以发送数据到主机，而主机也可以发送数据到设备，但主机总是在总线上有优先权，它可以在任何时候抑制来自键盘/鼠标的通讯，只需要把时钟线拉低即可。当主机发送数据给键盘/鼠标时，设备会回送一个握手信号来应答数据包已经收到，但是这个位不会出现在设备发送数据到主机的过程中。

从键盘/鼠标发送到主机的数据在时钟信号的下降沿被读取；从主机发送到鼠标/键盘的数据在上升沿被读取。不管通讯方向如何，键盘/鼠标总是产生时钟信号。如果主机要发送数据，它必须首先告诉设备开始产生时钟信号。PS/2 总线上的时钟信号的最高频率是 33 kHz，而大多数设备的工作频率只有 10 ~ 20 kHz。当键盘/鼠标等待发送数据时，它首先检测时钟以确定它处于高电平状态。如果不是，则表明主机抑制了通讯，设备必须缓冲任何需要发送的数据，直到重新获得总线的控制权（键盘有 16 字节的缓冲区，而鼠标的缓冲区仅存储最后一个要发送的数据包）；如果时钟处于高电平状态，设备就会开始传送当前数据。

PS/2 协议规定，其每次传输的数据包长度为 11 位，即 1 个起始位（总为“0”）、8 个数据位（低位在前，高位在后）、1 个校验位（奇校验）和 1 个停止位（总为“1”），每个位在时钟的下降沿被主机读入。图 13-1 是其基本的工作时序。

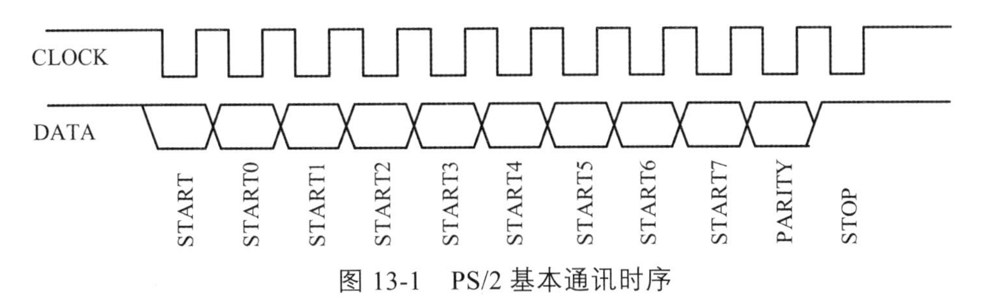

图 13-1　PS/2 基本通讯时序

当设备检测到时钟线为高电平，数据线就改变状态，并在时钟信号的下降锁存数据，图 13-2 是“Q”键的扫描码从键盘发送到计算机的时序。

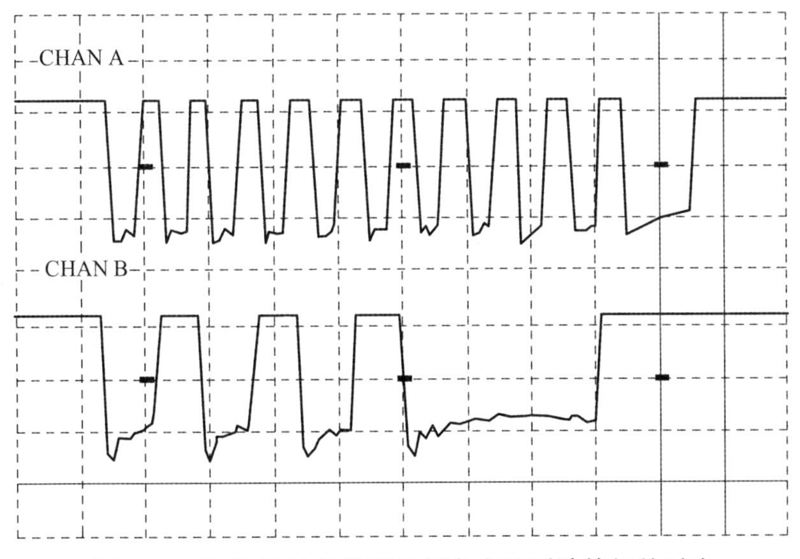

图 13-2　“Q”键的扫描码从键盘发送到计算机的时序

键盘的时钟频率通常为 10 ~ 16.7 kHz，从时钟脉冲的上升沿到一个数据转变的时间至少要有 5 μs；数据变化到时钟脉冲的下降沿至少也要有 5 μs，但不能大于 25 μs。这几个时间非常重要，在用 PIO 核模拟该时序的时候也要严格遵守该规定。主机可以在第 11 个时钟脉冲（停止位）之前把时钟线拉低，这样将导致本次设备放弃发送当前字节（很少碰到这种情况）。在设备停止发送数据后，设备在发送下个包前至少应该等待 50 μs。当主机处理接收到的字节时，会自动抑制发送，在主机释放抑制后，设备至少应该等待 50 μs。

通常，键盘/鼠标发送到主机的过程为：

① 等待时钟变为高电平（如果是低电平的话）。

② 延时 50 μs。

③ 时钟是否仍旧为高电平，如果不是，则返回到过程①。

④ 数据是否为高电平，如果不是，放弃发送当前数据，并开始从主机获取数据。

⑤ 延迟 20 μs。

⑥ 输出起始位“0”。

⑦ 输出 8 个数据位。

⑧ 把输出校验位。

注：在发送⑥⑦⑧中的每一位后，都要测试时钟，以便确认主机是否把它拉低了，从而决定主机是否要放弃本次传输。

⑨ 输出停止位。

⑩ 延迟 30 μs。

对于每个位的发送，按如下过程进行：

① 设置/复位数据。

② 延迟 20 μs。

③ 把时钟总线拉低。

④ 延迟 40 μs。

⑤ 释放时钟。

⑥ 延迟 20 μs。

主机发送数据到设备的过程与设备发送数据到主机的过程略有不同。首先，PS/2 设备总是产生时钟信号。如果主机要发送数据，必须首先把时钟和数据线设置为“请求发送”状态，即通过下拉时钟线至少 100 μs 来抑制通讯，再通过下拉数据线来表示“请求发送”，然后释放时钟。当然，设备需要在不超过 10 ms 的时间间隔内检查这个状态。当设备检测到该状态，它将开始产生时钟信号，并且在时钟脉冲驱动下输入 8 个数据位和 1 个停止位。主机仅当时钟线为低的时候改变数据线，而数据在时钟脉冲的上升沿被设备锁存，这与设备发送到主机的通讯过程恰好相反。主机发送完停止位后，设备要应答接收到的字节，于是会把数据线拉低并产生最后一个时钟脉冲。如果主机在第 11 个时钟脉冲后不释放数据线，设备将继续产生时钟脉冲直到数据线被释放（此时设备将产生一个错误）。

当然，主机可以在第 11 个时钟脉冲（应答位）前终止当前传送，只要把时钟线下拉至少 100 μs 即可。主机发送数据到设备的整个过程可以归纳如下：

① 把时钟线拉低至少 100 μs。

② 把时钟线拉低（发送请求）。

③ 释放数据线。

④ 等待设备把时钟线拉低。
⑤ 设置/复位数据线发送第一个数据位。
⑥ 等待设备把时钟线拉高。
⑦ 等待设备把时钟线拉低。
⑧ 重复⑤~⑦，发送剩下的 7 个数据位和停止位。
⑨ 释放数据线。
⑩ 等待设备把数据线拉低。
⑪ 等待设备把时钟线拉低。
⑫ 等待设备释放数据线和时钟线。
图 13-3 是主机向设备发送数据的时序图。

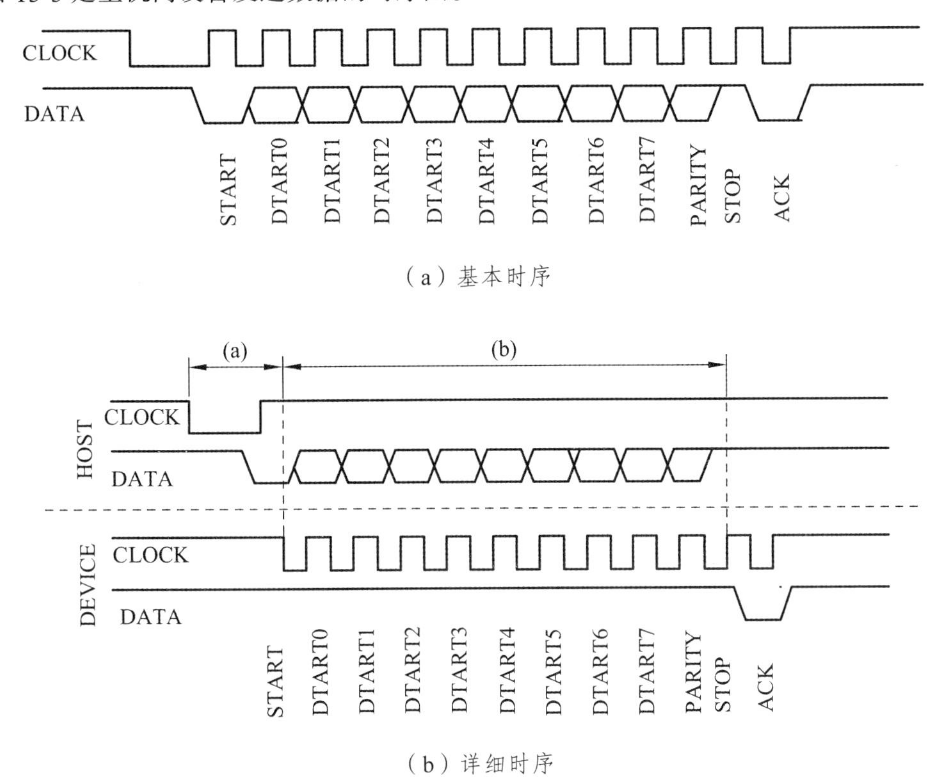

（a）基本时序

（b）详细时序

图 13-3 主机向设备发送数据的时序图

在对 PS/2 协议基本时序有所了解后，下面将主要讲解键盘的工作原理和与键盘通讯过程中需要了解的低级别通信协议、扫描码、命令集以及初始化等。

键盘其实就是一个大型的按键矩阵，它们由安装在电路板上的处理器（键盘编码器）来监视着。虽然不同的键盘可能采用不同的处理器，但是它们完成的任务都是一样的，即监视哪些按键被按下，哪些按键被释放，并将这些信息传送到主机。如果有必要，处理器处理所有的去抖动，并在它的 16 字节的缓冲区里缓冲数据。主机端包含了一个键盘控制器与键盘处理器进行通讯，并解码来自键盘处理器的信息，然后高速系统当前按键对应的处理事情。主机与键盘之间的通讯仍然采用 IBM 的协议。

键盘处理器花费很多时间来扫描或监视按键矩阵。如果发现有按键按下、释放或长按，键盘就发送扫描码的信息到主机。扫描码有两种不同的类型：通码和断码。当一个键被按下去或长按的时候，键盘就发送通码；当一个键被释放的时候，键盘就发送断码。每个键盘被分配了唯一的通码和断码，这样主机通过查找唯一的扫描码就可以确定是哪个按键被按下或释放。每个键一整套的通断码组成了“扫描码集”，现在所有的键盘都采用第二套扫描码。由于没有一个简单的公式可以计算扫描码，所以要知道某个特定按键的通码和断码，只能采用查表的方法来获得。需要特别注意的是，按键的通码值表示键盘上的一个按键，并不表示印刷在按键上的那个字符，这就意味着通码和 ASCⅡ码之间没有任何关联。

另外，第二套通码都只有一个字节宽，但也有少数扩展按键的通码是两字节或四字节宽，这类码的第一个字节总是 0xE0。与通码一样，每个按键在释放的时候，键盘就会发送一个断码。每个键也都有它自己的唯一的断码，不过断码与断码之间存在着必然的联系。多数第二套断码有两个字长，它们的第一个字节是 0xF0，第二个字节就是对应按键的通码。扩展按键的断码通常有三个字节，前两个字节 0xE0 和 0xF0，最后一个字节是这个按键通码的最后一个字节。表 13-2 列出了个别按键的通码和断码。

表 13-2　个别按键的通码和断码

键名	通码	断码
A	0x1C	0xF0，0x1C
5	0x2E	0xF0，0x2E
F10	0x09	0xF0，0x09
向右按键	0xE0，0x74	0xF0，0xE0，0x74
右 Ctrl	0xE0，0x14	0xF0，0xE0，0x14

每个发送的键盘的字节都从键盘获得一个 0xFA（应答）的回应，唯一例外的是键盘对“Resend”和“Echo”命令的回应。在发送下一个字节给键盘之前，主机要等待应答。键盘应答任何命令后，清除自己的输出缓冲区。下面列出了所有可能被发送给键盘的命令：

① 0xFF（Reset）：复位键盘，使其进入“Reset”模式。

② 0xFE（Resend）：用于只是在接收中出现的错误。键盘的响应就是重新发送最后的扫描码或命令回应给主机。然而，0xFE 绝对不会作为“Resend”命令的回应而被发送。

③ *0xFD（Set Key Type Make）：允许主机指定一个按键只发送通码。这个按键将不发送断码或进行机打重复。指定的按键采用第三套扫描码。

④ *0xFC（Set Key Type Make/Break）：类似于 0xFD，只有指定按键的通码和断码是使能的（机打被禁止）。

⑤ *0xFB（Set Key Type Typematic）：只有指定按键的通码和机打是使能的（断码被禁止）。

⑥ *0xFA（Set All Keys Typematic/Make/Berak）：缺省设置。所有键的通码、断码和机打都是使能的，除了“Print Screen”键。

⑦ *0xF9（Set All Keys Type Make）：所有键只发送通码，断码和机打重复被禁止。

⑧ *0xF8（Set All Keys Type Make/Break）：所有键只发送通码和断码，机打重复被禁止。

⑨ *0xF7（Set All Keys Typematic）：所有键只发送通码和机打重复，断码被禁止。

⑩ 0xF6（Set Default）：载入缺省的机打速度/延时（10.9cps/500ms）、按键类型（所有按

键都使能机打重复/通码/断码）以及采用第二套扫描码集。

⑪ 0xF5（Disable）：键盘停止扫描，并载入缺省值，等待进一步命令。

⑫ 0xF4（Enable）：在使用 0xF5 命令后，重新使能键盘。

⑬ 0xF3（Set Typematic Rage/Delay）：主机在发送这条命令后，会发送一个字节的参数来定义机打速度和延时，具体含义见表 13-3。

⑭ *0xF2（Read ID）：发送该命令后，键盘会回送两个字节的设备 ID，如 0xAB 和 0x83。

⑮ *0xF0（Set Scan Code Set）：主机在发送这个命令后会发送一个字节的参数，指定键盘使用哪套扫描码集。参数 0x01、0x02 和 0x03 分别代表的一套、第二套和第三套扫描码。如果要获得当前正在使用的扫描码集，只要发送参数 0x00 即可。

⑯ 0xEE（Echo）：键盘用“Echo”（0xEE）回应。

表 13-3　机打速度和延时参数对照表

Repeat Rate

Bits 0 ~ 4	Rate（cps）	Bits 0 ~ 4	Rate（cps）	Bits 0 ~ 4	Rate（cps）	Bits 0 ~ 4	Rate（cps）
00h	2.0	08h	4.0	10h	8.0	18h	16.0
01h	2.1	09h	4.3	11h	8.6	19h	17.1
02h	2.3	0Ah	4.6	12h	9.2	1Ah	18.5
03h	2.5	0Bh	5.0	13h	10.0	1Bh	20.0
04h	2.7	0Ch	5.5	14h	10.9	1Ch	21.8
05h	3.0	0Dh	6.0	15h	12.0	1Dh	24.0
06h	3.3	0Eh	6.7	16h	13.3	1Eh	26.7
07h	3.7	0Fh	7.5	17h	15.0	1Fh	30.0

Delay

Bits 5 ~ 6	Delay（seconds）
00b	0.25
01b	0.50
10b	0.75
11b	1.00

⑰ 0xED（Set/Reset LEDs）：本级在本命令后紧跟着发送一个字节的参数，用于指示键盘上 Num Lock、Caps Lock 以及 Scroll Lock LED 的状态，具体的定义如表 13-4 所示。

表 13-4　0xED 命令参数

Bit7	Bit6	Bit5	Bit4	Bit3	Bit2	Bit1	Bit0
0	0	0	0	0	Caps Lock	Num Lock	Scroll Lock

注：向 Bit0 ~ 2 对应的位写入“1”，相应的 LED 亮；写入“0”，相应的 LED 灭

四、实验内容

本实验中，为了学习 PS/2 的基本时序，首先以 PS/2 键盘时序为例，来读取 PS/2 键盘发送的按键值，并将对应的按键符号通过 JTAG_UART 接口在 NIOS IDE 中显示出来。在实验中，首先复位键盘，此时可以看到键盘的 3 个 LED（Num、Caps 和 Scroll）先亮后灭，表明复位成功，然后在程序中再读取 PS/2 键盘发送的数据，经过对数据的分析，确定是通码还是段码，如果是通码，则查表搜索对应的按键字符，然后经 JTAG_UART 通道，送至 NiosⅡIDE 的 Console 窗口显示。

五、实验步骤

完成本实验的实验步骤为：

（1）新建文件夹命名为 exp14_ps2_kb，将实验一工程目录下的文件拷贝到该文件夹下。

（2）打开工程文件，在原理图中双击 kernel 系统，进入 SOPC Builder，编辑内核文件。

（3）添加 2 个 1 位的双向 PIO 端口，分别命名为：KB_CLK、KB_DATA，如图 13-4 所示。

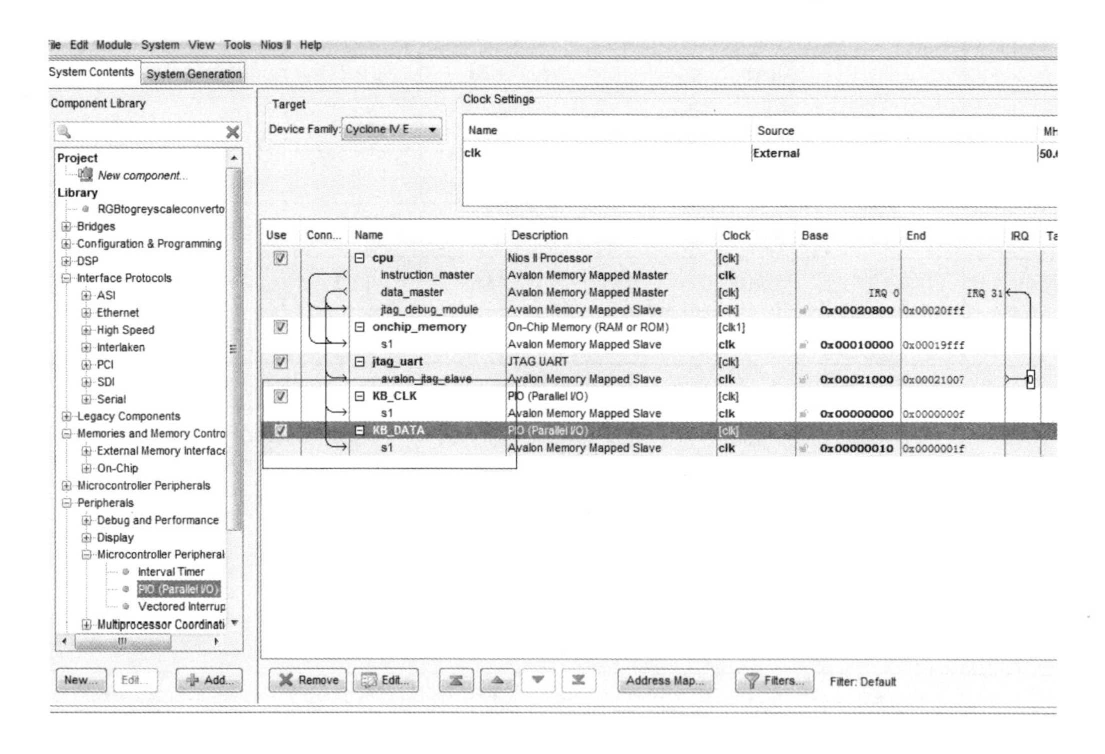

图 13-4　添加 PIO 端口

（4）编译修改之后的内核文件，成功之后退出。

（5）升级原理图，并修改管脚名称，保存原理图修改并编译工程。

（6）按照附录Ⅱ，给管脚分配 FPGA 引脚，保存工程修改，再次编译。

（7）编译完成之后，如图 13-5 所示。至此，quatrusⅡ工作就告一段落，可以启动 Nios Ⅱ软件了。

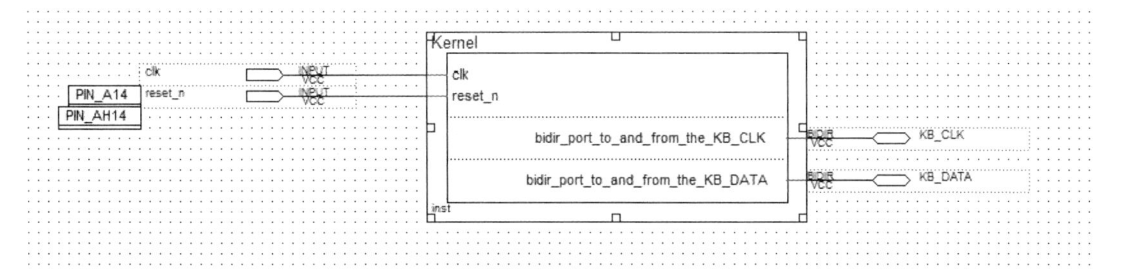

图 13-5　编译完成的原理图

（8）打开 NiosⅡ12.0 软件，注意切换到当前工作目录下。

（9）清理工程。

（10）更新 BSP，注意 sopc 内核文件路径。

（11）编写程序代码，详细代码可以查看工程文件。

（12）仔细阅读代码，掌握 PS2 时序的模拟，全部理解透彻后，编译工程。

（13）工程编译无误后，通过 USB 下载电缆把 PC 与实验箱相连接，然后开启实验箱电源，将 PS2 键盘插入 J31 接口上。

（14）在 QuartusⅡ中通过 USB 下载电缆将 test.sof 文件通过 JTAG 接口下载到 FPGA 中。

（15）在 NiosⅡIDE 中进行硬件配置。

（16）运行程序。

（17）查看运行结果，程序运行后，观察键盘的复位过程（三个指示灯先亮后灭），然后按下按键，观察 NiosⅡIDE 的 Console 窗口中打印的字符是否为按下的键。实验结果如图 13-6 所示。

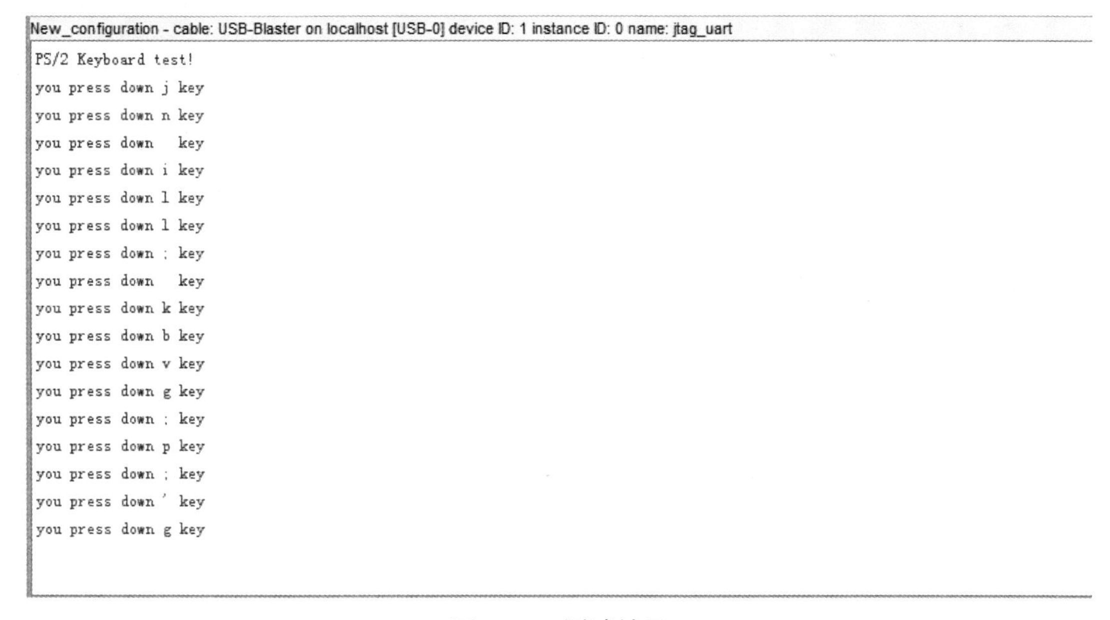

图 13-6　测试结果

（18）确认实验结果无误后，退出 NiosⅡIDE 软件，关闭 QuartusⅡ软件，关闭实验箱电源，拔出 USB 下载电缆。

实验十四　PS2 鼠标实验

一、实验目的

（1）掌握 SOPC 的基本流程。
（2）进一步了解 PS/2 的基本协议规范。
（3）熟悉采用 PIO 核模拟产生 PS/2 鼠标时序的过程。
（4）掌握 PS/2 鼠标数据的基本结构。

二、硬件需求

（1）EDA/SOPC 实验开发系统一台。
（2）电源线和端口连接线若干。

三、实验原理

PS2 鼠标与 PS2 键盘一样，也是采用标准的 PS2 协议。标准的 PS2 鼠标支持下面的输入：X（左右）位移、Y（上下）位移、左键、中键和右键。鼠标以一个固定的频率读取这些输入并更新不同的计数器然后标记出反映的移动和按键状态。有很多 PS2 指示设备具有额外的输入，并可以报告不同于上述的数据，比如微软的 Intellimouse 标准，它既可以支持标准输入，还可以支持滚轮和两个附加按键的状态。

标准的鼠标有两个计数器保持位移的跟踪（X 位移计数器和 Y 位移计数器），可存放 9 位的二进制补码并且每个计数器都有相关的溢出标志。它们的内容连同三个鼠标按钮的状态一起以三字节移动数据报的形式发送给主机，位移计数器表示从最后一次位移数据包被送往主机后有位移量发生。当鼠标读取它的输入的时候，它记录按键的当前状态，然后检查位移。如果位移发生，它就增加（正位移）或减少（负位移）X 和/或 Y 位移计数器的值。如果有一个计数器溢出了，就设置响应的溢出标志位。决定位移计数器增减量的参数叫分辨率，缺省的分辨率为 4 个计数单位/毫米，主机可以用“设置分辨率命令（0xE8）”来改变这个值。有一个参数不影响位移计数器的值，但是影响这些计数器报告的值，这个参数就是缩放比例。缺省情况下，鼠标使用 1：1 比例，因此对报告的鼠标位移没有任何影响。不过主机可以用“设置比例 2：1 命令（0xE7）”选择 2：1 比例。如果启用了 2：1 比例，鼠标在发送数据给主机前采用表 14-1 所示的算法运算计数器内容。

表 14-1　缩放比例为 2∶1 时的计算方法

位移计数器	报告位移
0	0
1	1
2	1
3	3
4	6
5	9
N>5	2×N

标准的 PS2 鼠标发送位移和按键信息给主机采用表 14-2 所示的数据包格式。

表 14-2　缩放比例为 2∶1 时的计算方法

	Bit7	Bit6	Bit5	Bit4	Bit3	Bit2	Bit1	Bit0
Byte1	Y 溢出	X 溢出	Y 符号	X 符号	1	中键	右键	左键
Byte2	X 位移							
Byte3	Y 位移							

位移计数器是一个 9 位二进制补码整数，它的最高位作为符号位出现在位移数据包的第一个字节里。这些计数器在鼠标读取输入发现有位移时被更新。这些值是自从最后一次发送位移数据包给主机后位移的累计量（即最后一次包发给主机后，位移计数器被复位）。位移计数器可表示的范围是-255 ~ +255，如果超出了此范围，相应的溢出位就被置位，并且在复位前，计数器不会增减。

数据报告是根据鼠标工作模式来处理的，对 PS2 鼠标而言，有以下四种工作模式：

① Reset：鼠标在上电或收到“Reset（0xFF）”命令后，进入 Reset 模式。

② Stream：这是缺省模式，也是读书软件使用鼠标的模式。如果主机先前把鼠标设置到了 Remote 模式，那它可以发送“Set Stream Mode（0xEA）”命令给鼠标，让其重新进入 Stream 模式。

③ Remote：在某些情况下 Remote 模式很有用，该模式可以通过主机发送“Set Remote Mode（0xF0）”命令进入。

④ Wrap：该模式主要为了测试鼠标和主机之间的连接，除此之外，没有其他用途。Wrap 模式可以通过发送“Set Wrap Mode（0xEE）”命令使其进入。发送“Reset（0xFF）”命令或“Reset Wrap Mode（0xEC）”命令都可以退出 Wrap 模式。如果发送“Reset”命令，鼠标便进入 Reset 模式；如果发送“Reset Wrap Mode”命令，鼠标将进入 Wrap 模式前的那个模式。

下面对这些模式作简要介绍。

1. Reset 模式

鼠标在上电或应答“Reset”命令后就进入 Reset 模式。进入这个模式后，鼠标执行像基本保证测试（BAT）一样的自检并设置如下缺省值：

- 采样速率—— 100 Hz。
- 分辨率—— 4 个计数值/毫米。
- 缩放比例—— 1∶1。
- 数据报告被禁止。

缺省值设置结束后，鼠标发送 BAT 完成代码到主机，该代码不是 0xAA（BAT 成功）就是 0xFC（错误）。如果主机收到了不是 0xAA 的回应，就需要重新给鼠标供电，这样便会引起鼠标复位并重新执行 BAT。在鼠标发送完 BAT 后，鼠标会接着发送设备 ID（0x00），这个 ID 用来区别识别是键盘还是处于扩展模式中的鼠标。鼠标发送自己的设备 ID 给主机后，便自动进入 Stream 模式。但是只有鼠标在收到"使能数据报告（0xF4）"命令后，才会发送位移数据包到主机（BAT 后，鼠标的数据报告被禁止）。

2. Stream 模式

在 Stream 模式中，一旦鼠标检测到位移或发现一个或多个鼠标键的状态改变了，就发送位移数据包。数据报告的最大速率被认为是采样速率，其范围可以是 10 ~ 200Hz。该参数的缺省值是 100Hz，主机可以用"设置采样速率（0xF3）"命令来设置新的采样速率。Stream 模式是操作的缺省模式。

3. Remote 模式

在 Remote 模式下，鼠标以当前的采样速率读取输入并更新它的计数器标志，但只在主机请求数据的时候才报告给主机位移（和按键状态）。主机通过"读数据（0xEB）"命令来获取数据，在收到命令后，鼠标发送位移数据包并复位它的位移计数器。

4. Wrap 模式

这是一个"回声"模式，鼠标收到的每个字节都会被发送到主机，就算收到的是一个有效的命令，鼠标也不会应答这条命令，只是把这个字节发送给主机，但是 Reset 命令和 Reset Wrap Mode 命令这两个命令例外。

下面列出所有主机可能发送给鼠标的有效命令，不过如果数表工作在 Stream 模式，主机在发送任何其他命令之前要先禁止数据报告（命令 0xF5）：

- 0xFF（Reset）：鼠标用"应答（0xFA）"回应这条命令并进入 Reset 模式。
- 0xFE（Resend）：只要从鼠标收到无效数据，株距就发送该命令。鼠标的回应是重新发送它最后发送给主机的数据包。
- 0xF6（Set Defaults）：鼠标用"应答（0xFA）"来回应，然后载入 Reset 模式下的默认值。
- 0xF5（Disable Data Reporting）：鼠标用"应答（0xFA）"来回应，然后进入禁止数据报告并复位它的位移计数器。这仅对 Stream 模式下的数据报告有效并且它不能禁止采样。禁止的 Stream 模式功能与 Remote 模式相同。
- 0xF4（Enable Data Reporting）：鼠标用"应答（0xFA）"来回应，然后使能数据报告并复位它的位移计数器。这条命令可以对在 Remote 模式（或 Steam 模式）下的鼠标发布，但只对 Stream 模式下的数据报告有效。
- 0xF3（Set Sample Rate）：鼠标用"应答（0xFA）"来回应，然后从主机读入一个或多个字节。鼠标保留这个字节作为新的采样速率。在收到采样速率后，鼠标再次用“应答(0xFA)”来回应并复位位移计数器。有效的采样速率有 10、20、40、60、80、100 和 200 采样点/秒。

• 0xF2（Get Device ID）：鼠标用“应答（0xFA）”来回应，后面紧跟着它的设备 ID（标准 PS2 鼠标的设备 ID 是 0x00），这个命令同样会使鼠标复位它的位移计数器。

• 0xF2（Set Remote Mode）：鼠标用“应答（0xFA）”来回应，然后复位它的位移计数器，并进入 Remote 模式。

• 0xEE（Set Wrap Mode）：鼠标用“应答（0xFA）”来回应，然后复位它的位移计数器，并进入 Wrap 模式。

• 0xEC（Reset Wrap Mode）：鼠标用“应答（0xFA）”来回应，然后复位它的位移计数器，并进入 Wrap 模式。

• 0xEB（Read Data）：鼠标用“应答（0xFA）”来回应，然后发送位移数据包。这是在 Remote 模式中读数据的方法。在数据发送成功后，鼠标将复位它的位移计数器。

• 0xEA（Set Stream Mode）：鼠标用“应答（0xFA）”来回应，然后复位它的位移计数器，并进入 Stream 模式。

• 0xE9（Status Request）：鼠标用“应答（0xFA）”来回应，然后发送如表 14-3 所示的状态包。

表 14-3　鼠标发送的状态包

	Bit7	Bit6	Bit5	Bit4	Bit3	Bit2	Bit1	Bit0
Byte1	0	Mode	Enable	Scaling	0	左键	中键	右键
Byte2	分辨率							
Byte3	采样率							

注：表中的左键、中键和右键位为 1；表示相应的按键按下；0 表示没有按下。

① Scaling 为 1 表示缩放比例为 2：1；0 表示 1：1。

② Enable 为 1 表示数据报告被使能；0 表示数据报告被禁止。

③ Mode 为 1 表示 Remote 模式被使能；0 表示 Stream 模式被使能。

• 0xE8（Set Resolution）：鼠标用“应答（0xFA）”来回应，然后从主机读取一个字节，并再次用“应答（0xFA）”来回应，接着复位其位移计数器。从主机读入的字节参数如下：

0x00：1 个计数单位/毫米　　0x01：2 个计数单位/毫米

0x02：4 个计数单位/毫米　　0x03：8 个计数单位/毫米

• 0xE7（Set Scaling 2：1）：鼠标用“应答（0xFA）”来回应，然后使能 2∶1 缩放比例。

• 0xE6（Set Scaling 1：1）：鼠标用“应答（0xFA）”来回应，然后使能 1∶1 缩放比例。

对于标准鼠标而言，只有“Resend（0xFE）”和“Error（0xFC）”命令会发送给主机，这两条命令的工作情况和主机到鼠标间的命令一样。

四、实验内容

本实验中要完成的任务与 PS2 键盘实验基本一样，就是用 PIO 核模拟 PS2 时序，不同的是，初始化 PS2 鼠标与读取鼠标的数据信息的过程。在本实验中，首先初始化鼠标，然后使能其发送数据包功能，紧接着便实时读取鼠标发送的数据包，然后获取 X 方向和 Y 方向的位移，获取按键状态，通过 NiosⅡIDE 的 Console 窗口打印显示。

五、实验步骤

完成本实验的实验步骤为：

（1）新建文件夹命名为 exp14_ps2_mouse，将实验一工程目录下的文件拷贝到该文件夹下。

（2）打开工程文件，在原理图中双击 kernel 系统，进入 SOPC Builder，编辑内核文件。

（3）添加 2 个 1 位的双向 PIO 端口，分别命名为：MS_CLK、MS_DATA，添加一个 1ms（其余默认）的定时器，命名为 TIM0，如图 14-1 所示。

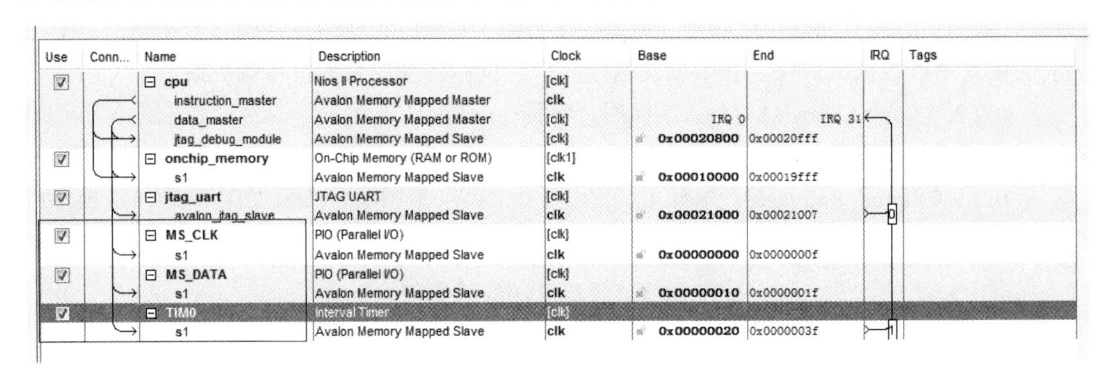

图 14-1　添加双向 PIO

（4）编译修改之后的内核文件，成功之后退出。

（5）升级原理图，并修改管脚名称，保存原理图修改并编译工程。

（6）按照附录Ⅱ，给管脚分配 FPGA 引脚，保存工程修改，再次编译。

（7）编译完成之后，如图 14-2 所示。至此，quatrusⅡ工作就告一段落，可以启动 Nios Ⅱ软件了。

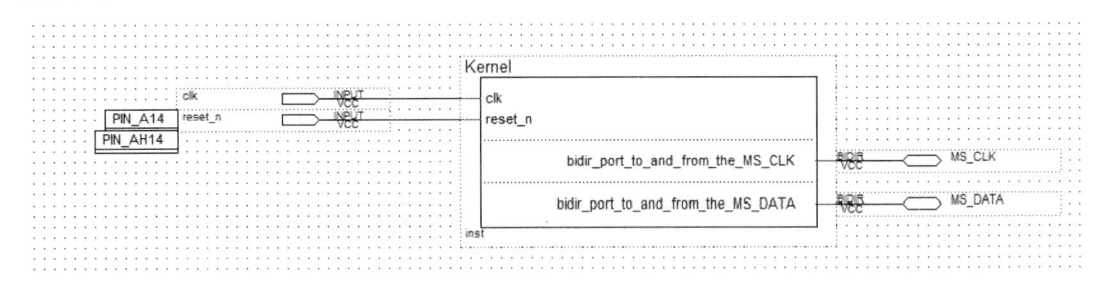

图 14-2 编译完成的原理图

（8）打开 NiosⅡ12.0 软件，注意切换到当前工作目录下。

（9）清理工程。

（10）更新 BSP，注意 sopc 内核文件路径。

（11）编写程序代码，详细代码可以查看工程文件。

（12）仔细阅读代码，掌握 PS2 时序的模拟，全部理解透彻后，编译工程。

（13）工程编译无误后，通过 USB 下载电缆把 PC 与实验箱相连接，然后开启实验箱电源，将 PS2 鼠标插入 J32 处。

（14）在 QuartusⅡ中通过 USB 下载电缆将 test.sof 文件通过 JTAG 接口下载到 FPGA 中。

（15）在 NiosⅡIDE 中进行硬件配置。

（16）运行程序。

（17）程序运行后，移动鼠标，按下鼠标按键，查看软件窗口中的显示是否正确。实验结果如图 14-3 所示。

图 14-3　测试结果

（18）确认实验结果无误后，退出 NiosⅡIDE 软件，关闭 QuartusⅡ软件，关闭实验箱电源，拔出 USB 下载电缆。

实验十五　实时时钟实验

一、实验目的

（1）熟悉掌握 SOPC 的基本流程。

（2）掌握 RTC 芯片 DS1302 的基本使用方法。

（3）掌握如何用 PIO 核来产生模拟 SPI 时序。

（4）进一步掌握 PIO 工作为双向模式时的用法。

二、硬件需求

（1）EDA/SOPC 实验开发系统一台。

（2）USB 下载电缆一条。

三、实验原理

本实验是一个小型综合实验，通过 PIO 核模拟满足 DS1302 的时序，从而读取或设置系统时间，并同时将读取到的实时时间显示在软件窗口上。本实验箱上采用的 RTC 芯片为 DS1302。

DS1302 是 DALLAS 公司推出的涓流充电时钟芯片，内含一个实时时钟/日历和 31 Bytes 静态 RAM，通过简单的串行接口与单片机进行通信。实时时钟/日历电路提供秒、分、时、日、日期、月和年的信息，每月的天数和闰年的天数可自动调整，时钟操作可通过 AM/PM 指示决定采用 24 或 12 小时格式。DS1302 与 CPU 之间能简单地采用同步串行的方式进行通信，仅需用到三个口线：RES（复位）、I/O（数据线）和 SCLK（串行时钟）。时钟/RAM 的读/写数据以一个字节或多达 31 个字节的字符组方式通信。DS1302 工作时功耗很低，保持数据和时钟信息时功率小于 1 mW。

DS1302 是由 DS1202 改进而来，增加了以下的特性：双电源管脚用于主电源和备份电源供应，V_{cc1} 为可编程涓流充电电源，附加七个字节存储器。它广泛应用于电话、传真、便携式仪器以及电池供电的仪器仪表等产品领域。下面将主要的性能指标作一综合。

① 实时时钟具有能计算 2100 年之前的秒、分、时、日、日期、星期、月、年的能力，还有闰年调整的能力。

② 31×8 位暂存数据存储 RAM。

③ 串行 I/O 口方式使得管脚数量最少。

④ 宽范围工作电压 2.0 ~ 5.5 V。

⑤ 工作电压 2.0 V 时，工作电流小于 300 nA。

⑥ 读/写时钟或 RAM 数据有两种传送方式：单字节传送和多字节传送（字符组方式）。

⑦ 简单 3 线接口。

⑧ 与 TTL 兼容（V_{cc}=5 V）。

⑨ 可选工业级温度范围：−40 ~ +85 °C。

⑩ 与 DS1202 兼容

⑪ 对 V_{cc1} 有可选的涓流充电能力。

⑫ 双电源管用于主电源和备份电源供应。

⑬ 备份电源管脚可由电池或大容量电容输入。

⑭ 附加的 7 字节暂存存储器。

DS1302 的功能框图如图 15-1 所示。它与 CPU 通信是通过 I/O、SCLK 和 RST 三个信号完成的，通过这组串行总线，CPU 可以访问到 DS1302 内部的所有寄存器和 RAM。DS1302 的读写时序与 SPI 有些相似，不同的是其数据总线输入和输出是共用一个 I/O 信号来实现，图 15-2 是对 DS1302 的基本读写操作时序图。

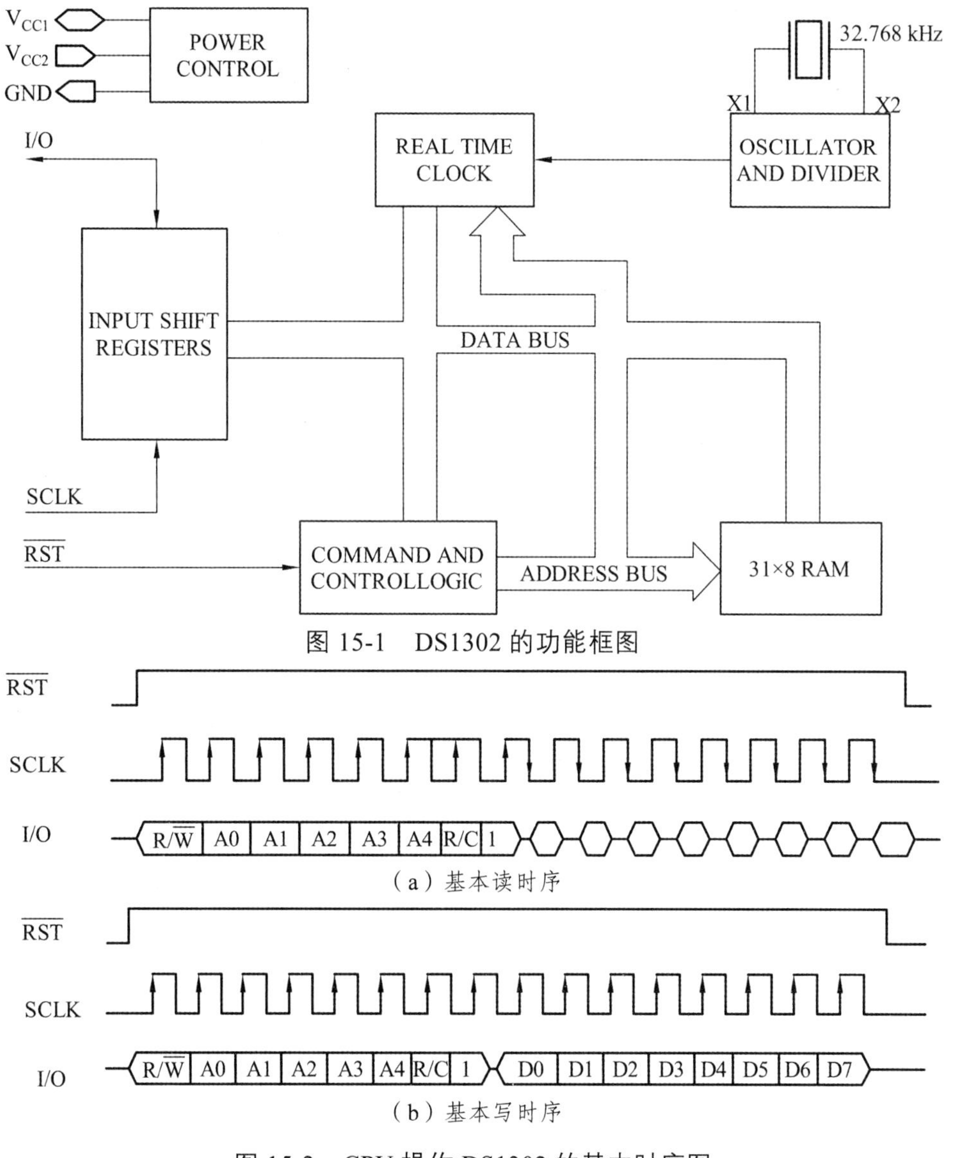

图 15-1　DS1302 的功能框图

图 15-2　CPU 操作 DS1302 的基本时序图

在 DS1302 内部还有 9 个寄存器和 32 个 8 位 RAM，寄存器可供 CPU 读写时间信息，控制 DS1302 的工作方式等；32 字节 RAM 则可用来存储自定义数据。图 15-3 是 DS1302 内部的寄存器和 RAM 分布状况。

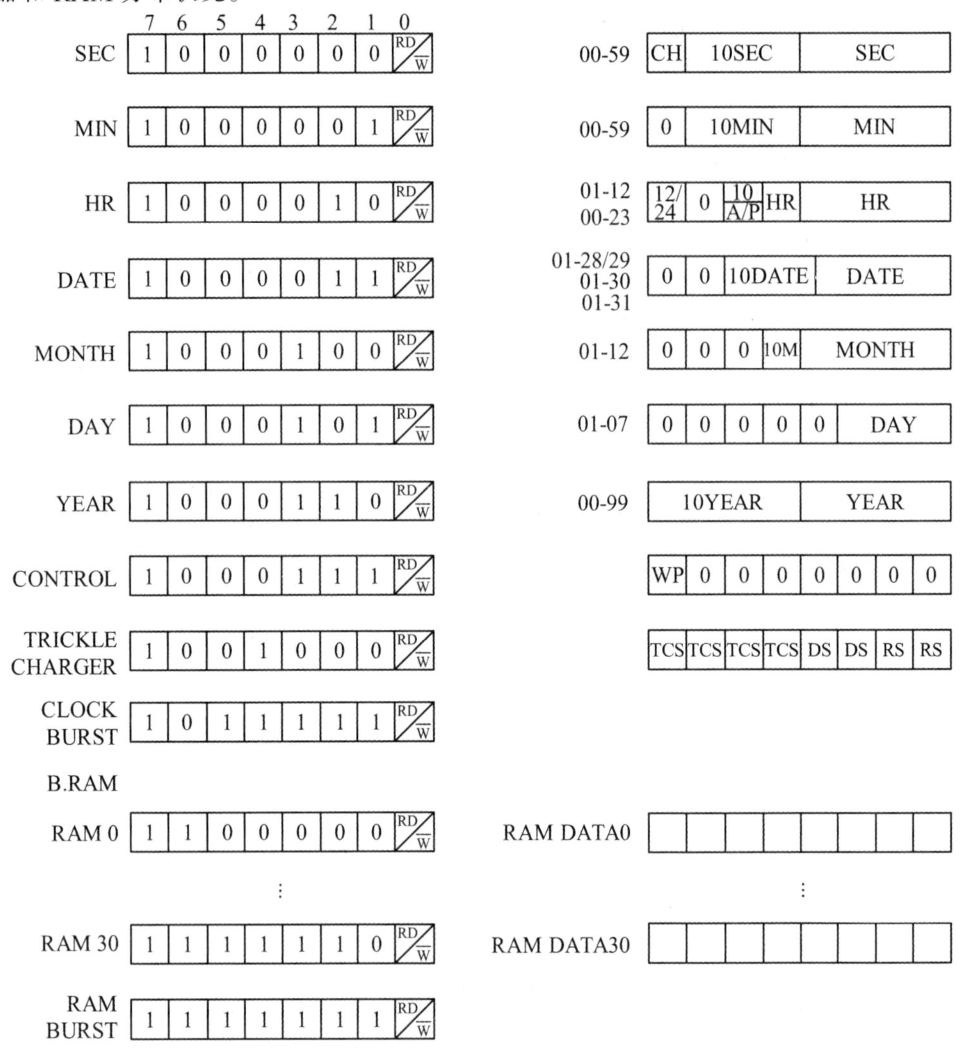

图 15-3　DS1302 内部的寄存器和 RAM 分布图

四、实验内容

本实验中，通过软件控制 PIO 接口，模拟 DS1302 的基本读写时序，实时读取 RTC 信息，并将当前时间显示在软件上。

五、实验步骤

完成本实验的实验步骤为：

（1）新建文件夹命名为 exp15_rtc_ds1302，将实验一工程目录下的文件拷贝到该文件夹下。

（2）打开工程文件，在原理图中双击 kernel 系统，进入 SOPC Builder，编辑内核文件。

（3）添加一个 1 位双向 PIO 命名为 RTC_DATA，用于与 ds1302 做数据交换；一个 1 位的输出 PIO 命名为 RTC_SCLK,用于 ds1302 时钟控制;一个 1 位的输出型 PIO 命名为 RTC_nRST，用于 ds1302 的复位信号。如图 15-4 所示。

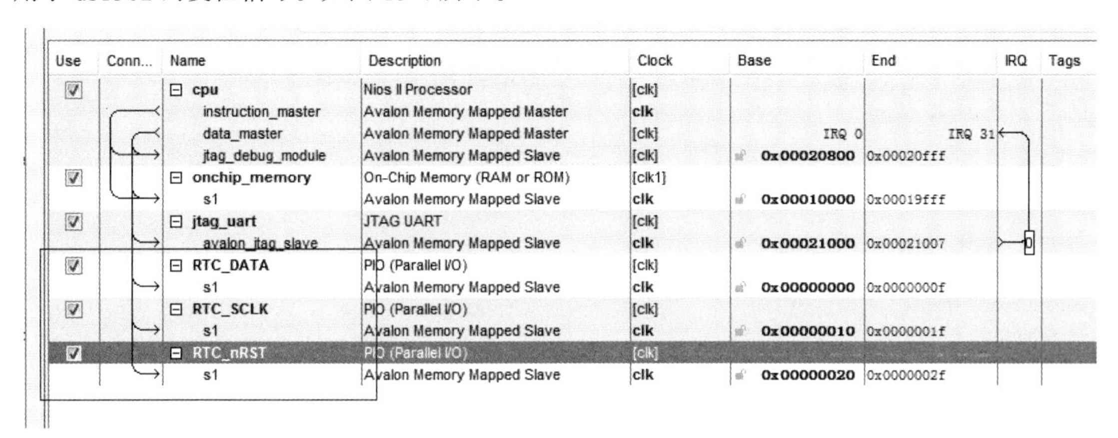

图 15-4　添加 PIO

（4）编译修改之后的内核文件，成功之后退出。

（5）升级原理图，并修改管脚名称，保存原理图修改并编译工程。

（6）按照附录Ⅱ，给管脚分配 FPGA 引脚，保存工程修改，再次编译。

（7）编译完成之后，如图 15-5 所示。至此，quatrusⅡ工作就告一段落，可以启动 Nios Ⅱ软件了。

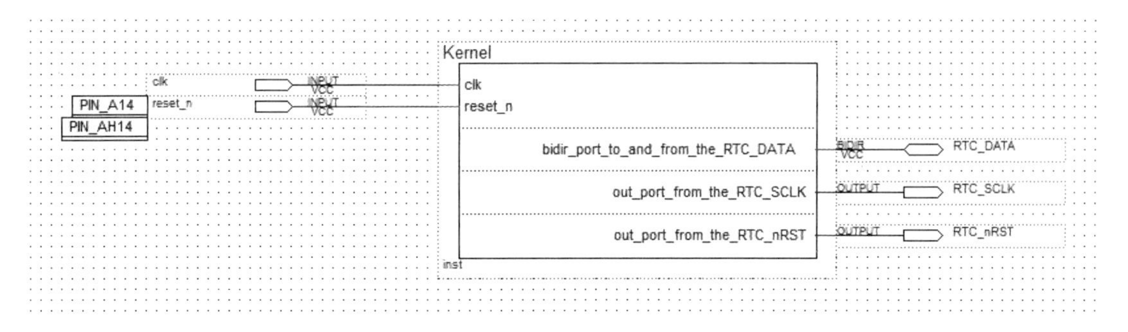

图 15-5　原理图

（8）打开 NiosⅡ12.0 软件，注意切换到当前工作目录下。

（9）清理工程。

（10）更新 BSP，注意 sopc 内核文件路径。

（11）修改 main.c 文件代码，寄存器操作说明可以参考实验十二中对 sopc 等文件的定义。

（12）仔细阅读代码，掌握 PIO 寄存器使用，以及 DS1302 的编程操作，全部理解透彻后，编译工程。

（13）工程编译无误后，通过 USB 下载电缆把 PC 与实验箱相连接，然后开启实验箱电源。

（14）在 QuartusⅡ中通过 USB 下载电缆将 test.sof 文件通过 JTAG 接口下载到 FPGA 中。

（15）在 NiosⅡIDE 中进行硬件配置。

（16）运行程序。

（17）查看运行结果，在软件打印输出区输出实时时间，如图 15-6 所示。

```
2015-12-28 14:1:17
2015-12-28 14:1:18
2015-12-28 14:1:19
2015-12-28 14:1:20
2015-12-28 14:1:21
2015-12-28 14:1:22
2015-12-28 14:1:23
2015-12-28 14:1:24
2015-12-28 14:1:25
2015-12-28 14:1:26
2015-12-28 14:1:27
2015-12-14 14:1:28
2015-12-28 14:1:29
2015-12-28 14:1:30
2015-12-28 14:1:31
2015-12-28 14:1:31
2015-12-28 14:1:32
2015-12-28 14:1:33
2015-12-28 14:1:34
2015-12-28 14:1:35
2015-12-28 14:1:36
2015-12-14 14:1:37
```

图 15-6　打印输出结果

（18）确认实验结果无误后，退出 NiosⅡIDE 软件，关闭 QuartusⅡ软件，关闭实验箱电源，拔出 USB 下载电缆。

实验十六　IIC EEPROM 实验

一、实验目的

（1）熟悉掌握 SOPC 的基本流程。
（2）掌握 IIC 总线工作原理。
（3）掌握如何用 PIO 核来产生 IIC 总线时序。
（4）掌握 PIO 工作为双向模式时的用法。

二、硬件需求

（1）EDA/SOPC 实验开发系统一台。
（2）USB 下载电缆一条。

三、实验原理

与 SPI 一样，IIC 也是一种工业标准的串行接口协议，主要用于控制器与数据转换器、存储器和控制设备之间的通信。在 Altera 的 SOPC Builder 中并未提供 IIC 的 IP 核，因此如果要想产生 IIC 的时序有两种途径：一是在 FPGA 中自己编写 IIC 控制器；一是用软件控制 PIO 来模拟 IIC 时序。

IIC（Inter-Integrated Circuit）总线是一种由 PHILIPS 公司开发的两线式串行总线，用于连接微控制器及其外围设备。IIC 总线产生于在 80 年代，最初为音频和视频设备开发，如今主要在服务器管理中使用，其中包括单个组件状态的通信。例如管理员可对各个组件进行查询，以管理系统的配置或掌握组件的功能状态，如电源和系统风扇。可随时监控内存、硬盘、网络、系统温度等多个参数，增加了系统的安全性，方便了管理。

IIC 总线最主要的优点是其简单性和有效性。由于接口直接在组件之上，因此 IIC 总线占用的空间非常小，减少了电路板的空间和芯片管脚的数量，降低了互联成本。总线的长度可高达 7.62 m，并且能够以 10 kbit/s 的最大传输速率支持 40 个组件。IIC 总线的另一个优点是支持多主控（multi-mastering），其中任何能够进行发送和接收的设备都可以成为主总线。一个主控能够控制信号的传输和时钟频率。当然，在任何时间点上只能有一个主控。

IIC 总线是由数据线 SDA 和时钟 SCL 构成的串行总线，可发送和接收数据。在 CPU 与被控 IC 之间、IC 与 IC 之间进行双向传送，最高传送速率可达 100 kbit/s。各种被控制电路均并联在这条总线上，就像电话机一样只有拨通各自的号码才能工作，每个电路和模块都有唯一的地址。在信息的传输过程中，I2C 总线上并接的每一模块电路既是主控器（或被控器），又是发送器（或接收器），这取决于它所要完成的功能。CPU 发出的控制信号分为地址码和控制量两部分。地址码用来选址，即接通需要控制的电路，确定控制的种类；控制量决定该调整的类别（如对比度、亮度等）及需要调整的量。这样，各控制电路虽然挂在同一条总线上，却彼此独立，互不相关。

IIC 总线在传送数据过程中共有三种类型信号，它们分别是：开始信号、结束信号和应答信号。

开始信号：SCL 为高电平时，SDA 由高电平向低电平跳变，开始传送数据。

结束信号：SCL 为高电平时，SDA 由低电平向高电平跳变，结束传送数据。

应答信号：接收数据的 IC 在接收到 8bit 数据后，向发送数据的 IC 发出特定的低电平脉冲，表示已收到数据。CPU 向受控单元发出一个信号后，等待受控单元发出一个应答信号，CPU 接收到应答信号后，根据实际情况作出是否继续传递信号的判断。若未收到应答信号，则判断为受控单元出现故障。

本实验以 IIC EEPROM 的操作方式为例，来说明 IIC 总线的基本原理和工作时序。

IIC 规程运用主/从双向通讯。器件发送数据到总线上，则定义为发送器；器件接收数据则定义为接收器。主器件和从器件都可以工作于接收和发送状态。总线必须由主器件（通常为微控制器）控制，主器件产生串行时钟（SCL）控制总线的传输方向，并产生起始和停止条件。SDA 线上的数据状态仅在 SCL 为低电平的期间才能改变。SCL 为高电平的期间，SDA 状态的改变被用来表示起始和停止条件，如图 16-1 所示。

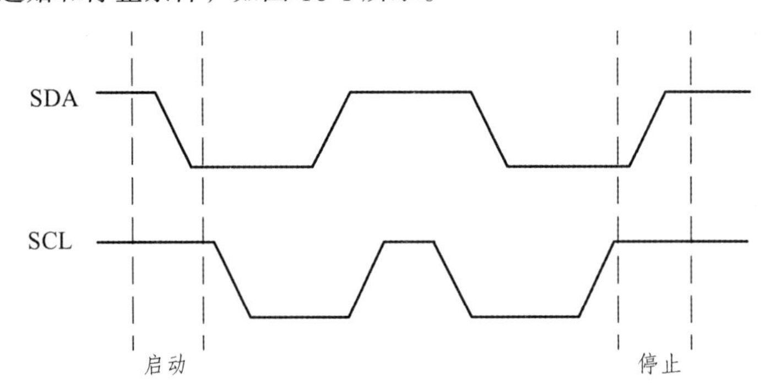

图 16-1　IIC 总线的启动和结束时序

在起始条件之后，必须是器件的控制字节，其中高四位为器件类型识别符（不同的芯片类型有不同的定义，EEPROM 一般应为 1010），接着三位为器件地址，最后一位为读写位，当为“1”时表示读操作，为“0”时表示写操作。如图 16-2 所示。

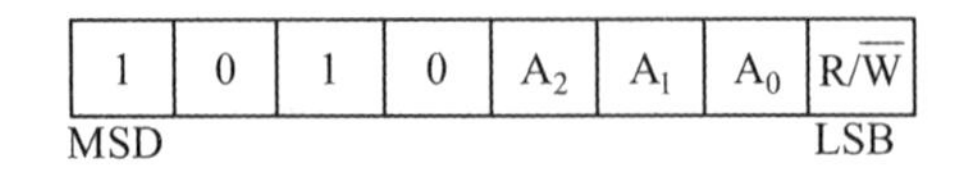

1	0	1	0	A_2	A_1	A_0	$R/\overline{W}$

MSD　　LSB

图 16-2　IIC 时序中的控制字

写操作分为字节写和页面写两种操作，对于页面写根据芯片的一次装载的字节不同有所不同。关于页面写的地址、应答和数据传送的时序如图 16-3 所示。

读操作有三种基本操作：当前地址读、随机读和顺序读。图 16-4 给出的是顺序读的时序图。应当注意的是，最后一个读操作的第 9 个时钟周期不是“不关心”。为了结束读操作，主机必须在第 9 个周期间发出停止条件或者在第 9 个时钟周期内保持 SDA 为高电平、然后发出停止条件。

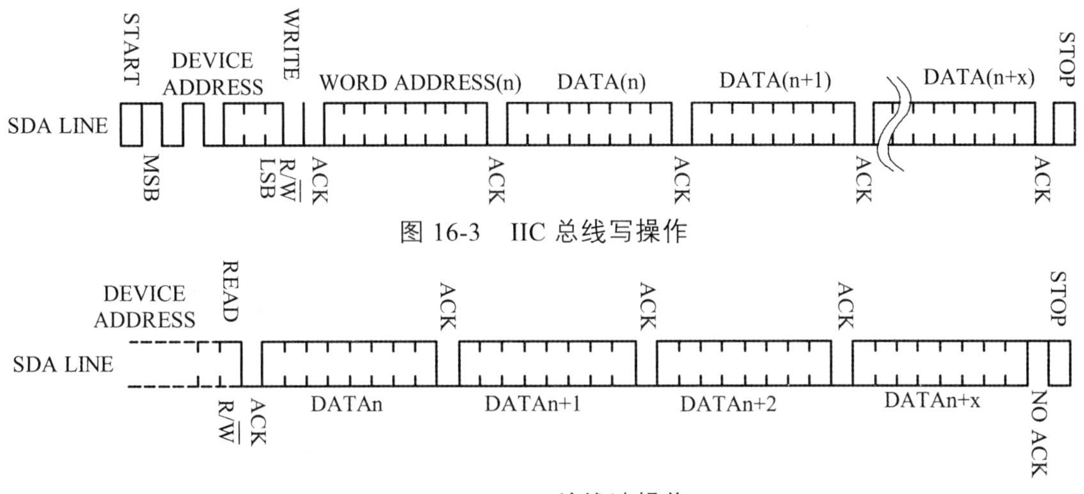

图 16-3　IIC 总线写操作

图 16-4　IIC 总线读操作

实验箱上使用的 IIC EEPROM 为 24C08，容量为 1024×8（8 kB），支持 2.7 ~ 5.5 V 工作电压。当工作电压为 5 V 的时候，其接口速度可以达到 400 kHz。实验箱上的供电为 3.3 V，所以其接口速度最高只能达到 100 kHz。

四、实验内容

本实验中采用软件控制 PIO 的方式来模拟 IIC 控制器时序，通过 CPU 模拟的时序来读写实验箱上的 IIC EEPROM。首先向 IIC EEPROM 中写入数据，然后再读出相同位置的数据，继而对写入和读出的数据进行比较，如果完全一致，则说明 IIC 通信正确，否则说明通信有误。

五、实验步骤

完成本实验的实验步骤为：

（1）新建文件夹命名为 exp16_iic_e2prom，将实验一工程目录下的文件拷贝到该文件夹下。

（2）打开工程文件，在原理图中双击 kernel 系统，进入 SOPC Builder，编辑内核文件。

（3）在本次实验中我们需要增加一个 1 位输出型 PIO，命名为 I2C_SCL，用作时钟信号线；需要增加一个 1 位双向型 PIO，命名为 I2C_SDA，用作数据信号线。如图 16-5 所示。

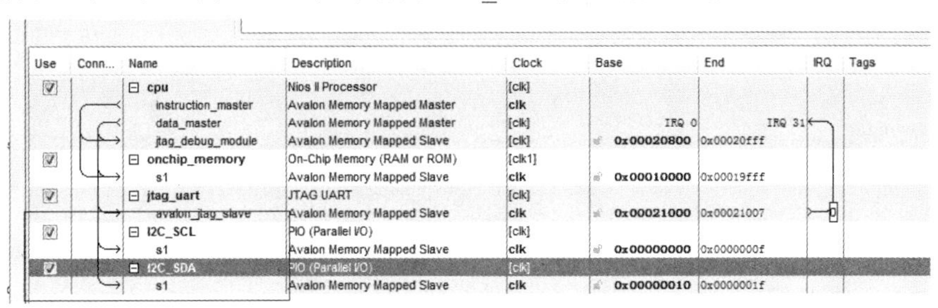

图 16-6　增加 PIO

（4）编译修改之后的内核文件，成功之后退出。

（5）升级原理图，并修改管脚名称，保存原理图修改并编译工程。

（6）按照附录Ⅱ，给管脚分配 FPGA 引脚，保存工程修改，再次编译。

（7）编译完成之后，如图 16-7 所示。至此，quatrus Ⅱ 工作就告一段落了，可以启动 Nios Ⅱ 软件了。

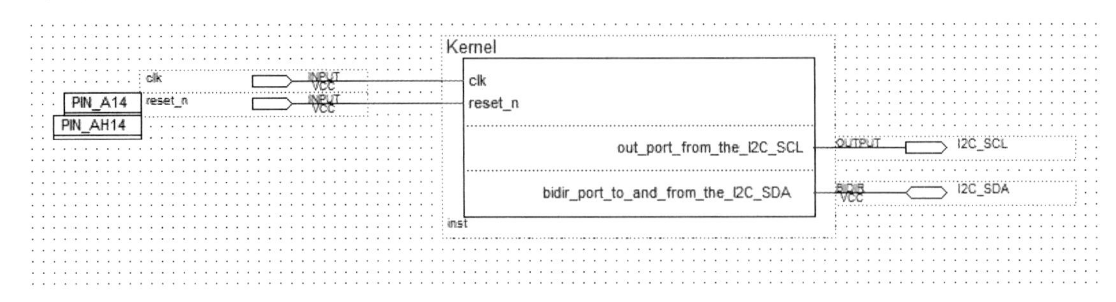

图 16-7　原理图

（8）打开 Nios Ⅱ 12.0 软件，注意切换到当前工作目录下。

（9）清理工程。

（10）更新 BSP，注意 sopc 内核文件路径。

（11）修改 main.c 文件代码，实现对 E2PROM 的读写测试。

（12）仔细阅读代码，掌握 IIC 的时序模拟，全部理解透彻后，编译工程。

（13）工程编译无误后，通过 USB 下载电缆把 PC 与实验箱相连接，然后开启实验箱电源。

（14）在 Quartus Ⅱ 中通过 USB 下载电缆将 test.sof 文件通过 JTAG 接口下载到 FPGA 中。

（15）在 Nios Ⅱ IDE 中进行硬件配置。

（16）运行程序。

（17）查看运行结果，往 E2PROM 里写 0 ~ 255 个数据并将其读出。通过比对，若数据一致，则测试通过。如图 16-8 所示。

图 16-8　测试结果

（18）确认实验结果无误后，退出 Nios Ⅱ IDE 软件，关闭 Quartus Ⅱ 软件，关闭实验箱电源，拔出 USB 下载电缆。

实验十七　SDRAM 实验

一、实验目的

（1）熟悉掌握 SOPC 的基本流程。
（2）掌握 SDRAM 控制器核工作原理。
（3）掌握如何使用 SDRAM 控制核。
（4）掌握 CPU 通过 SDRAM 控制核访问 SDRAM 的方法。

二、硬件需求

（1）EDA/SOPC 实验开发系统一台。
（2）USB 下载电缆一条。

三、实验原理

SDRAM 由于其大容量、低成本的特点，在电子产品中得到了广泛的应用。然而，如果要自己去写 SDRAM 控制器来实现 FPGA 与 SDRAM 的连接，将会很复杂。目前已有 Altera 公司提供的基于 Avalon 总线接口的 SDRAM 控制器软核，所以 FPGA 与 SDRAM 的连接将变得非常简单。用户只需要根据自身 SDRAM 的特性，在添加 SDRAM 控制器软核的时候，对其进行适当的设置，便可以在 Nios II CPU 中正常读写 SDRAM 了。SOPC Builder 中提供的 SDRAM 控制器符合 PC100 标准规范。CPU 可以通过 8 位、16 位、32 位或 64 位总线的方式访问不同容量的SDRAM,它还可以根据需要提供多片 SDRAM 的片选信号。图 17-1 是 SDRAM 控制器核的功能框图。

对 CPU 而言，SDRAM 控制器核唯一可操作的就是一个 Aavlon 接口，它是根据 SDRAM 容量大小等特性而固定不变的。对于 CPU，它就是一组展开的地址线、数据线以及读写等控制信号，它对 SDRAM 的操作就像对普通 SRAM 的操作一样，用户编程时完全不需要理会 SDRAM 的工作时序。SDRAM 控制器提供给 SDRAM 的接口完全遵循 PC100 标准，其时序以及各个信号之间的延迟等完全取决于用户对 SDRAM 核的配置。

SDRAM 核没有提供驱动 SDRAM 所需的时钟信号，所以该时钟信号必须在系统中额外添加。SDRAM 的时钟必须与 SDRAM 控制器工作时钟频率完全一样，相位只需要通过片内的 PLL 进行适当的延迟便可。SDRAM 控制器核不支持时钟禁止（CKE 无效），也就是说 SDRAM 控制器输出的 CKE 一直处于有效状态。SDRAM 控制器遵循 PC100 标准，所以其时钟最高可以工作在 100MHz（也取决于 FPGA 的性能，不是所有的 FPGA 中的 Nios II CPU 都能工作在 100MHz）。

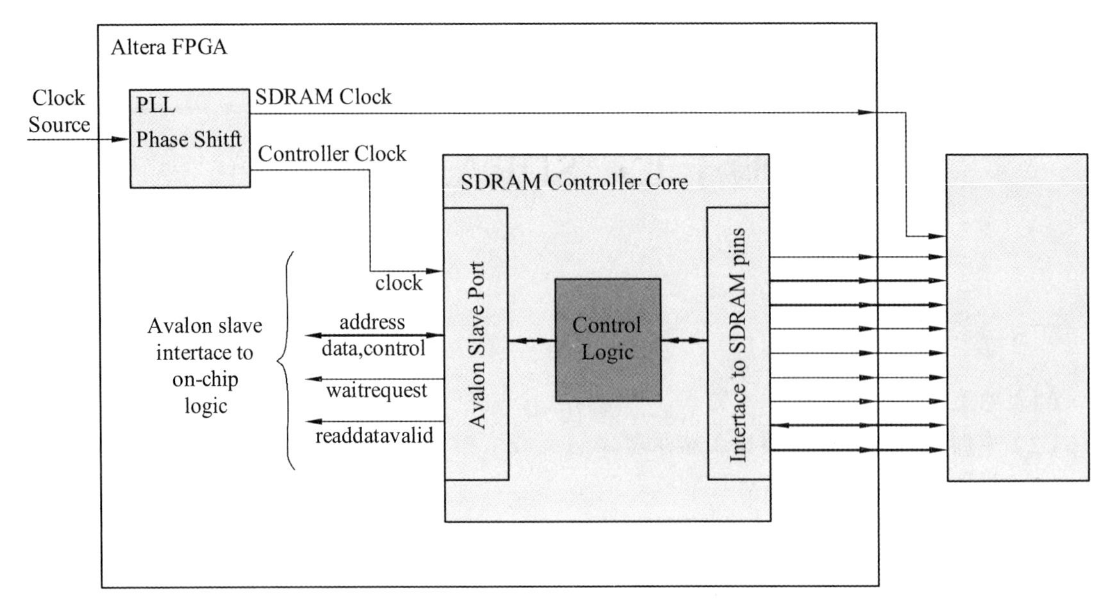

图 17-1　SDRAM 控制器功能框图

与前面学习的 IP 核一样，SDRAM 控制器核的属性也只能通过其配置向导来完成，在软件设计中，程序无法修改。配置向导中要完成的工作主要是配置 SDRAM 的对外接口（地址线位数、数据线位数、bank 数等）及其工作时序。配置向导中已经提供了几种配置好的 SDRAM 类型（包括 MT8LSDT1664HG 模块、4 片 SDR100 8 MB×16、MT48LC2M32B2-7、MT48LC4M32B2-7、NEC D4564163-A80、AS4LC1M16S1-10 和 AS4LC2M8S0-10），对于没有列出的 SDRAM，必须根据 SDRAM 的具体工作参数来自行配置。

SDRAM 控制器核的配置向导中有两个标签：Memory Profile 和 Timing。下面对其作简要说明。

1. Memory Profile

该页主要用来设置 SDRAM 的数据位宽、地址位宽、片选个数以及 SDRAM 的 bank 数量。具体为：

① Data Width：数据位宽支持 8 位、16 位、32 位和 64 位，系统默认为 32 位。该属性直接影响硬件上的 dq 总线宽度和 dqm 总线宽度。

② Chip Selects：片选个数支持 1、2、4 和 8，系统默认为 1。通过使用多个片选信号，SDRAM 控制器可以与外部多片 SDRAM 直接相连。

③ Banks：Bank 数量支持 2 和 4，默认为 4。该属性直接影响硬件上的 ba 总线。

④ Row：行地址支持 11、12、13 和 14 位，默认为 12 位。该属性决定你跟了 addr 总线宽度。

⑤ Column：列地址数量最少 8 位，最多不超过行地址数量，默认为 8 位。

⑥ Controller shares dq/dqm/addr I/O pins：如果选中该属性，那么 addr、dq 和 dqm 信号将与系统中的三态总线共享，这样做的好处就是节省 FPGA 引脚；如果不选中该属性，那么上述的三组总线将独立出现，与系统中的三态总线互相独立。

⑦ Include a functional memory model in the system testbench：如果选中该属性，SOPC Builder 会自动产生该 SDRAM 核的仿真模型。

根据上述的各种属性，配置向导会计算出当前 SDRAM 的容量（单位是 MBytes）等相关信息。

2. Timing

该页主要用来设置 SDRAM 控制器产生的时序，包括：

① CAS latency：允许设定的值有 1、2 和 3，默认为 3。该属性直接影响读命令发起到数据输出之间的延迟。

② Initialization refresh cycles：允许的值为 1 ~ 8，默认为 2。该属性决定了复位后，SDRAM 控制器将产生的刷新周期的个数。

③ Issue one refresh command every：默认为 15.625 μs。该值决定了 SDRAM 控制器刷新 SDRAM 的刷新周期，一个典型的例子就是 4096 次/64 ms，所以为 15.625 μs。

④ Delay after power up，before initialization：默认值为 100 μs。该值主要用来延迟 SDRAM 控制器输出时序，避免启动时由于系统不稳定，导致 SDRAM 初始化失败。

⑤ Duration of refresh command：自刷新周期，默认值为 70 ns。

⑥ Duration of precharge command：预充电命令周期，默认为 20 ns。

⑦ ACTIVE to READ or WRITE delay：读写有效延迟，默认为 20 ns。

⑧ Access time：从时钟上升沿开始的访问时间，该值与 CAS 延迟有关，默认为 17 ns。

要想在 CPU 中正确的访问 SDRAM，必须认真的配置上述的所有参数，上述参数在 SDRAM 芯片的 datasheet 中都可以找到。最后还是要说明的是 SDRAM 的时钟信号，必须由 PLL 产生，而且与提供给 SDRAM 控制器的时钟必须同频率且有一定的相位差，否则可能无法正确地访问 SDRAM。

实验箱主板上用的 SDRAM 为 HY57V561620，容量为 32 MB，拥有 4 个 Bank，其地址结构为 13 位行地址×9 位列地址，刷新周期为 7.8 μs（8192 次/64 ms）。

四、实验内容

本实验将采用 SOPC Builder 中提供的 SDRAM 控制器核，将 FPGA 与片外的 SDRAM 相连接，通过配置其属性，让 CPU 正确地进行读写访问。实验中首先向 SDRAM 中写入 0xaaaaaaaa 和 0x55555555，以确认数据总线没有短路和断路，待数据总线正确后，再向整片 SDRAM 中写入一些有规律的数据（通常是通过 32 位指针进行操作，因为 32 位整型数据绝对不会重复）。写完后再将整片数据读出，并与写入的数据逐个比较，如完全一致，则表明 SDRAM 读写访问完全正确。

五、实验步骤

完成本实验的实验步骤为：

（1）新建文件夹命名为 exp11_sdram，将实验一工程目录下的文件拷贝到该文件夹下。

（2）打开工程文件，在原理图中双击 kernel 系统，进入 SOPC Builder，编辑内核文件。

（3）添加 SDRAM 控制器，在如图 17-2 处双击添加 SDRAM 控制器。

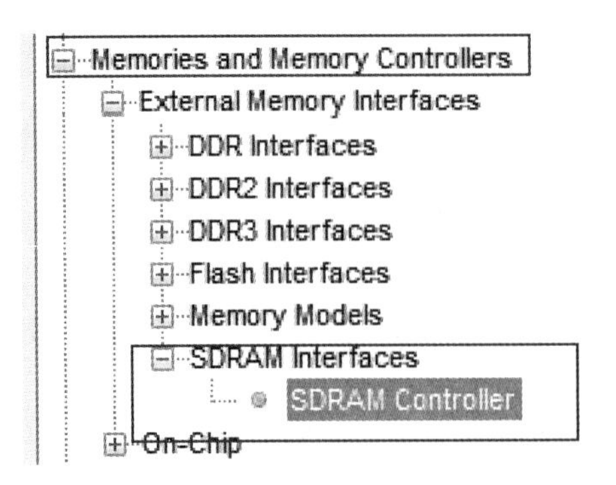

图 17-2　添加 SDRAM

对 SDRAM 控制器作如图 17-3 所示设置。

① Memory Profile。

Presets:　Custom

Data width:　16 Bits

Chip select:　1　　　　　Banks:　4

Row:　13　　　　　　Column:　9

其余默认。

② Timing。

默认设置。

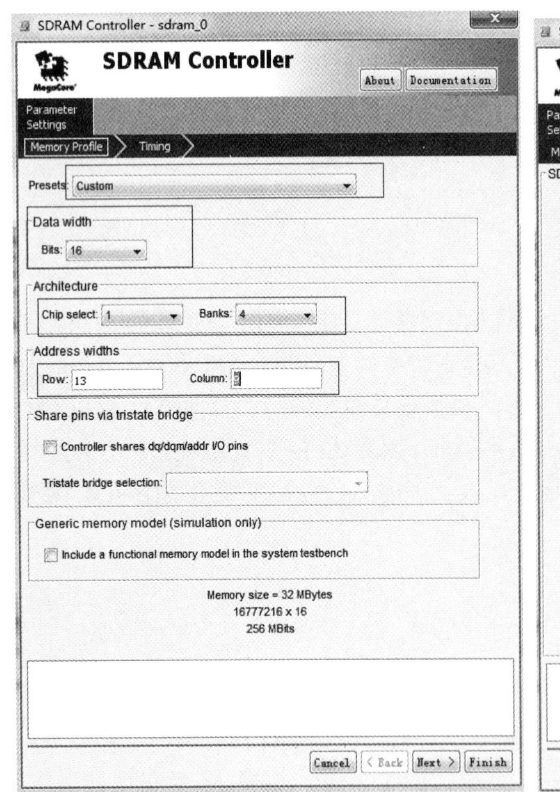

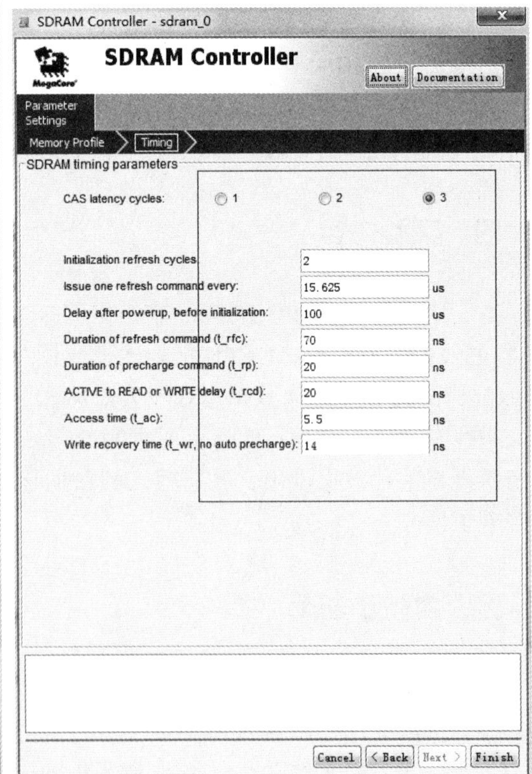

图 17-3　SDRAM 设置

修改系统时钟将 CLK 修改为 100 MHz，如图 17-4 所示。

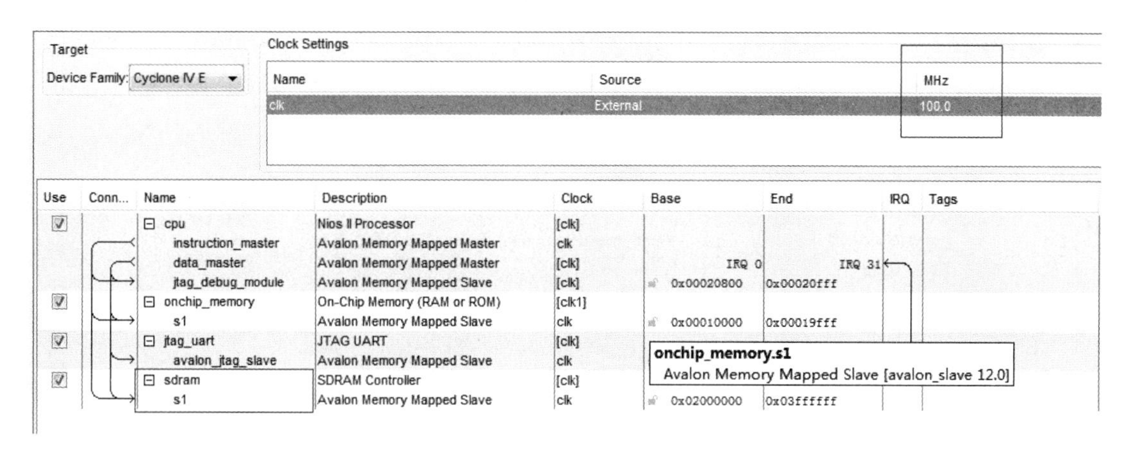

图 17-4　修改之后的内核

（4）添加锁相环 PLL。SDRAM 的使用需要添加一个锁相环，并对其做如下设置：双击原理图空白处，点击图 17-5 所示红色方框中的按钮，进入 PLL 设置界面。

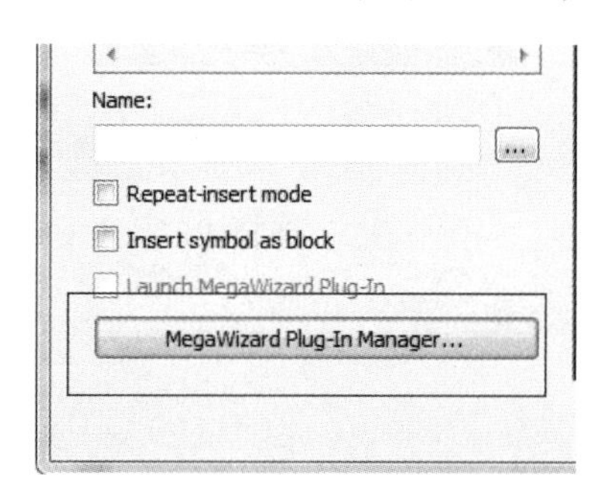

图 17-5　PLL 设置启动

选中第一项，直接 Next，如图 17-6 所示。

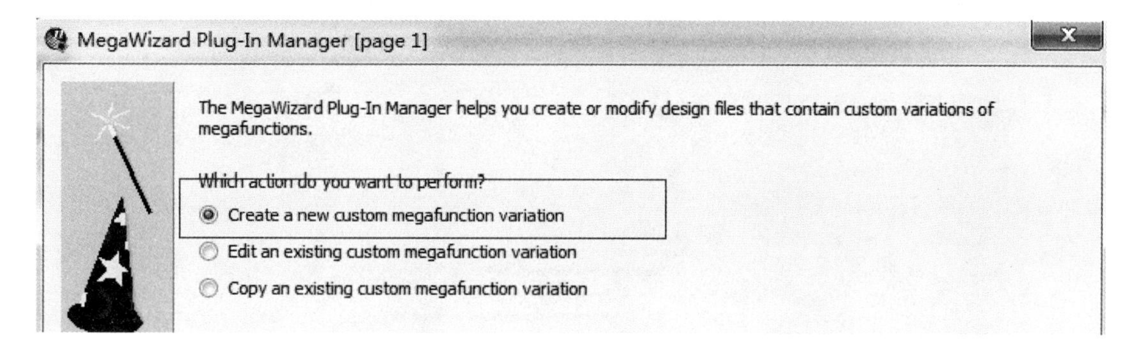

图 17-6　创建一个新的 PLL

选中 IO 下的 ALTPLL 选项，并将其命名为 PLL，如图 17-7 所示。

点击 Next，进入下一步，在红框中输入晶振频率 50 MHz，如图 17-8 所示。

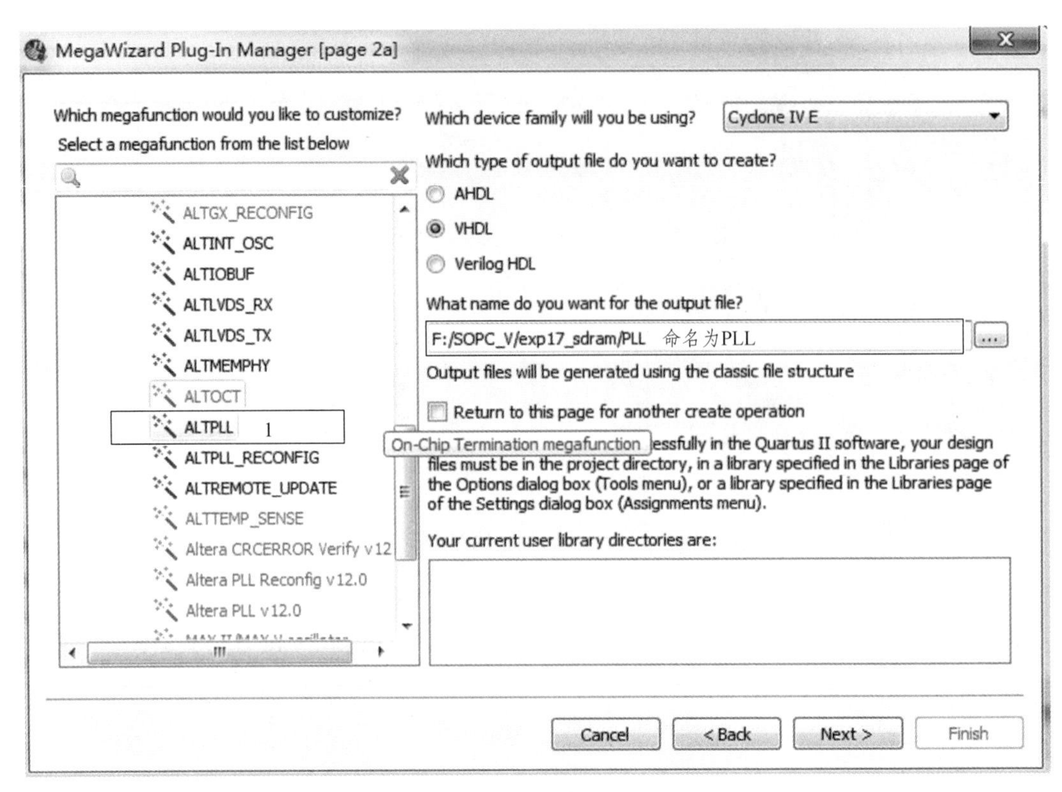

图 17-7　选择 PLL

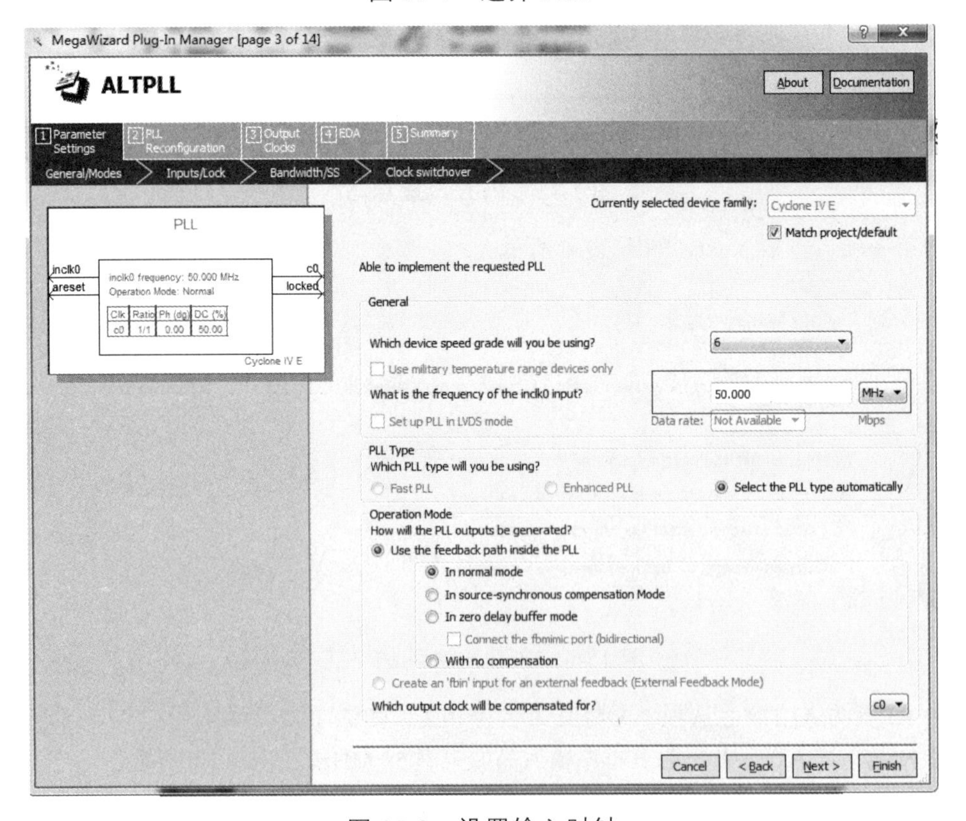

图 17-8　设置输入时钟

点击 Next，进入下一步，去掉默认的勾选选项，如图 17-9 所示。

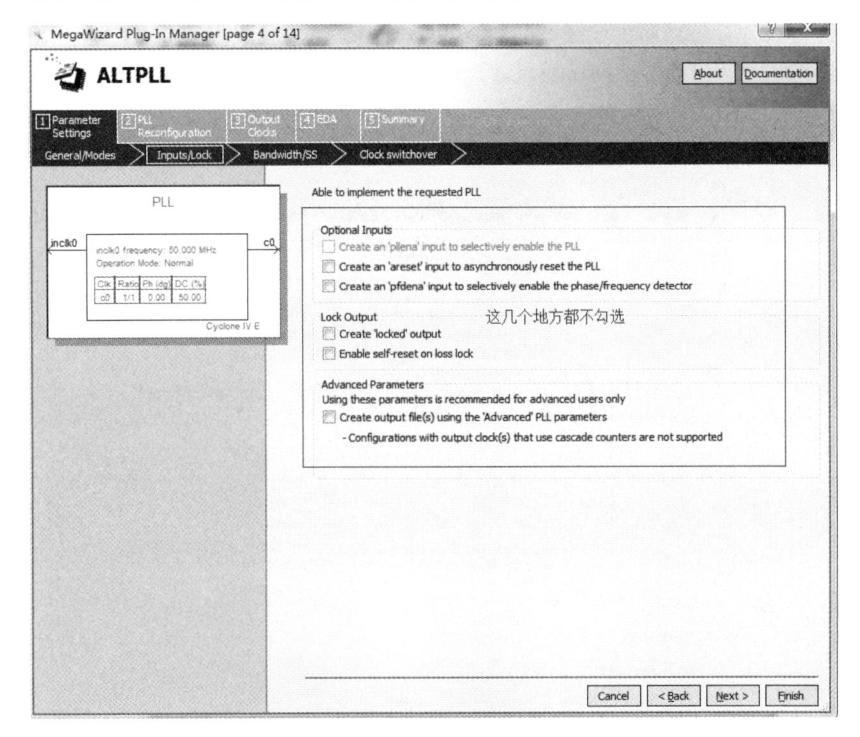

图 17-9　去掉勾选

连续点击 Next，直到出现如图 17-10 所示界面，将红框处设置为 2，即 c0 输出为 100 MHz。

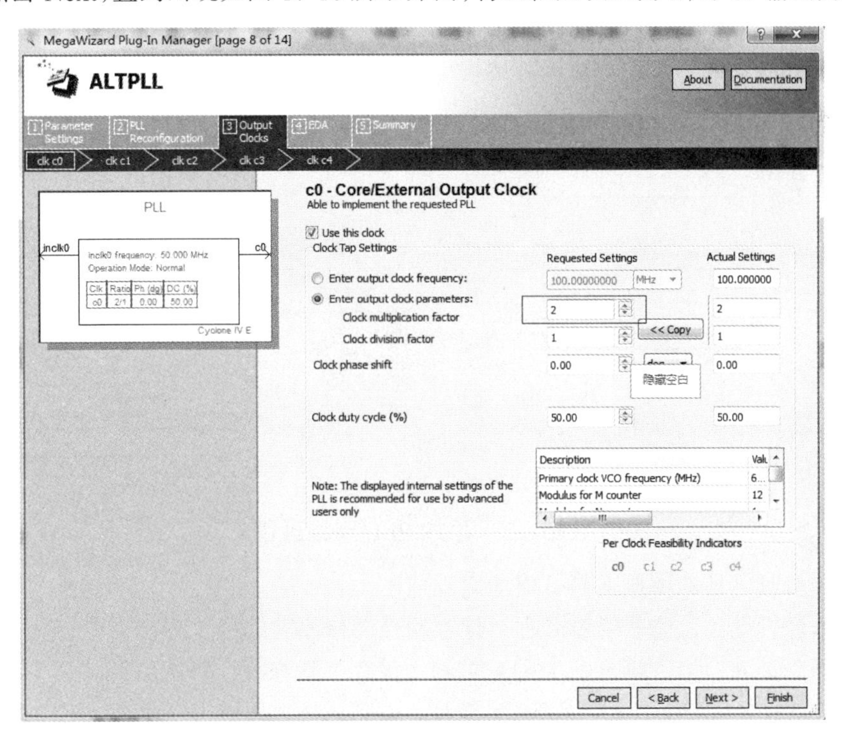

图 17-10　设置 c0 输出

点击 Next，选中 Use this clock，选中 c1 输出。将 c1 设置为 SDRAM 时钟，同样为 100 MHz 输出，同时注意 c1 有-73°的相移，这个与 SDRAM 器件有关，如图 17-11 所示。

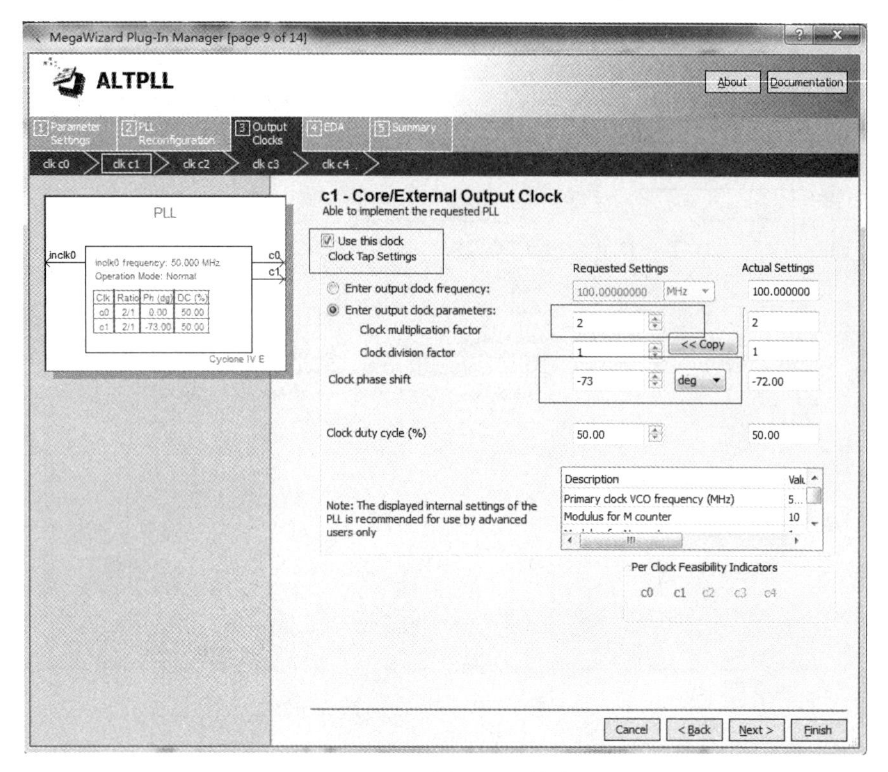

图 17-11　设置 c1 输出

因为我们只需要两个时钟，所以其他输出就不需要了，直接点击 Finish，完成 PLL 的创建，点击 OK，将 PLL 添加到原理图中，分配引脚，如图 17-12 所示。

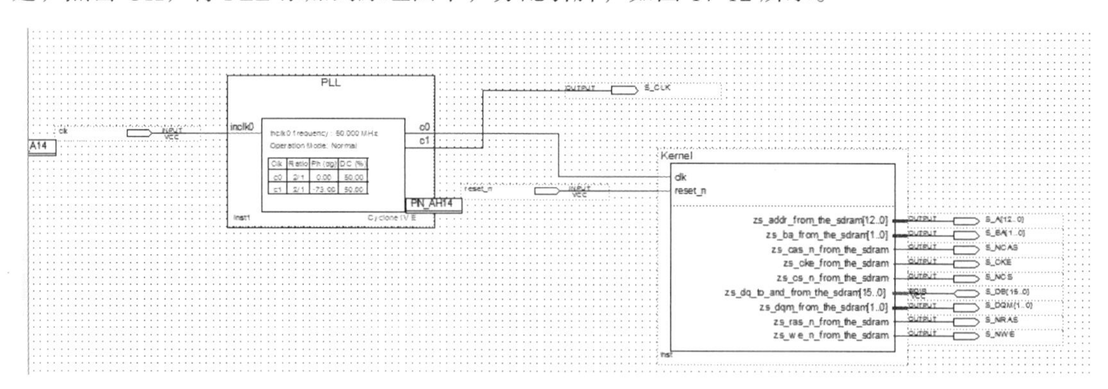

图 17-12　添加 PLL 到原理图

（4）编译修改之后的内核文件，成功之后退出。

（5）升级原理图，并修改管脚名称，保存原理图修改并编译工程。

（6）按照附录Ⅱ，给管脚分配 FPGA 引脚，保存工程修改，再次编译。

（7）编译完成之后，如图 17-13 所示。至此，quatrusⅡ工作就告一段落，可以启动 Nios Ⅱ软件了。

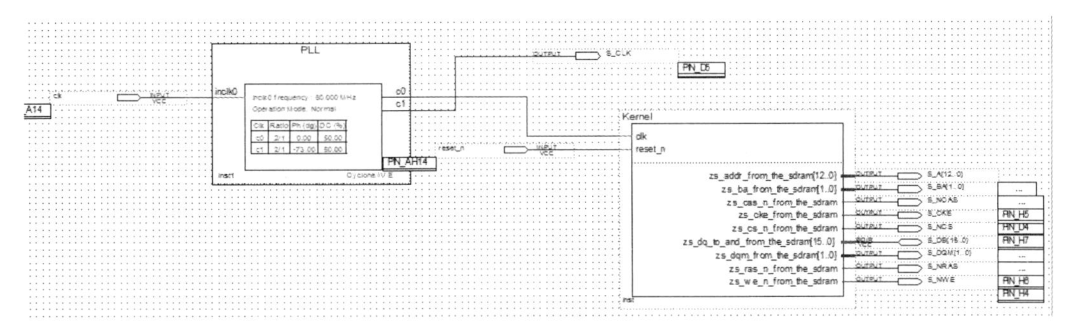

图 17-13　原理图编辑

（8）打开 NiosⅡ12.0 软件，注意切换到当前工作目录下。

（9）清理工程。

（10）更新 BSP，注意选择程序在 onchip_Memory，如图 17-14 所示。

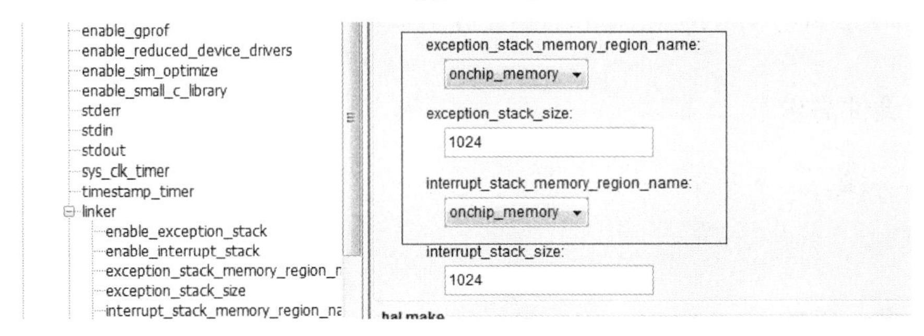

图 17-14　程序运行空间

（11）修改 main.c 文件代码，实现 SDRAM 的读写测试。

（12）仔细阅读代码，掌握 SDRAM 的读写与控制，全部理解透彻后，编译工程。

（13）工程编译无误后，通过 USB 下载电缆把 PC 与实验箱相连接，然后开启实验箱电源。

（14）在 QuartusⅡ中通过 USB 下载电缆将 test.sof 文件通过 JTAG 接口下载到 FPGA 中。

（15）在 NiosⅡIDE 中进行硬件配置。

（16）运行程序。

（17）查看运行结果。测试通过，输出打印，如图 17-15 所示。

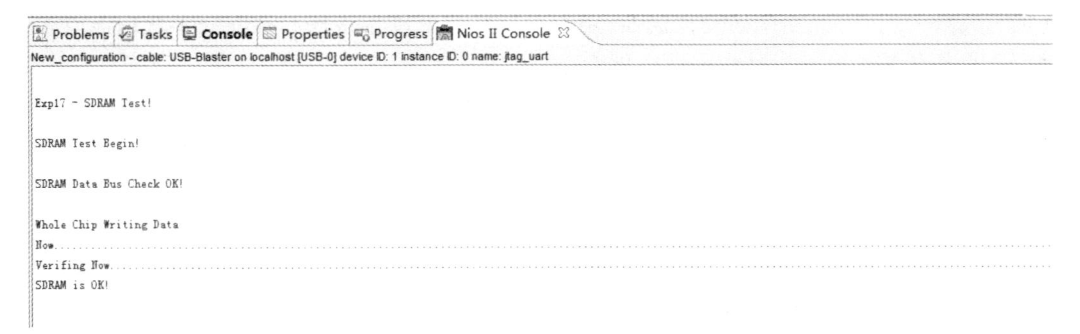

图 17-15　SDRAM 读写测试

（18）确认实验结果无误后，退出 NiosⅡIDE 软件，关闭 QuartusⅡ软件，关闭实验箱电源，拔出 USB 下载电缆。

实验十八　NandFlash 实验

一、实验目的

（1）熟练掌握 SOPC 的开发流程。
（2）掌握 NandFlash 的基本结构。
（3）掌握 NandFlash 的基本操作过程。
（4）掌握如何用 NiosⅡCPU 操作自定义 IP 核来读写 NandFlash。

二、硬件需求

（1）EDA/SOPC 实验开发系统一台。
（2）USB 下载电缆一条。

三、实验原理

NandFlash 由于其容量大、接口简单的特点，在电子产品中得到了广泛的应用，如闪存盘、MP3 以及电子硬盘等。在嵌入式系统当中，要想创建大的文件系统，NandFlash 是系统设计的首选；如果要想存储海量数据，NandFlash 更是当仁不让。本实验将说明 NandFlash 的基本操作过程以及如何通过 Nios II CPU 配合自定义 IP 核来对其进行读写操作。

实验箱上使用的 NandFlash 为 K9F1208U0M，该芯片由三星公司生产，其容量是 64 MB。K9F1208U0M 工作电压为 2.7 ~ 3.6 V，由 4096 个基本块组成，每个块包含了 32 个 528 B 的存储单元。该芯片支持标准 NandFlash 规定的块擦除和页编程等操作，且访问速度很快，对于随机访问只需要 12 μs，而顺序访问仅需要 50 ns。其编程速度也很快，擦除一个块仅需 2 ms，而编程一个块仅需 200 μs，且数据可以保存 10 年之久。

通常系统中对 NandFlash 的操作有读操作、擦除操作和写操作，下面将对其操作时序作简要介绍。在了解基本操作之前，首先必须清楚 K9F1208U0M 的地址组成，其地址组成如表 18-1 所示。

K9F1208U0M 的基本操作过程可以总结为：命令 – >地址 – >数据 – >状态三步操作。其基本的操作时序如图 18-1 ~ 图 18-4 所示。

由于 K9F1208U0M 的列地址仅有 8 位（A0 ~ A7），所以最大只能访问到 256 字节。而 K9F1208U0M 的每页拥有 528 字节，所以必须分三种模式才能访问到，具体时序如图 18-1 所示。当 CMD=“0x00”时，A0 ~ A7 表示 0 ~ 255 之间的地址；当 CMD=“0x01”时，A0 ~ A7 表示 256 ~ 511 之间的地址；CMD=“0x50”时，A0 ~ A7 表示 512 ~ 527 之间的地址。

表 18-1　K9F1208U0M 地址组成

	I/O 0	I/O 1	I/O 2	I/O 3	I/O 4	I/O 5	I/O 6	I/O 7	
1st Cycle	A_0	A_1	A_2	A_3	A_4	A_5	A_6	A_7	Column Address
2nd Cycle	A_9	A_{10}	A_{11}	A_{12}	A_{13}	A_{14}	A_{15}	A_{16}	Row Address (Page Address)
3rd Cycle	A_{17}	A_{18}	A_{19}	A_{20}	A_{21}	A_{22}	A_{23}	A_{24}	
4th Cycle	A_{25}	*L	*L	*L	*L	*L	*L	*L	

Note: Column Address: Starting Address of the Register.
00h command(read): Defines the staring address of the 1st half of the register.
01h command(read): Defines the staring address of the 2nd half of the register.
* A8 is set to “low”or “High”by the 00h or 01h command.
* L must be set to “low”.
* The device ignores any additional input of address cycies than reguired.

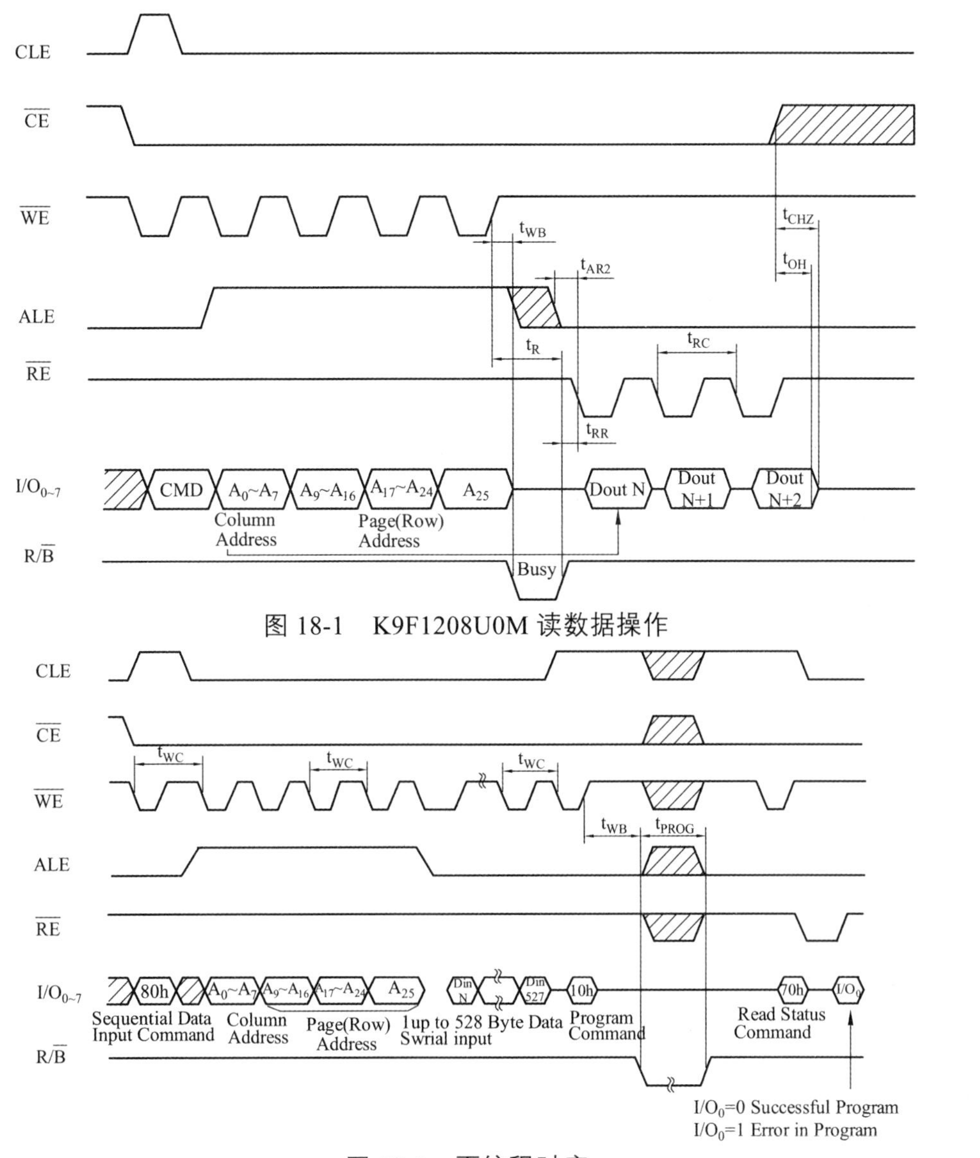

图 18-1　K9F1208U0M 读数据操作

图 18-2　页编程时序

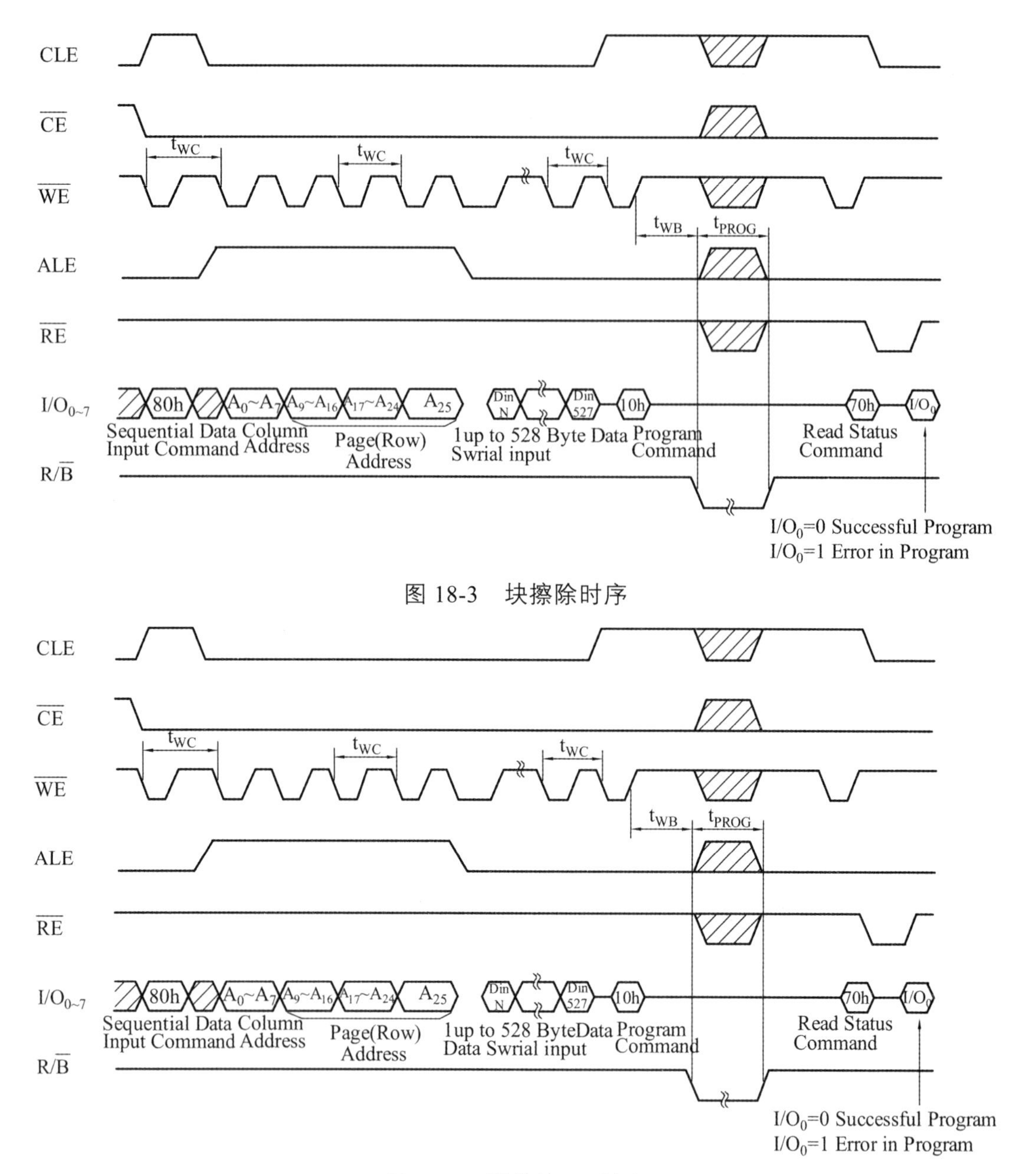

图 18-3　块擦除时序

图 18-4　读芯片 ID 时序

SOPC Builder 中没有提供 NandFlash 控制器核，因此要么用 PIO 通过程序控制，来模拟出所需的时序；要么想办法自己编写 IP 核，利用 Avalon 总线接口时序来产生所需时序。显然前者程序编写复杂，时序工作效率低下，本实验采用自定义 IP 核来，将其作为 Avalon 从设备，配合基本的 Avalon 总线读写命令来进行 NandFlash 的读写操作。

操作 NandFlash 的自定义 IP 核在工程目录下，可以通过查看 k9f1208\hdl 文件夹中的 K9F1208.v 文件，查看具体代码。从代码中可以看出，该 IP 核共占用了 Avalon 总线上的 16 个地址，分别对应：

① 地址 0：读写数据。

② 地址 1：控制片选端口。写入“0”，对应的 cs 端口输出低电平；写入“1”，对应的 cs 端口输出高电平。

③ 地址 2：控制 WP 端口。写入“0”，对应的 wp 端口输出低电平；写入“1”，对应的 wp 端口输出高电平。

④ 地址 3：读芯片。读该地址，可以读到 NandFlash 当前的 Ready/Busy#信号状态。

⑤ 地址 4：写命令。

⑥ 地址 5 ~ 7：严禁对这几个地址进行操作。

⑦ 地址 8：写命令。

⑧ 地址 9 ~ 15：严禁对这几个地址进行操作。

四、实验内容

本实验将利用自定义 IP 核，完成 NiosⅡCPU 对 NandFlash 的读写操作。程序中，可以先读取 NandFlash 的 ID，然后判断基本的读写是否正确。如果 ID 读写无误了，便可以擦除某个块，然后对这个块编程，写入数据。编程结束后，再读取该块的数据，并把读出的数据与写入的数据逐个比较，如一致，则说明读写正确。

五、实验步骤

完成本实验的实验步骤为：

（1）新建文件夹命名为 exp18_nandflash，将实验一工程目录下的文件拷贝到该文件夹下。

（2）打开工程文件，在原理图中双击 kernel 系统，进入 SOPC Builder，编辑内核文件。

（3）将光盘中提供的自定义 IP 核文件夹（myIP 文件夹）中的所有文件夹拷贝到“Nios 安装目录\components”下。添加自编 IP 核，点击 Tools/Options，选中 IP Serach Path，点击 ADD，浏览文件到“..\altera\12.0\nios2eds\components\myIP”，点击 Finish 完成添加。关闭 SOPC Builder 窗口，重新打开，System Contents 列表中出现 myIP 类的 IP 核。点击打开就可以看到有个名为“K9f1208”的 IP 核，如图 18-5 所示。

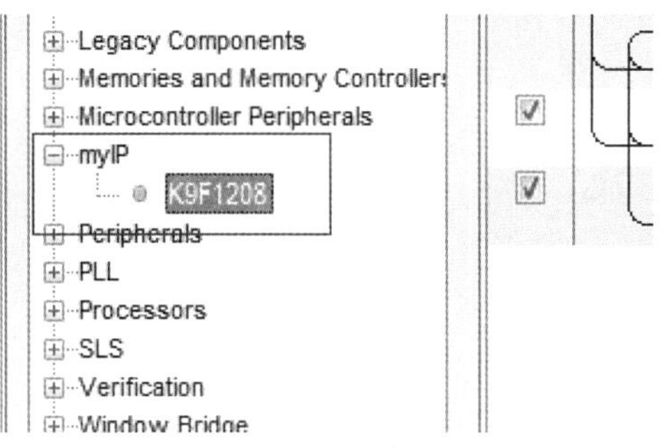

图 18-5　添加自定义 IP 核

（4）双击添加 IP 核 K9F1208，如图 18-6 所示。

（5）编译修改之后的内核文件，成功之后退出。

（6）升级原理图，并修改管脚名称，保存原理图修改并编译工程。

（7）按照附录Ⅱ，给管脚分配 FPGA 引脚，保存工程修改，再次编译。

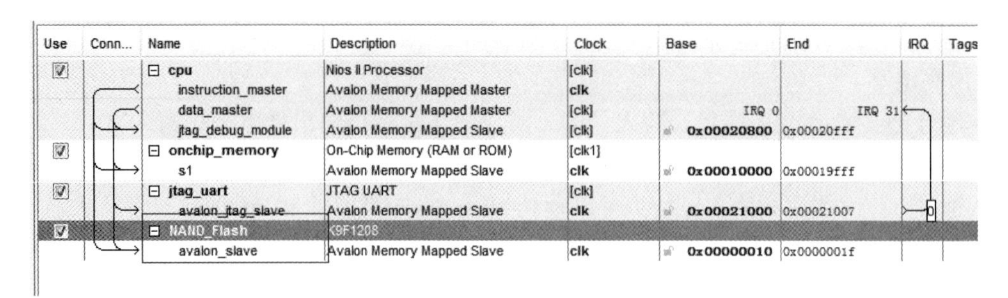

Use	Conn...	Name	Description	Clock	Base	End	IRQ	Tags
☑		⊟ cpu	Nios II Processor	[clk]				
		instruction_master	Avalon Memory Mapped Master	clk				
		data_master	Avalon Memory Mapped Master	[clk]	IRQ 0	IRQ 31		
		jtag_debug_module	Avalon Memory Mapped Slave	[clk]	0x00020800	0x00020fff		
☑		⊟ onchip_memory	On-Chip Memory (RAM or ROM)	[clk1]				
		s1	Avalon Memory Mapped Slave	clk	0x00010000	0x00019fff		
☑		⊟ jtag_uart	JTAG UART	[clk]				
		avalon_jtag_slave	Avalon Memory Mapped Slave	clk	0x00021000	0x00021007	0	
☑		⊟ NAND_Flash	K9F1208					
		avalon_slave	Avalon Memory Mapped Slave	clk	0x00000010	0x0000001f		

图 18-6　添加 IP 核 K9F1208

（8）编译完成之后，如图 18-7 所示。至此，quatrus Ⅱ工作就告一段落，可以启动 Nios Ⅱ软件了。

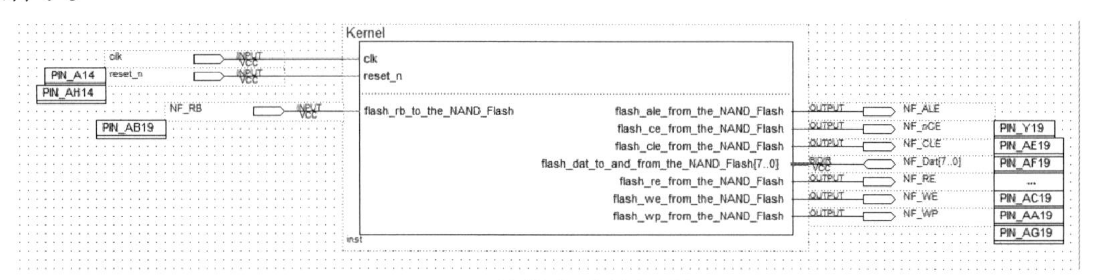

图 18-7　编译完成的原理图

（9）打开 NiosⅡ12.0 软件，注意切换到当前工作目录下。

（10）清理工程。

（11）更新 BSP，注意 sopc 内核文件路径。

（12）修改 main.c 文件代码实现 nandflash 读写测试。

（13）仔细阅读代码，掌握 nandflash 的编程方法，编译工程。

（14）工程编译无误后，通过 USB 下载电缆把 PC 与实验箱相连接，然后开启实验箱电源。

（15）在 QuartusⅡ中通过 USB 下载电缆将 test.sof 文件通过 JTAG 接口下载到 FPGA 中。

（16）在 NiosⅡIDE 中进行硬件配置。

（17）运行程序。

（18）查看运行结果。程序先检验 nandflash 芯片的 ID，然后进行擦除操作，最后读写比对测试。运行结果如图 18-8 所示。

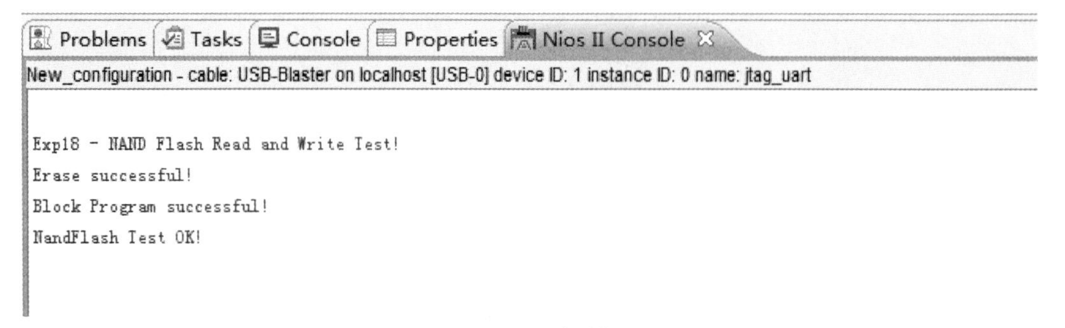

图 18-8　运行结果

（19）确认实验结果无误后，退出 NiosⅡIDE 软件，关闭 QuartusⅡ软件，关闭实验箱电源，拔出 USB 下载电缆。

实验十九　USB 实验

一、实验目的

（1）熟悉掌握 SOPC 的基本流程。
（2）掌握 CH376 芯片的工作原理。
（3）掌握如何用 PIO 核来控制 CH376。
（4）进一步掌握 PIO 工作为双向模式时的用法。

二、硬件需求

1. EDA/SOPC 实验开发系统一台。
2. USB 下载电缆一条。

三、实验原理

CH376 是文件管理控制芯片，用于单片机系统读写 U 盘或者 SD 卡中的文件。

CH376 支持 USB 设备方式和 USB 主机方式，并且内置了 USB 通信协议的基本固件，内置了处理 Mass-Storage 海量存储设备的专用通信协议的固件，内置了 SD 卡的通信接口固件，内置了 FAT16 和 FAT32 以及 FAT12 文件系统的管理固件，支持常用的 USB 存储设备（包括 U 盘/USB 硬盘/USB 闪存盘/USB 读卡器）和 SD 卡（包括标准容量 SD 卡和高容量 HC-SD 卡以及协议兼容的 MMC 卡和 TF 卡）。CH376 支持三种通信接口：8 位并口、SPI 接口或者异步串口。单片机/DSP/MCU/MPU 等控制器可以通过上述任何一种通信接口控制 CH376 芯片，存取 U 盘或者 SD 卡中的文件或者与计算机通信。CH376 的 USB 设备方式与 CH372 芯片完全兼容，其 USB 主机方式与 CH375 芯片基本兼容。CH376 的应用框图如图 19-1 所示。

2. 特点

① 支持 1.5 Mbit/s 低速和 12 Mbit/s 全速 USB 通信，兼容 USBV2.0，外围元器件只需要晶体和电容。

② 支持 USB-HOST 主机接口和 USB-DEVICE 设备接口，支持动态切换主机方式与设备方式。

③ 支持 USB 设备的控制传输、批量传输、中断传输。

④ 自动检测 USB 设备的连接和断开，提供设备连接和断开的事件通知。

⑤ 提供 6 MHz 的 SPI 主机接口，支持 SD 卡以及与其协议兼容的 MMC 卡和 TF 卡等。

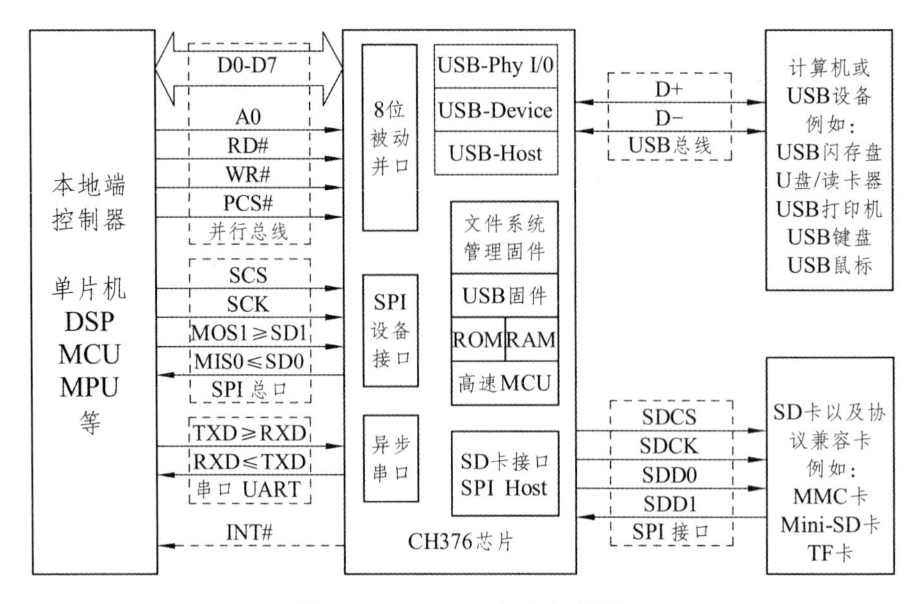

图 19-1　CH376 的应用框图

⑥ 内置 USB 控制传输的协议处理器，简化常用的控制传输。

⑦ 内置固件处理海量存储设备的专用通信协议，支持 Bulk-Only 传输协议和 SCSI、UFI、RBC 或等效命令集的 USB 存储设备（包括 U 盘/USB 硬盘/USB 闪存盘/USB 读卡器）。

⑧ 内置 FAT16 和 FAT32 以及 FAT12 文件系统的管理固件，支持容量高达 32 GB 的 U 盘和 SD 卡。

⑨ 提供文件管理功能：打开、新建或删除文件，枚举和搜索文件，创建子目录，支持长文件名。

⑩ 提供文件读写功能：以字节为最小单位或者以扇区为单位对多级子目录下的文件进行读写。

⑪ 提供磁盘管理功能：初始化磁盘、查询物理容量、查询剩余空间、物理扇区读写。

⑫ 提供 2 MB 速度的 8 位被动并行接口，支持连接到单片机的并行数据总线。

⑬ 提供 2 MB/24 MHz 速度的 SPI 设备接口，支持连接到单片机的 SPI 串行总线。

⑭ 提供最高 3 Mbit/s 速度的异步串口，支持连接到单片机的串行口，支持通讯波特率动态调整。

⑮ 支持 5 V 电源电压和 3.3 V 电源电压以及 3 V 电源电压，支持低功耗模式。

⑯ USB 设备方式完全兼容 CH372 芯片，USB 主机方式基本兼容 CH375 芯片。

⑰ 提供 SOP-28 和 SSOP20 无铅封装，兼容 RoHS，提供 SOP28 到 DIP28 的转换板，SOP28 封装的引脚基本兼容 CH375 芯片。

CH376 并口操作时序如图 19-2 所示。

CH376 电路原理如图 19-3 所示。

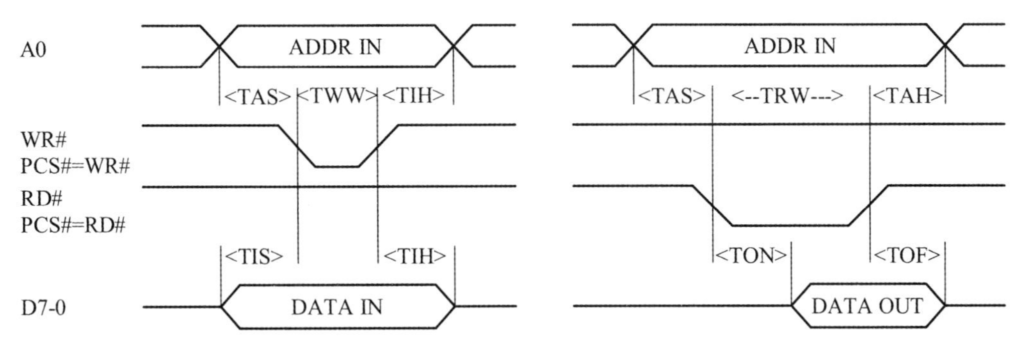

（RD 是指 RD#信号有效并且 PCS#信号有效，RD#=PCS#=0 执行读操作）

（WR 是指 WR#信号有效并且 PCS#信号有效，WR#=PCS#=0 执行写操作）

名称	参数说明	最小值	典型值	最大值	单位
TWW	有效的写选通脉冲 WR 的宽度	30（45）			nS
TRW	有效的读选通脉冲 RD 的宽度	40（60）			nS
TAS	RD 或 WR 前的地址输入建立时间	4（6）			nS
TAH	RD 或 WR 后的地址输入保持时间	4（6）			nS
TIS	写选通 WR 前的数据输入建立时间	0			nS
TIH	写选通 WR 后的数据输入保持时间	4（6）			nS
TON	读选通 RD 有效到数据输出有效	2	12	18（30）	nS
TOF	读选通 RD 无效到数据输出无效	3	16	24（40）	nS

图 19-2　CH376 并口时序图

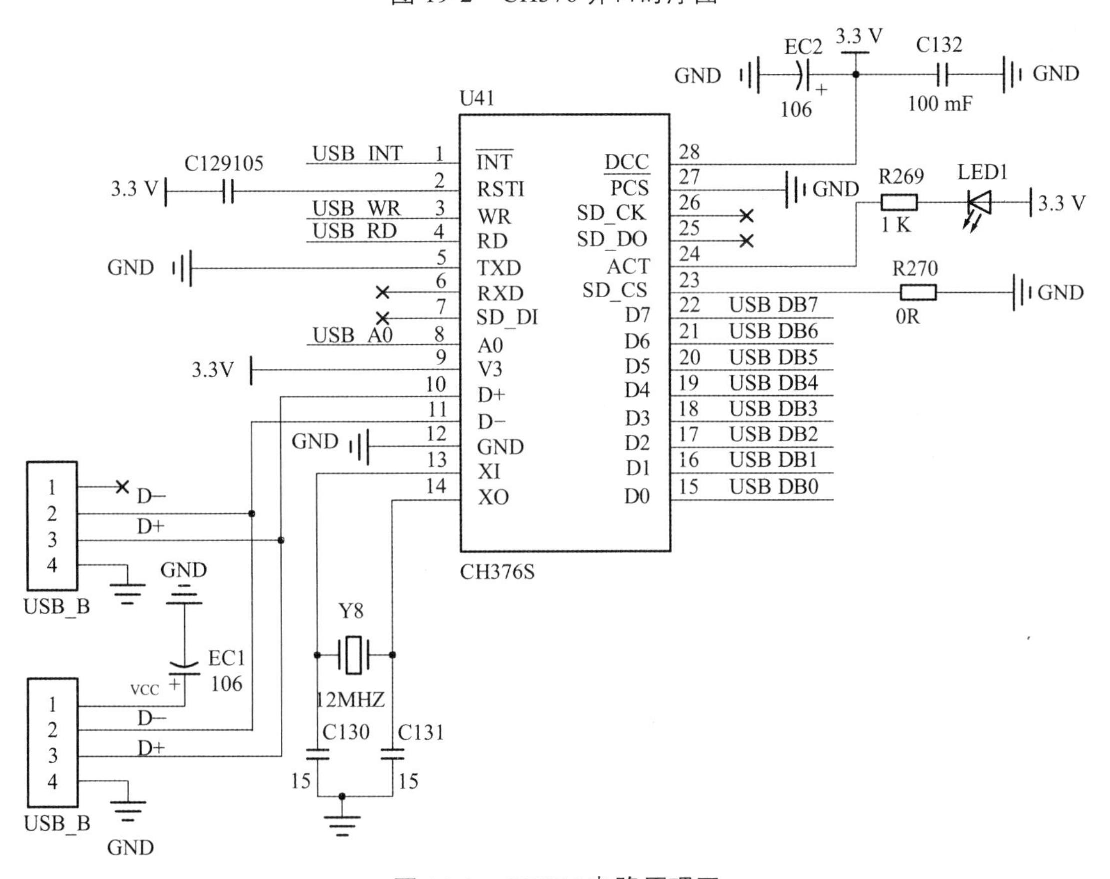

图 19-3　CH376 电路原理图

四、实验内容

本实验分为以下两个部分：

子实验一：USB-device 设备模式，此时 USB 作为从机，与上位机通信。

子实验二：USB-host 主机模式，此时 USB 作为主机，可以读取 U 盘信息。

五、实验步骤

1. 子实验一 USB-device 实验步骤

完成本实验的实验步骤为：

（1）新建文件夹命名为 exp19_usb_ch376，将实验一工程目录下的文件拷贝到该文件夹下。

（2）打开工程文件，在原理图中双击 kernel 系统，进入 SOPC Builder，编辑内核文件。

（3）为 USB 接口添加 PIO 模块。添加 PIO 模块的方法大家已经很熟悉了，本实验需要添加的 PIO 端口有 USB_DB、USB_A0、USB_WR、USB_RD、USB_nINT。其中 USB_DB 设置为 8 位双向接口，USB_A0、USB_WR、USB_RD 设置为 1 位输出接口，其余设置默认。USB_nINT 设置为外部中断，电平中断，如图 19-4（a）所示。添加 IO 之后如图 19-4（b）所示。

（4）编译修改之后的内核文件，成功之后退出。

（5）升级原理图，SOPC 电平中断只支持高电平中断，因此输入之前需要加一个非门。修改管脚名称，保存原理图修改并编译工程。

（6）按照附录Ⅱ，给管脚分配 FPGA 引脚，保存工程修改，再次编译。

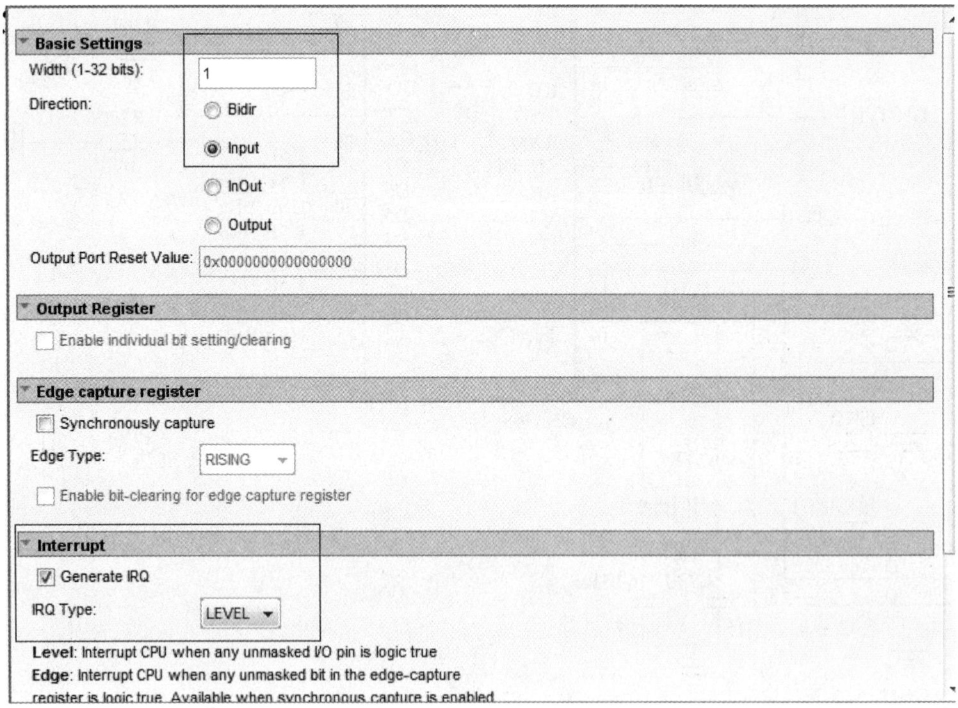

（a）设置电平中断

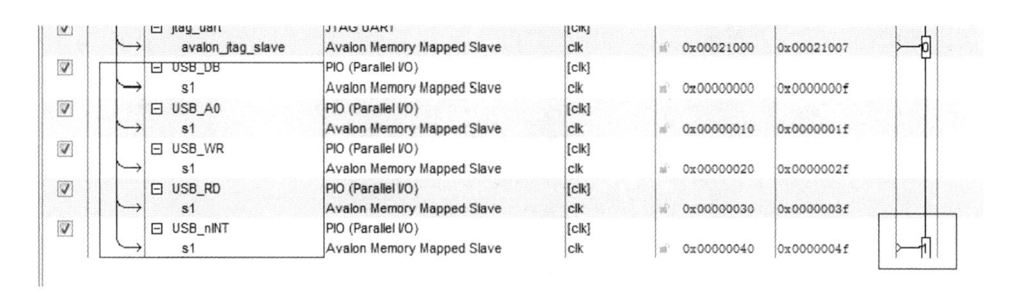

（b）添加 PIO

图 19-4　为 USB 添加 PIO 模块

（7）编译完成之后，如图 19-5 所示。至此，quatrusⅡ工作就告一段落，可以启动 Nios Ⅱ软件了。

（8）打开 NiosⅡ12.0 软件，注意切换到当前工作目录下。

（9）清理工程。

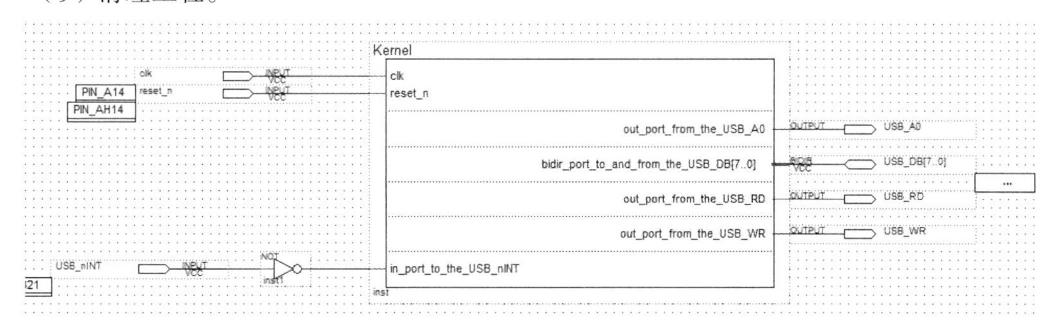

图 19-5　编译的原理图

（10）更新 BSP，注意 sopc 内核文件路径。

（11）修改 main.c 文件代码，实现对 CH376 的操作。

（12）仔细阅读代码，全部理解透彻后，编译工程。

（13）工程编译无误后，通过 USB 下载电缆把 PC 与实验箱相连接，使用 USB 扁对方线连接电脑 USB 接口和实验箱 USB_B 接口，然后开启实验箱电源。

（14）在 QuartusⅡ中通过 USB 下载电缆将 test.sof 文件通过 JTAG 接口下载到 FPGA 中。

（15）在 NiosⅡIDE 中进行硬件配置。

（16）运行程序。

（17）查看运行结果。初次运行程序，可能会提示没有安装 USB 驱动，驱动位于光盘..\usb_tool\CH376 驱动中，直接双击安装即可。成功连接识别到 USB 模块，电脑设备管理会出现一个外部设备标识，如图 19-6 所示。

图 19-6　显示外部设备

打开上位机软件（位于..\usb_tool\上位机软件\test_ch372），双击打开，点击右上角的打开按钮，连接上 USB 从机设备，在输入框输入字符，点击右侧 Send 按钮，可以将字符发送到

NiosⅡ的软件界面，同时点击 Receive 按钮，可以接收 NiosⅡ发送过来的数据。如图 19-7 所示。

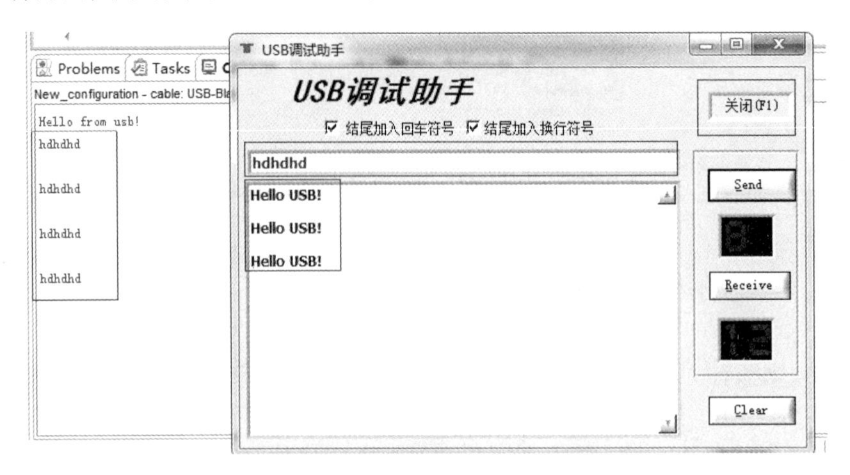

图 19-7　USB-device 实验结果

2. 子实验二 USB-host 实验步骤

接下来完成 USB-host 主机模式实验，实验步骤为：

（1）USB-host 实验的硬件与 device 的硬件一致（注意：需要修改 onchip_memory 的大小到 80 KB），因此我们直接在原来工程目录下新建一个软件工程，命名为 usb_host，如图 19-8 所示。

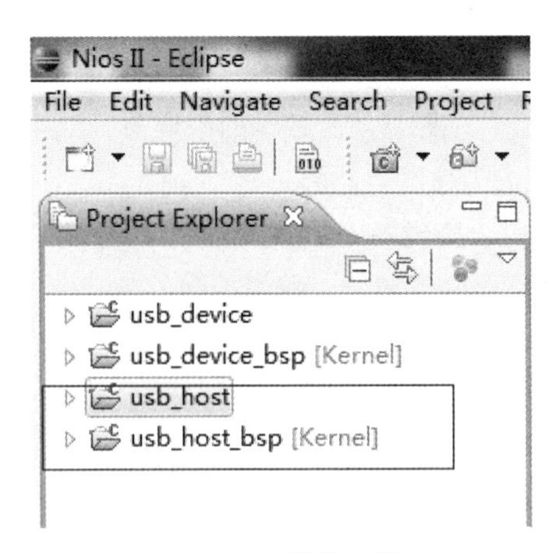

图 19-8　新建工程

（2）编写驱动代码，详细代码查看工程文件。

（3）编译工程。

（4）编译工程无误之后，将 U 盘插入 USB_A 接口上，连接实验箱电源线，打开电源开关。

（5）在 QuartusⅡ中通过 USB 下载电缆将 test.sof 文件通过 JTAG 接口下载到 FPGA 中。

（6）在 NiosⅡIDE 中进行硬件配置。

（7）运行程序。

（8）查看实验结果。程序运行之后检测 U 盘，连接正常 LED1 会亮起，同时 NiosⅡ软件打印输出 U 盘信息，如图 19-9 所示。

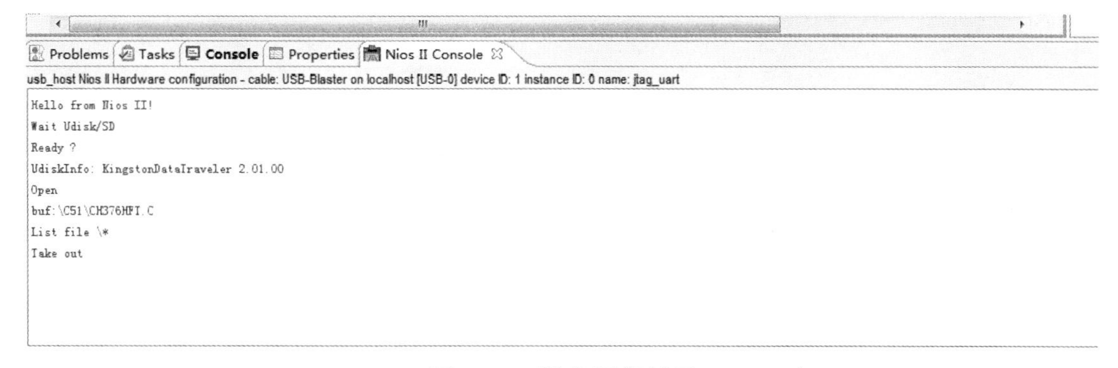

图 19-9 程序运行结果

（10）确认实验结果无误后，退出 NiosⅡIDE 软件，关闭 QuartusⅡ软件，关闭实验箱电源，拔出 USB 下载电缆。

实验二十　Ethernet 实验

一、实验目的

（1）掌握 SOPC 的基本流程。
（2）了解以太网口通信的基本工作原理。
（3）掌握以太网口的基本用法。
（4）进一步掌握 SPI 核的使用方法。

二、硬件需求

（1）EDA/SOPC 实验开发系统一台。
（2）USB 下载电缆一条。

三、实验原理

相信大家对 PC 上的 TCP/IP 协议都有一定的认识，而且在很多嵌入式系统中，都需要实现 TCP/IP 协议的转换。例如，现在很多智能家电，它们都具备通过网络实现远程监控的功能，由于指令以及资源上的原因，在嵌入式的系统中并不能像 PC 上那样实现整套 TCP/IP 协议。其实也没有必要将其实现，很多嵌入式的系统往往都是只提供某一方面的功能而已。

ENC28J60 是带有行业标准串行外设接口（Serial Peripheral Interface，SPI）的独立以太网控制器。它可作为任何配备有 SPI 的控制器的以太网接口。ENC28J60 符合 IEEE802.3 的全部规范，采用了一系列包过滤机制以对传入数据包进行限制。它还提供了一个内部 DMA 模块，以实现快速数据吞吐和硬件支持的 IP 校验和计算。其与主控制器的通信通过两个中断引脚和 SPI 实现，数据传输速率高达 10 Mb/s。两个专用的引脚用于连接 LED，进行网络活动状态指示。

ENC28J60 的主要特点如下：
（1）兼容 IEEE802.3 协议的以太网控制器。
（2）集成 MAC 和 10 BASE-T 物理层。
（3）支持全双工和半双工模式。
（4）数据冲突时可编程自动重发。
（5）SPI 接口速度可达 10 Mb/s。
（6）8K 数据接收和发送双端口 RAM。
（7）提供快速数据移动的内部 DMA 控制器。
（8）可配置的接收和发送缓冲区大小。
（9）两个可编程 LED 输出。
（10）带 7 个中断源的两个中断引脚。
（11）TTL 电平输入。

（12）提供多种封装：SOIC/SSOP/SPDIP/QFN 等。

图 20-1 为 ENC28J60 的典型应用电路。

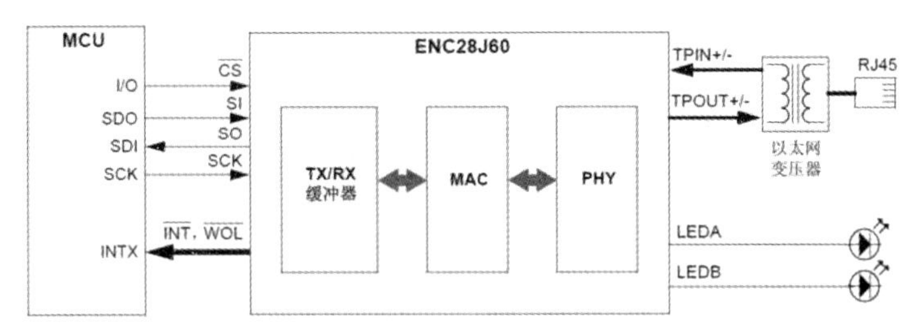

图 20-1　ENC28J60 的典型应用电路

ENC28J60 由七个主要功能模块组成：

（1）SPI 接口，充当主控制器和 ENC28J60 之间通信通道。

（2）控制寄存器，用于控制和监视 ENC28J60。

（3）双端口 RAM 缓冲器，用于接收和发送数据包。

（4）判优器，当 DMA、发送和接收模块发出请求时对 RAM 缓冲器的访问进行控制。

（5）总线接口，对通过 SPI 接收的数据和命令进行解析。

（6）MAC（Medium Access Control）模块，实现符合 IEEE802.3 标准的 MAC 逻辑。

（7）PHY（物理层）模块，对双绞线上的模拟数据进行编码和译码。

ENC28J60 还包括其他支持模块，如振荡器、片内稳压器、电平变换器（提供可以接受 5 V 电压的 I/O 引脚）和系统控制逻辑等。

ENC28J60 的功能框图如图 20-2 所示。

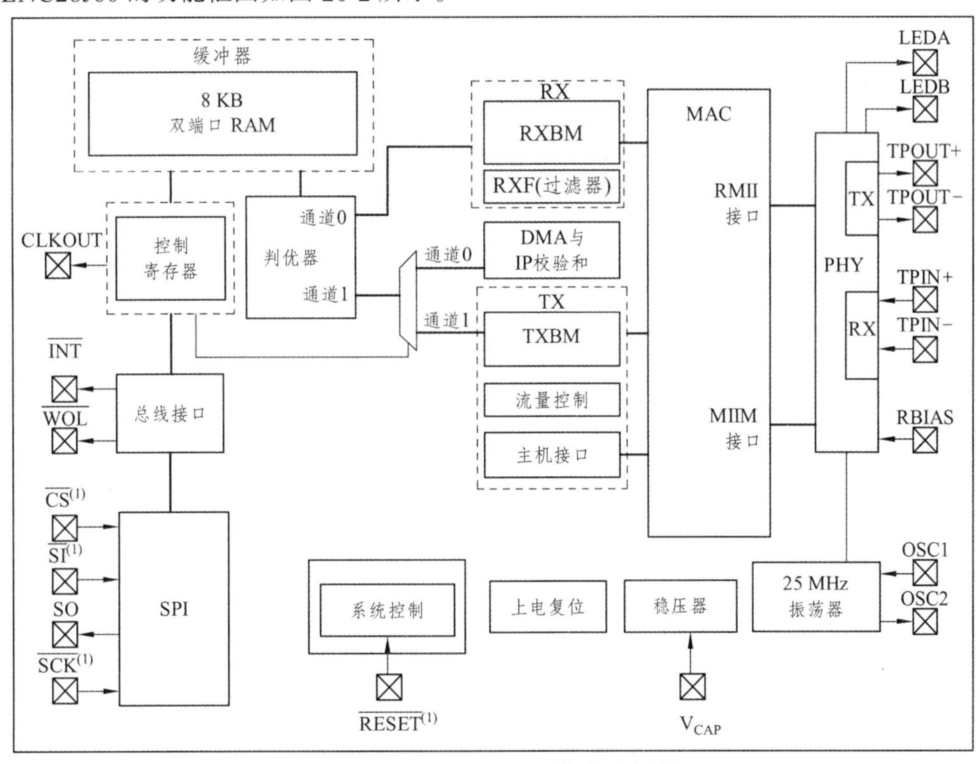

图 20-2　ENC28J60 的功能框图

ENC28J60 的电路原理图如图 20-3 所示。

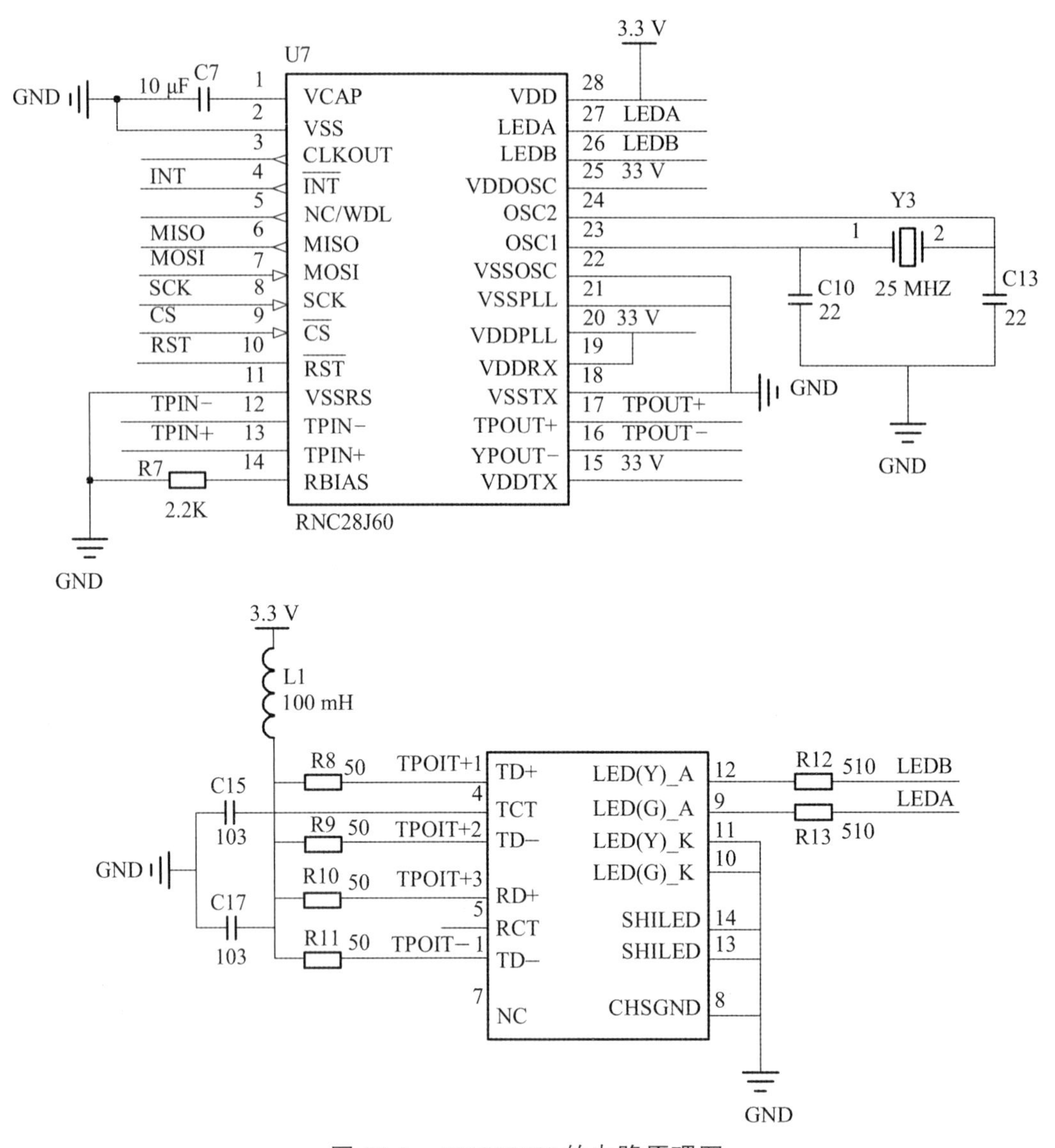

图 20-3　ENC28J60 的电路原理图

四、实验内容

在本次实验中我们利用 ENC28J60 建立一个 web 服务器，电脑主机访问这个 web 服务器，控制一颗 LED 的状态。我们需要以下资源：

（1）一个 3 线 SPI 核用于与 ENC28J60 通信，命名为 LAN_SPI。

（2）一个 1 位输出型 PIO 核用于 ENC28J60 片选，命名 LAN_CS。

（3）一个 1 为输出型 PIO 核用于 ENC28J60 复位，命名 LAN_RST。

（4）一个 1 位输入型 PIO 核用于 ENC28J60 中断输入，命名 LAN_nINT。

（5）一个 1 位输出型 PIO 核用于控制一颗 LED，命名为 LED。

五、实验步骤

完成本实验的实验步骤为：

（1）新建文件夹命名为 exp20_ethernet，将实验一工程目录下的文件拷贝到该文件夹下。

（2）打开工程文件，在原理图中双击 kernel 系统，进入 SOPC Builder，编辑内核文件。

（3）添加 PIO 核和 SPI 核，注意 LAN_nINT 的中断线连接，如图 20-4 所示。

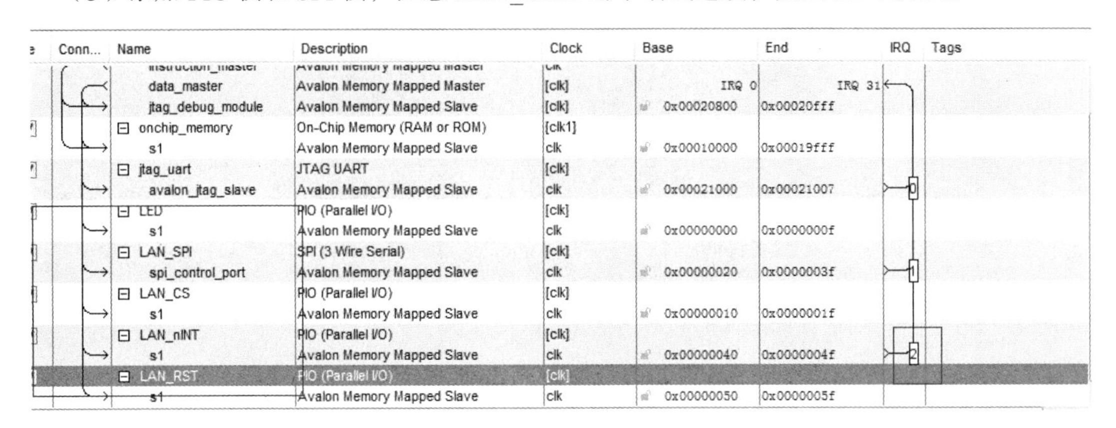

图 20-4

（4）编译修改之后的内核文件，成功之后退出。

（5）升级原理图，并修改管脚名称，保存原理图修改并编译工程。

（6）按照附录Ⅱ，给管脚分配 FPGA 引脚，保存工程修改，再次编译。

（7）编译完成之后，如图 20-5 所示。至此，quatrusⅡ工作就告一段落，可以启动 Nios Ⅱ软件了。

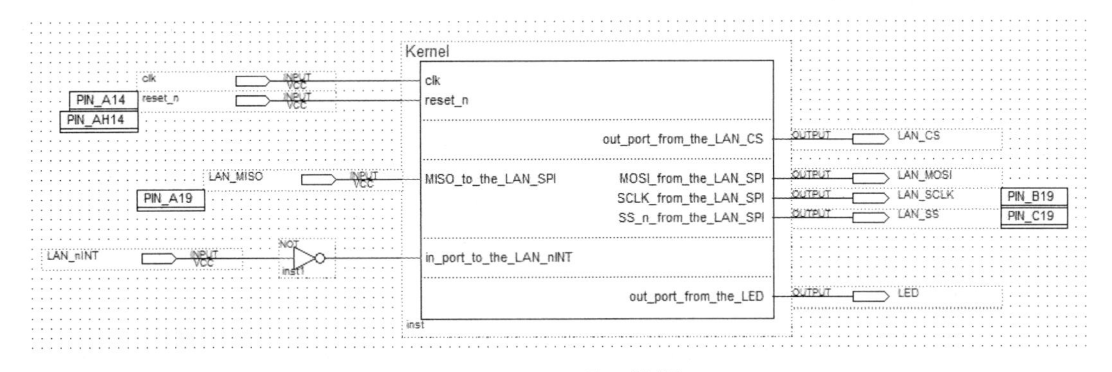

图 20-5　原理图编译

（8）打开 NiosⅡ12.0 软件，注意切换到当前工作目录下。

（9）清理工程。

（10）更新 BSP，注意 sopc 内核文件路径。

（11）修改 main.c 文件代码，实现实验功能，详细代码参考工程。

（12）仔细阅读代码，掌握 SPI 的编程规范，掌握 web_server 的移植过程，全部理解透彻后，编译工程。

（13）工程编译无误后，通过 USB 下载电缆把 PC 与实验箱相连接，使用网线连接电脑和实验箱 RJ1 接口，修改电脑主机本地连接网络的 IP 选项设置，如图 20-6 所示。然后开启实验箱电源。

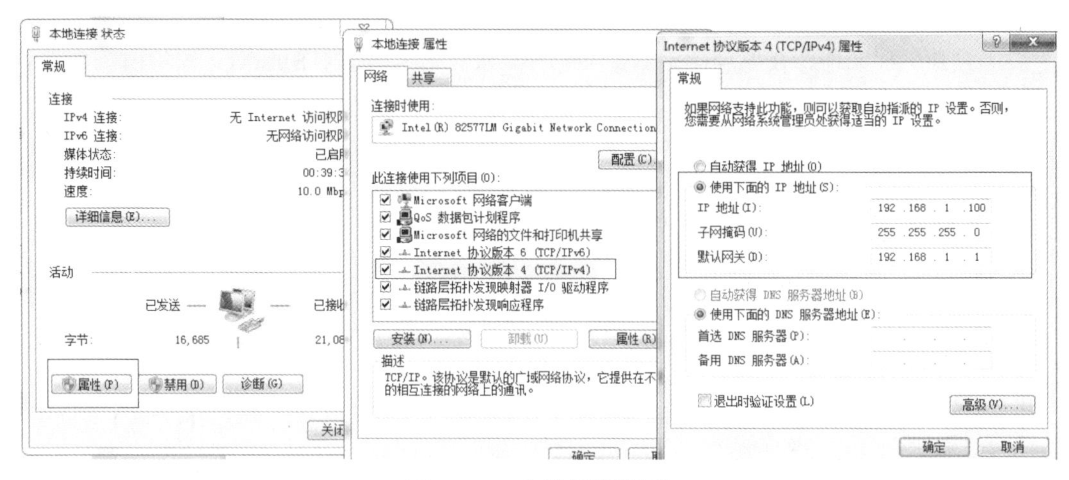

图 20-6　本地网络设置

（14）在 QuartusⅡ中通过 USB 下载电缆将 test.sof 文件通过 JTAG 接口下载到 FPGA 中。

（15）在 NiosⅡIDE 中进行硬件配置。

（16）运行程序。

（17）查看运行结果。程序运行正常网口座子 RJ1 的黄灯会闪烁，运行“cmd”命名，在弹出界面输入：ping 192.168.1.15，如图 20-7 所示。

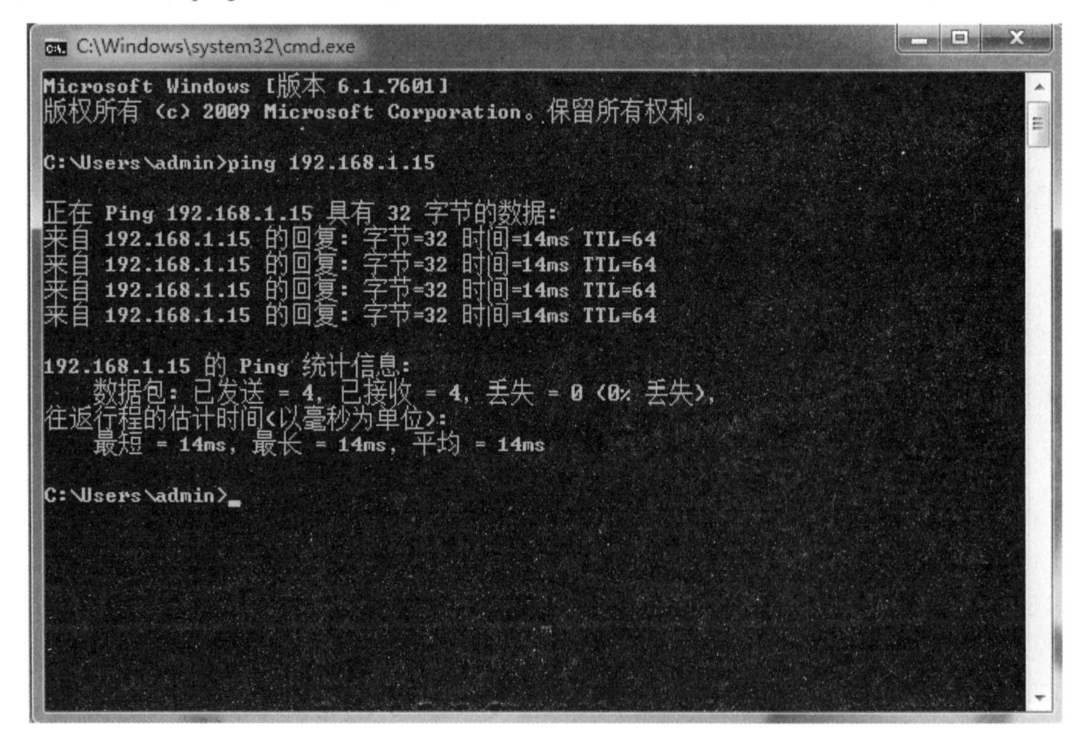

图 20-7　运行 cmd

正常 ping 通网络之后，在浏览器中地址栏输入：192.168.1.15/123456，访问 web_server 服务器，可以看到有控制 LED 的按钮和显示 LED 灯状态。点击打开 LED 灯，可以看到实验箱中 D1 亮起，按钮显示为关闭 LED，网页中 LED 状态也被刷新为“亮”。同样的，再次点击按钮，则 LED 灯灭，状态也显示为灭，如图 20-8 所示。同时信息也会通过 jtag_uart 回传显示在窗口打印区，如图 20-9 所示。

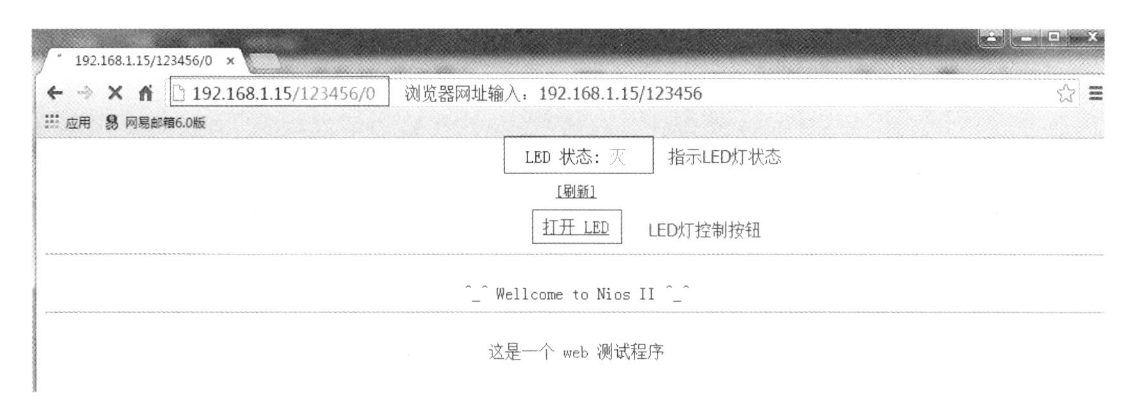

图 20-8　控制页面

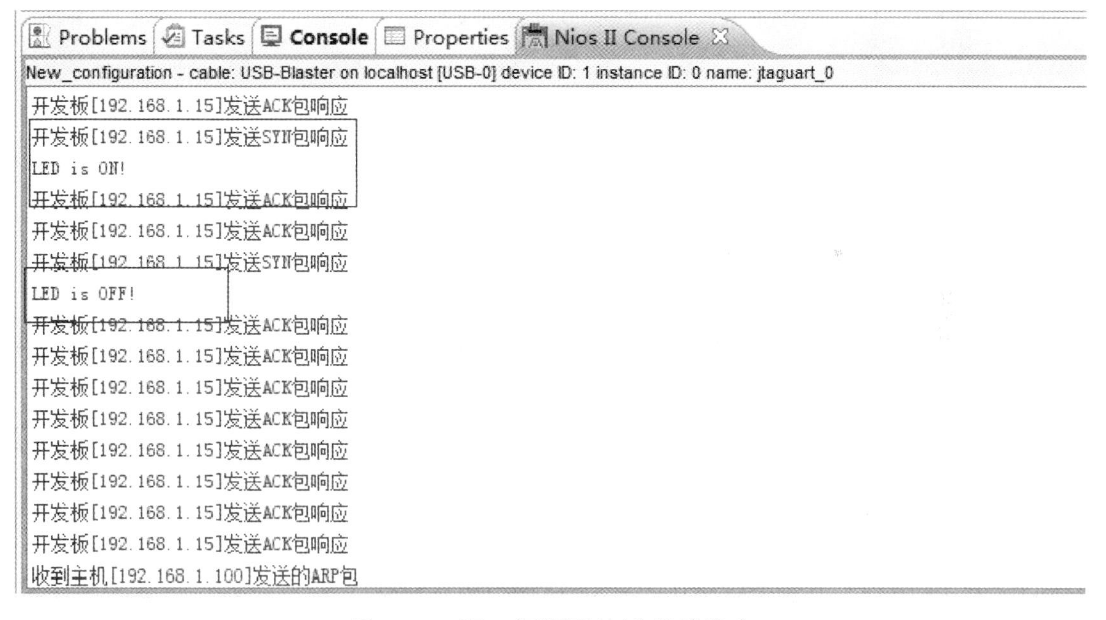

图 20-9　窗口打印区输出相关信息

（18）确认实验结果无误后，退出 NiosⅡIDE 软件，关闭 QuartusⅡ软件，关闭实验箱电源，拔出 USB 下载电缆。

实验二十一　SD 卡实验

一、实验目的

（1）掌握 SOPC 的基本流程。
（2）熟悉 SD 卡基本协议。
（3）掌握 SD 卡的初始化。
（4）掌握如何读取 SD 卡数据。

二、硬件需求

（1）EDA/SOPC 实验开发系统一台。
（2）USB 下载电缆一条。

三、实验原理

SD 卡是 Secure Digital Card 卡的简称，直译成汉语就是“安全数字卡”。SD 卡是由日本松下公司、东芝公司和美国 SANDISK 公司共同开发研制的全新的存储卡产品。SD 存储卡是一个完全开放的标准（系统），多用于 MP3、数码摄像机、数码相机、电子图书、AV 器材等，尤其是被广泛应用在超薄数码相机上。SD 卡在外形上同 Multi Media Card 卡保持一致，大小尺寸比 MMC 卡略厚，容量也大很多，并且兼容 MMC 卡接口规范。不由让人们怀疑 SD 卡是 MMC 升级版。另外，SD 卡为 9 引脚，目的是通过把传输方式由串行变成并行，以提高传输速度。它的读写速度比 MMC 卡要快一些，同时安全性也更高。SD 卡最大的特点就是通过加密功能，可以保证数据资料的安全。它还具备版权保护技术，所采用的版权保护技术是 DVD 中使用的 CPRM 技术（可刻录介质内容保护）。

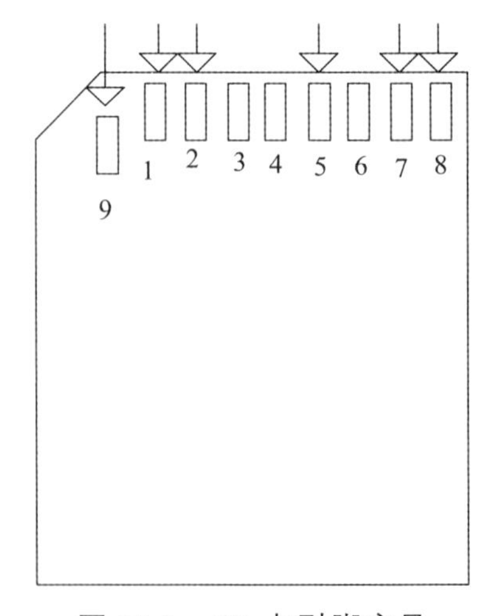

图 21-1　SD 卡引脚序号

SD 卡现在在各种数码设备上得到了广泛的应用。通常读写 SD 卡有两种方式来实现：一是直接用系统所选 CPU 的 SDC 接口控制 SD 卡或用其 IO 口来模拟 SD 卡的底层时序，另一种方式就是直接采用现有的 SD 卡控制器芯片来访问 SD 卡。本实验箱通过 IO 口来模拟 SD 卡的底层时序来控制。

SD 卡的引脚排序如下图 21-1 所示。

SD 卡引脚功能描述如表 21-1 所示。

表 21-1　SD 卡引脚功能描述表

针脚	1	2	3	4	5	6	7	8	9
SD 卡模式	CD/DAT3	CMD	VSS	VCC	CLK	VSS	DAT0	DAT1	DAT2
SPT 模式	CS	MOST	VSS	VCC	CLK	VSS	MISO	NC	NC

SD 卡只能使用 3.3 V 的 IO 电平，因此，MCU 一定要能够支持 3.3 V 的 IO 端口输出。注意：在 SPI 模式下，CS/MOSI/MISO/CLK 都需要加 10 ~ 100 k 左右的上拉电阻。

SD 卡有 5 个寄存器，如表 21-2 所示。

表 21-2　SD 卡相关寄存器

名称	宽度	描述
CID	128	卡标识寄存器
RCA	16	相对卡地址（Relative card Address）寄存器：本地系统中卡的地址，动态变化，在主机初始化的时候确定 *SPI 模式中没有
CSD	128	卡描述数据：卡操作条件相关的信息数据
SCR	64	SD 配置寄存器：SD 卡特定信息数据
OCR	32	操作条件寄存器

SD 卡的命令格式如表 21-3 所示。

表 21-3　SD 卡命令格式

字节 1			字节 2-5	字节 6	
7	6	5　　0	31　　0	7　　1	0
0	1	Command	命令参数	CRC	1

SD 卡的指令由 6 个字节组成，字节 1 的最高 2 位固定为 01，低 6 位为命令号(比如 CMD16，为 10000 即 16 进制的 0X10，完整的 CMD16，第一个字节为 01010000，即 0X10+0X40)。字节 2 ~ 5 为命令参数，有些命令是没有参数的。字节 6 的高七位为 CRC 值，最低位恒定为 1。

SD 卡的命令总共有 12 类，分为 Class0 ~ Class11，在这里仅介绍几个比较重要的命令，如表 21-4 所示。

表 21-4　SD 卡部分命令表

命令	参数	回应	描述
CMD0（0X00）	NONE	R1	复位 SD 卡
CMD8（0X08）	VHS+Check Pattern	R7	发送接口状态命令
CMD9（0X09）	NONE	R1	读取卡特定数据寄存器
CMD10（0X0A）	NONE	R1	读取卡标志数据寄存器
CMD16（0X10）	块大小	R1	设置块大小（字节数）
CMD17（0X11）	地址	R1	读取一个块的数据

续表

命令	参数	回应	描述
CMD24（0X18）	地址	R1	写入一个块的数据
CMD41（0X29）	NONE	R3	发送给主机容量支持信息和激活卡初始化过程
CMD55（0X37）	NONE	R1	告诉 SD 卡，下一个是特定应用命令
CMD58（0X3A）	NONE	R3	读取 OCR 寄存器

上表中，大部分的命令是初始化的时候用的。表中的 R1、R3 和 R7 等是 SD 卡的回应。SD 卡和 MCU 的通信采用发送应答机制，如图 21-2 所示。

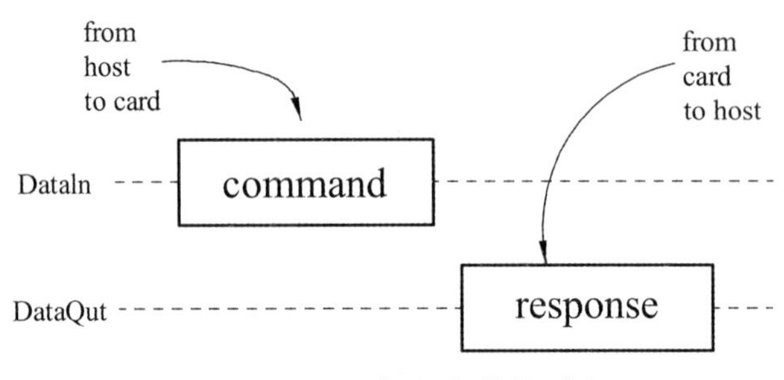

图 21-2　SD 卡命令传输过程

每发送一个命令，SD 卡都会给出一个应答，以告知主机该命令的执行情况，或者返回主机需要获取的数据。SPI 模式下，SD 卡针对不同的命令，应答可以是 R1 ~ R7。R1 的应答，各位描述如表 21-5 所示。

表 21-5　R1 各位响应格式

R1 响应格式								
位	7	6	5	4	3	2	1	0
含义	开始位始终为 0	参数错误	地址错误	擦除序列错误	CRC 错误	非法命令	擦除复位	闲置状态

R2 ~ R7 的响应，请大家参考 SD 卡 2.0 协议。接下来介绍 SD 卡初始化过程。因为使用的是 SPI 模式，所以预先让 SD 卡进入 SPI 模式，方法如下：

在 SD 卡收到复位命令（CMD0）时，CS 为有效电平（低电平）则 SPI 模式被启用。不过在发送 CMD0 之前，要发送大于 74 个时钟，这是因为 SD 卡内部有个供电电压上升时间，大概为 64 个 CLK，剩下的 10 个 CLK 用于 SD 卡同步，之后才能开始 CMD0 的操作。在卡初始化的时候，CLK 时钟最大不能超过 400 kHz。

SD 卡的典型初始化过程如下：

（1）初始化与 SD 卡连接的硬件条件（MCU 的 SPI 配置，IO 口配置）。

（2）上电延时（>74 个 CLK）。

（3）复位卡（CMD0），进入 IDLE 状态。

（4）发送 CMD8，检查是否支持 2.0 协议。

（5）根据不同协议检查 SD 卡（命令包括 CMD55、CMD41、CMD58 和 CMD1 等）。

（6）取消片选，发送 8 个 CLK，结束初始化，这样我们就完成了对 SD 卡的初始化。注意末尾发送的 8 个 CLK 是提供 SD 卡额外的时钟，完成某些操作。通过 SD 卡初始化，我们可以知道 SD 卡的类型（V1、V2、V2HC 或者 MMC），在完成了初始化之后，就可以开始读写数据了。

SD 卡读取数据，这里通过 CMD17 来实现，具体过程如下：

（1）发送 CMD17。

（2）接收卡响应 R1。

（3）接收数据起始令牌 0XFE。

（4）接收数据。

（5）接收 2 个字节的 CRC。如果不使用 CRC，这两个字节在读取后可以丢掉。

（6）禁止片选之后，发多 8 个 CLK。

以上就是一个典型的读取 SD 卡数据过程，SD 卡的写与读数据差不多，写数据通过 CMD24 来实现，具体过程如下：

（1）发送 CMD24。

（2）接收卡响应 R1。

（3）发送写数据起始令牌 0XFE。

（4）发送数据。

（5）发送 2 字节的伪 CRC。

（6）禁止片选之后，发多 8 个 CLK。

以上就是一个典型的写 SD 卡的过程。更多关于 SD 卡的介绍请参考 SD 卡的参考资料（SD 卡 2.0 协议）。

SD 卡电路原理图 21-3 所示。

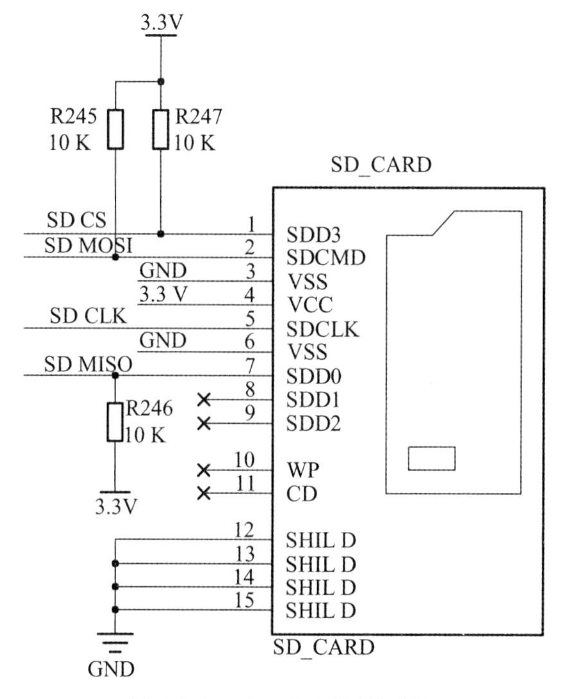

图 21-3　SD 卡电路原理图

四、实验内容

实验分为两个部分：第一个部分为完成简单的 SD 卡读取实验，读取 SD 卡信息，并打印第一扇区的内容；第二部分移植一个文件系统到 SD 卡中，读取 SD 卡中的文件。

五、实验步骤

完成本实验的实验步骤为：

（1）新建文件夹命名为 exp21_sd_card，将实验一工程目录下的文件拷贝到该文件夹下。

（2）打开工程文件，在原理图中双击 kernel 系统，进入 SOPC Builder，编辑内核文件。

（3）往其中添加三个 1 位输出 PIO 核和一个 1 位输入 PIO 核，用于与 SD 卡通信，分别命名为：SD_CS、SD_MOSI、SD_SCK、SD_MISO。如图 21-4 所示。

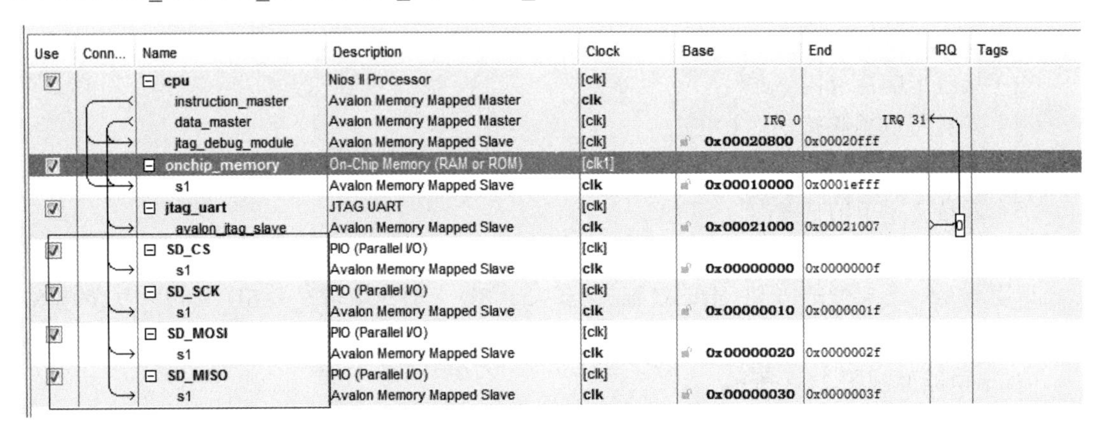

Use	Conn...	Name	Description	Clock	Base	End	IRQ	Tags
☑		⊟ cpu	Nios II Processor	[clk]				
		instruction_master	Avalon Memory Mapped Master	clk				
		data_master	Avalon Memory Mapped Master	[clk]	IRQ 0		IRQ 31	
		jtag_debug_module	Avalon Memory Mapped Slave	[clk]	0x00020800	0x00020fff		
☑		⊟ onchip_memory	On-Chip Memory (RAM or ROM)	[clk1]				
		s1	Avalon Memory Mapped Slave	clk	0x00010000	0x0001efff		
☑		⊟ jtag_uart	JTAG UART	[clk]				
		avalon_jtag_slave	Avalon Memory Mapped Slave	clk	0x00021000	0x00021007	0	
☑		⊟ SD_CS	PIO (Parallel I/O)	[clk]				
		s1	Avalon Memory Mapped Slave	clk	0x00000000	0x0000000f		
☑		⊟ SD_SCK	PIO (Parallel I/O)	[clk]				
		s1	Avalon Memory Mapped Slave	clk	0x00000010	0x0000001f		
☑		⊟ SD_MOSI	PIO (Parallel I/O)	[clk]				
		s1	Avalon Memory Mapped Slave	clk	0x00000020	0x0000002f		
☑		⊟ SD_MISO	PIO (Parallel I/O)	[clk]				
		s1	Avalon Memory Mapped Slave	clk	0x00000030	0x0000003f		

图 21-4　添加 PIO

（4）编译修改之后的内核文件，成功之后退出。

（5）升级原理图，并修改管脚名称，保存原理图修改并编译工程。

（6）按照附录Ⅱ，给管脚分配 FPGA 引脚，保存工程修改，再次编译。

（7）编译完成之后，如图 21-5 所示。至此，quatrusⅡ工作就告一段落，可以启动 Nios Ⅱ软件了。

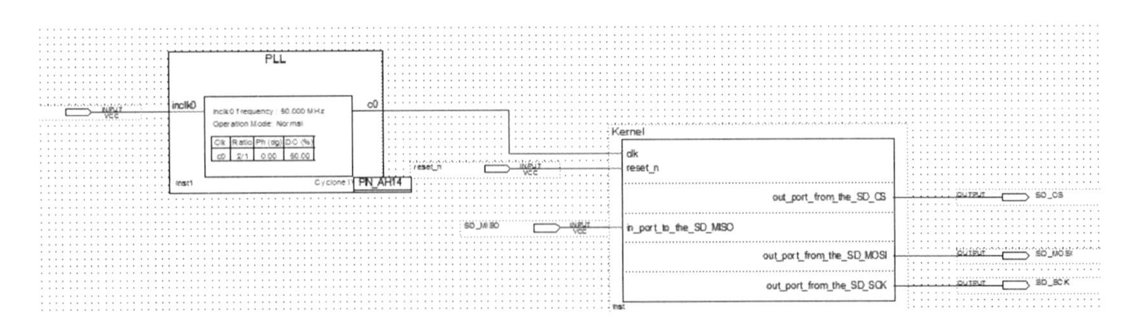

图 21-5　原理图编译

（8）打开 NiosⅡ12.0 软件，注意切换到当前工作目录下。

（9）清理工程。

（10）更新 BSP，注意 sopc 内核文件路径。

（11）修改 main.c 文件代码，寄存器操作说明可以参考实验十二中对 sopc 等文件的定义。

（12）仔细阅读代码，掌握 PIO 寄存器使用，掌握 SD 卡的读写时序操作，全部理解透彻后，编译工程。

（13）工程编译无误后，通过 USB 下载电缆把 PC 与实验箱相连接，将一张 SD 卡插入 SD 卡槽中，然后开启实验箱电源。

（14）在 QuartusⅡ中通过 USB 下载电缆将 test.sof 文件通过 JTAG 接口下载到 FPGA 中。

（15）在 NiosⅡIDE 中进行硬件配置。

（16）运行程序。

（17）查看运行结果。程序运行正常会检测当前 SD 卡容量，读取第一扇区数据并打印输出到窗口输出区，如图 21-6 所示。

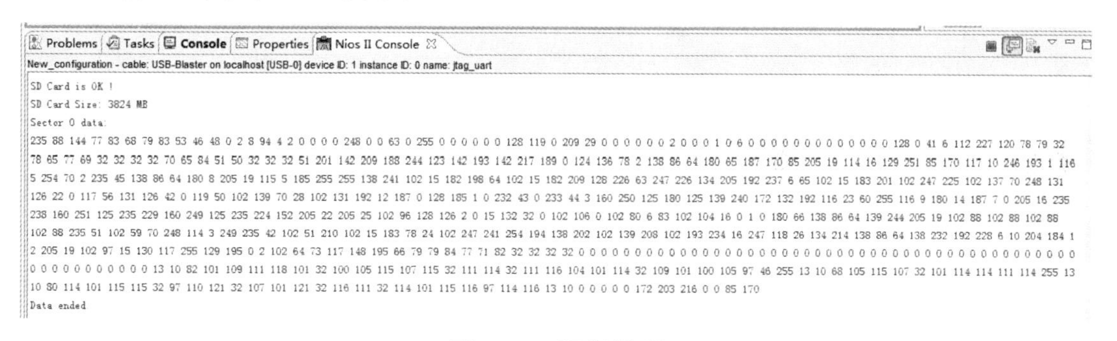

图 21-6　运行结果

（18）接下来移植文件系统来操作 SD 卡，硬件不需要改动，直接在当前工程目录下新建一个工程，命名为 sd_card_fat32，如图 21-7 所示。

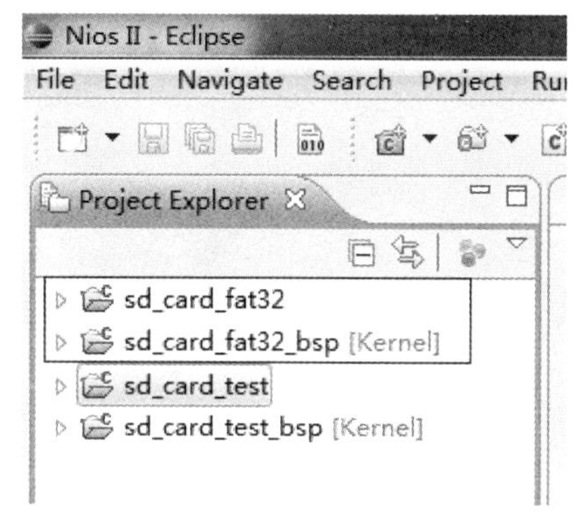

图 21-7　新建工程

（19）更新 BSP，设置一些选项，用于减少代码量。

（20）移植 FAT32 文件系统代码，相关程序这里不做详细介绍，详细代码请查看工程文件。

（20）编译工程。

（22）在 SD 卡根目录下新建一个 test.txt 文件，在其中输入一些字符，在本次实验中我们将读取 SD 卡中的 test 文件中的前 200 个 Byte 数据。

（23）在 QuartusⅡ中通过 USB 下载电缆将 test.sof 文件通过 JTAG 接口下载到 FPGA 中。

（24）在 NiosⅡIDE 中进行硬件配置。请注意切换到当前工程的*.elf 文件，如图 21-8 所示。

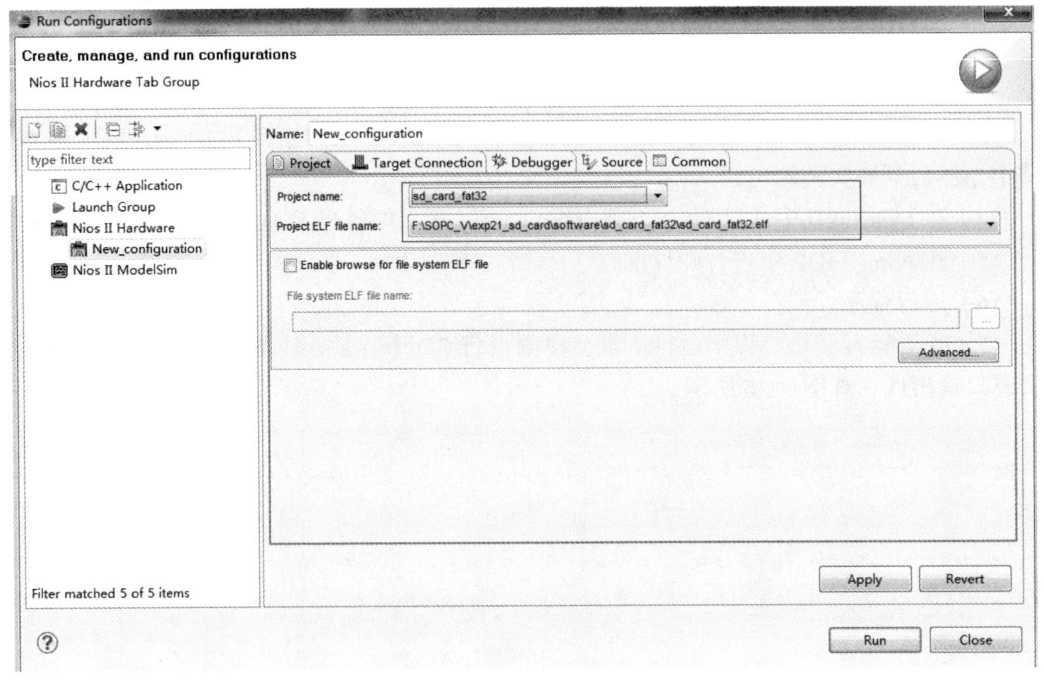

图 21-8　选择下载文件

（25）运行程序。

（26）查看运行结果。若程序正常运行，在窗口输出区可以看到 SD 卡的基本信息，同时读取 test.txt 的文件内容，如图 21-9 所示。

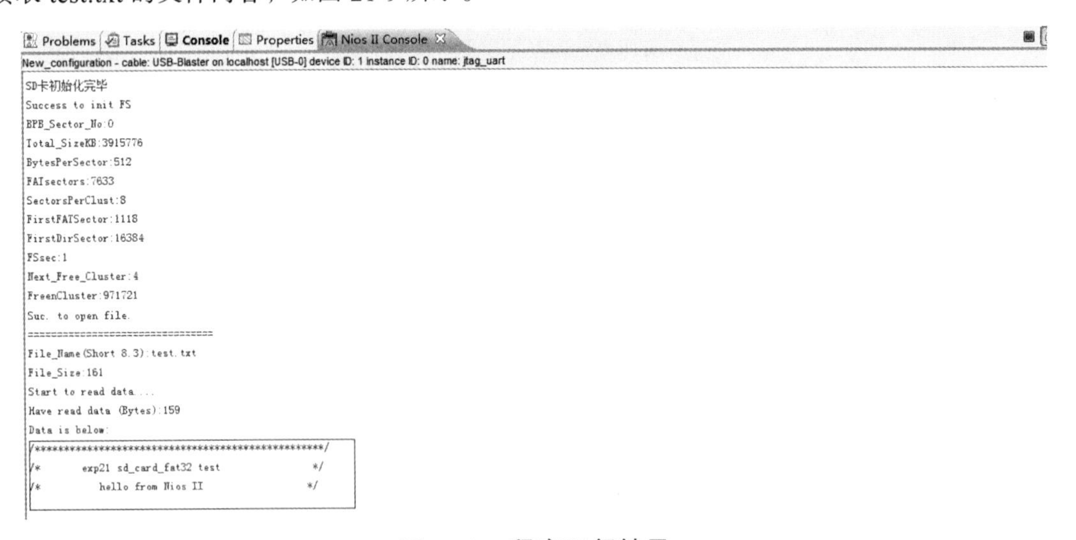

图 21-9　程序运行结果

（27）确认实验结果无误后，退出 NiosⅡIDE 软件，关闭 QuartusⅡ软件，关闭实验箱电源，拔出 USB 下载电缆。

实验二十二　音频实验

一、实验目的

（1）熟悉掌握 SOPC 的基本流程。
（2）进一步掌握模拟 SPI 时序的编程实现。
（3）熟悉掌握音频 VS1053 解码芯片的应用
（4）熟悉掌握 VS1053 的编程控制

二、硬件需求

（1）EDA/SOPC 实验开发系统一台。
（2）USB 下载电缆一条。

三、实验原理

VS1053 是继 VS1003 后荷兰 VLSI 公司出品的又一款高性能解码芯片。该芯片可以实现对 MP3/OGG/WMA/FLAC/WAV/AAC/MIDI 等音频格式的解码，同时还可以支持 ADPCM/OGG 等格式的编码，性能相对以往的 VS1003 提升不少。VS1053 拥有一个高性能的 DSP 处理器核 VS_DSP，16K 的指令 RAM，0.5K 的数据 RAM，通过 SPI 控制，具有 8 个可用的通用 IO 口和一个串口，芯片内部还带了一个可变采样率的立体声 ADC（支持咪头/咪头+线路/2 线路）、一个高性能立体声 DAC 及音频耳机放大器。

VS1053 的特性如下：

① 支持众多音频格式解码，包括 OGG/MP3/WMA/WAV/FLAC（需要加载 patch）/MIDI/AAC 等。

② 对话筒输入或线路输入的音频信号进行 OGG（需要加载 patch）/IMA ADPCM 编码。

③ 高低音控制。

④ 带有 EarSpeaker 空间效果（用耳机虚拟现场空间效果）。

⑤ 单时钟操作 12..13 MHz。

⑥ 内部 PLL 锁相环时钟倍频器。

⑦ 低功耗。

⑧ 内含高性能片上立体声 DAC，两声道间无相位差。

⑨ 过零交差侦测和平滑的音量调整。

⑩ 内含能驱动 30 Ω 负载的耳机驱动器。

⑪ 模拟，数字，I/O 单独供电。。

⑫ 为用户代码和数据准备的 16 KB 片上 RAM。

⑬ 可扩展外部 DAC 的 I2S 接口。

⑭ 用于控制和数据的串行接口（SPI）。

⑮ 可被用作微处理器的从机。

VS1053 相对于它的前辈 VS1003，增加了编解码格式的支持（比如支持 OGG/FLAC，还支持 OGG 编码，VS1003 不支持），增加了 GPIO 数量到 8 个（VS1003 只有 4 个），增加了内部指令 RAM 容量到 16 KB（VS1003 只有 5.5 KB），增加了 I2S 接口（VS1003 没有），支持 EarSpeaker 空间效果（VS1003 不支持）等。同时 VS1053 的 DAC 相对于 VS1003 有不少提高。同样的歌曲，用 VS1053 播放，听起来比 VS1003 效果好很多。VS1053 的封装引脚和 VS1003 完全兼容，所以如果用户以前用的是 VS1003，只需把 VS1003 换成 VS1053，就可以实现硬件更新，电路板完全不用修改。需要注意的是 VS1003 的 CVDD 是 2.5 V，而 VS1053 的 CVDD 是 1.8 V，所以还需要把稳压芯片也变一下，其余不变。VS1053 通过 SPI 接口来接受输入的音频数据流，它可以是一个系统的从机，也可以作为独立的主机。这里我们只把它当成从机使用。通过 SPI 口向 VS1053 不停地输入音频数据，它就会自动解码，然后从输出通道输出音乐，这时接上耳机就能听到所播放的歌曲了。

我们的实验箱自带了一颗 VS1053 芯片，同时还配备两个扬声器和耳机输入输出接口，电路原理如图 22-1 所示。

VS1053 的 SPI 支持两种模式：① VS1002 有效模式（即新模式）；② VS1001 兼容模式。这里仅介绍 VS1002 有效模式（此模式也是 VS1053 的默认模式）。表 22-1 是在新模式下 VS1053 的 SPI 信号线功能描述。

表 22-1 VS1053 新模式下 SPI 口信号线功能

SDI 管脚	SCI 管脚	描述
XDCS	XCS	低电平有效片选输入，高电平强制使串行接口进入 standby 模式，结束当前操作。高电平也强制使串行接口输出 SO 变成高阻态。如果 SM_SDISHARE 为 1，不使用 XDCS，但是此信号在 XCS 中产生
SCK		串行时钟输入。串行时钟也使用内部的寄存器接口主时钟。SCK 可以被门控或是连续的。在任一情况，在 XCS 变为低电平后，SCK 上的第一个上升沿标志着第一位数据被输入
SI		串行输入，如果选片有效，SI 就在 SCK 的上升沿处采样
—	SO	串行输出，在读操作时，数据在 SCK 的下降沿处从此脚移出，在写操作时为高阻态

VS1053 的 SPI 数据传送，分为 SDI 和 SCI，分别用来传输数据/命令。SDI 和前面介绍的 SPI 协议一样，不过 VS1053 的数据传输是通过 DREQ 控制，主机在判断 DREQ 有效（高电平）之后，直接发送即可（一次可以发送 32 个字节）。

这里重点介绍一下 SCI。SCI 串行总线命令接口包含了一个指令字节、一个地址字节和一个 16 位的数据字节。读写操作可以读写单个寄存器，在 SCK 的上升沿读出数据位，因此主机必须在下降沿刷新数据。SCI 的字节数据总是高位在前低位在后。第一个字节——指令字节，只有 2 个指令，也就是读和写，读为 0X03，写为 0X02。

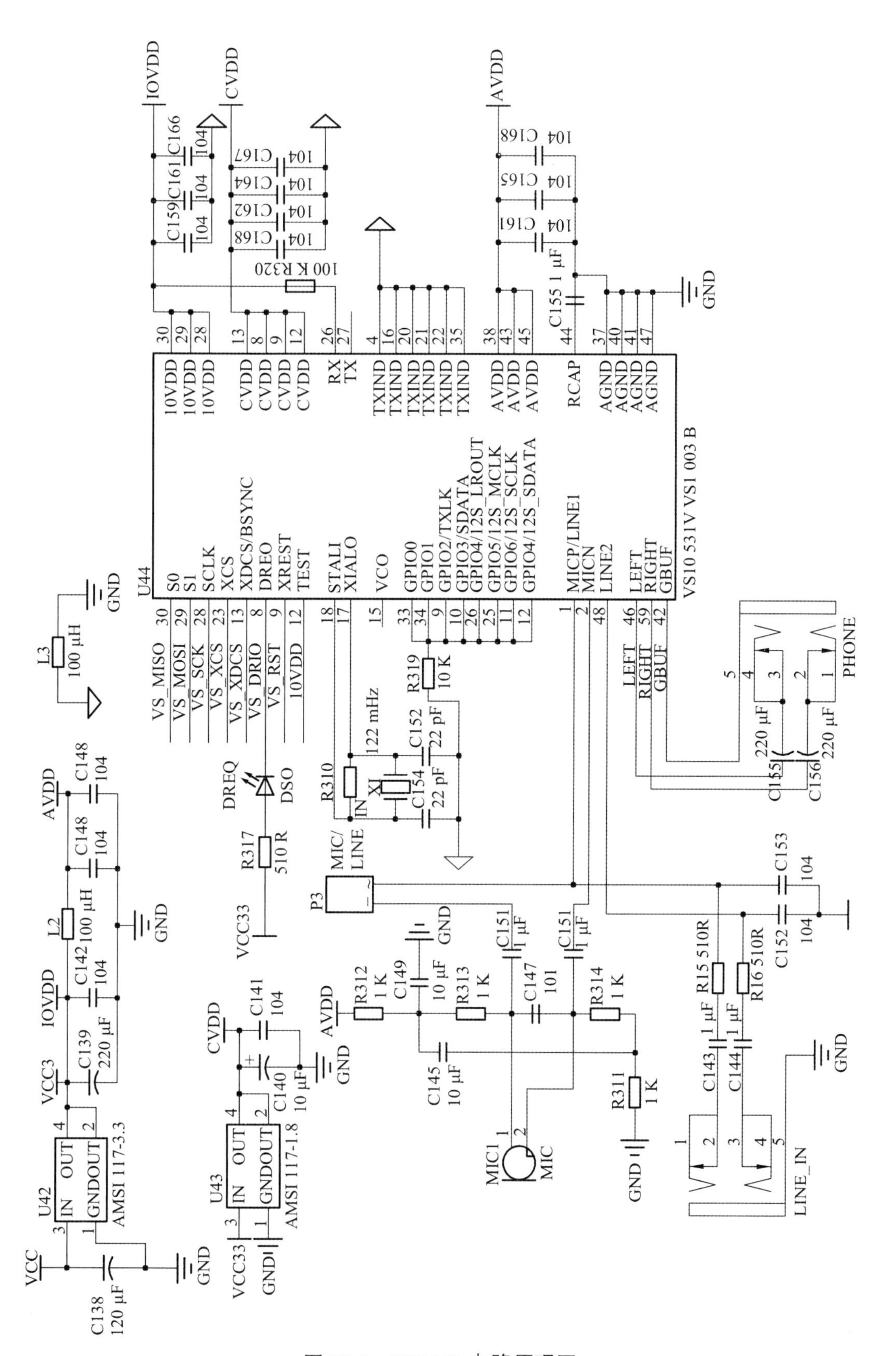

图 22-1　VS1053 电路原理图

一个典型的 SCI 读时序如图 22-2 所示。

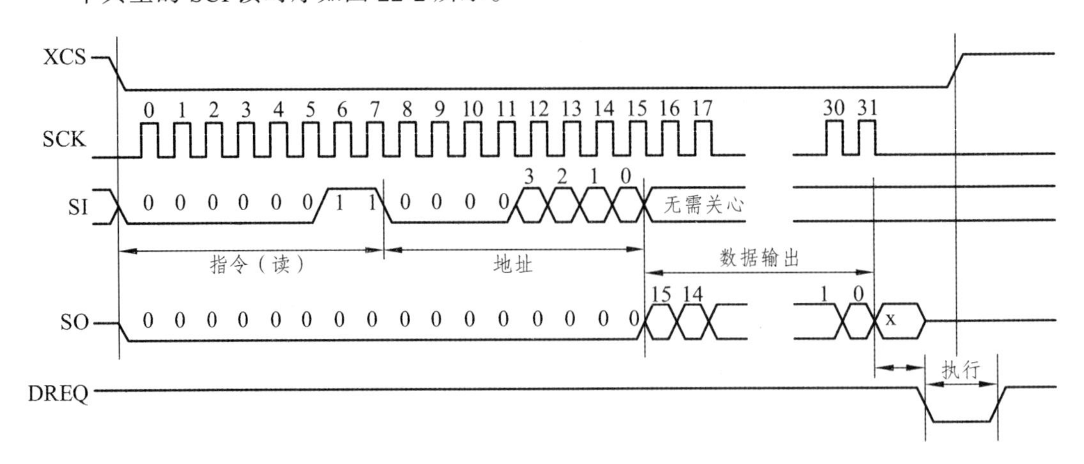

图 22-2　SCI 读时序

从图 22-2 可以看出，向 VS1053 读取数据，通过先拉低 XCS（VS_XCS），然后发送读指令（0X03），再发送一个地址，最后，在 SO 线（VS_MISO）上读到输出的数据的，同时 SI（VS_MOSI）上的数据将被忽略。

一个典型的 SCI 的写时序如图 22-3 所示。

图 22-3 中，其时序和图 22-2 基本类似，都是先发指令，再发地址。不过写时序中，我们的指令是写指令（0X02），并且数据是通过 SI 写入 VS1053 的，SO 则一直维持低电平。在这两个图中，DREQ 信号上都产生了一个短暂的低脉冲，也就是执行时间。不难理解，在写入和读出 VS1053 的数据之后，它需要一些时间来处理内部的事情，这段时间是不允许外部打断的。所以因此在 SCI 操作之前，最好判断一下 DREQ 是否为高电平，如果不是，则等待 DREQ 变为高电平。

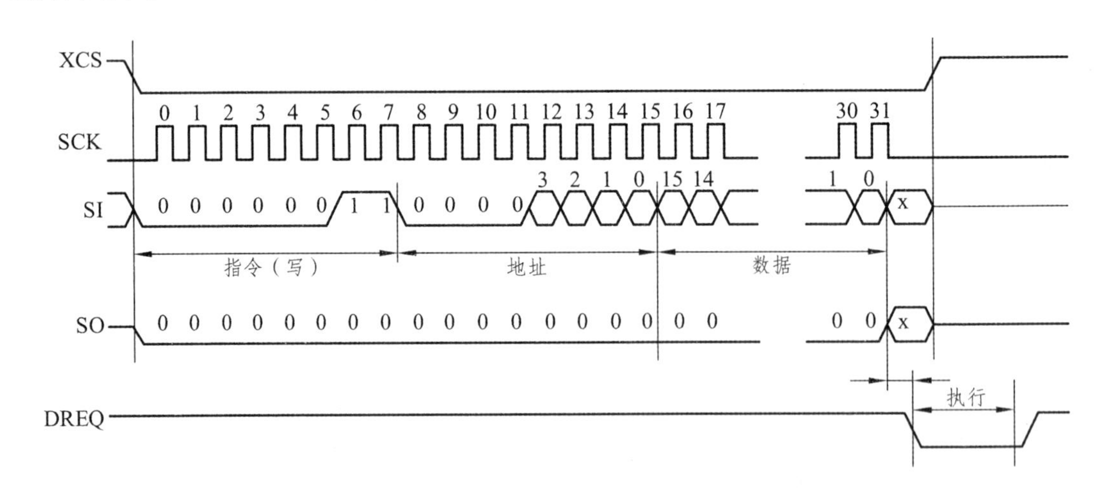

图 22-3　SCI 写时序

了解 VS1053 的 SPI 读写后，再看 VS1053 的 SCI 寄存器。VS1053 的所有 SCI 寄存器如表 22-2 所示。

表 22-2　SCI 寄存器表

SCI 寄存器				
寄存器	类型	复位值	缩写	描述
0X00	RW	0X0800	MODE	模式控制
0X01	RW	0X000C	STATUS	VS0153 状态
0X02	RW	0X0000	BASS	内置低音/高音控制
0X03	RW	0X0000	CLOCKF	时钟频率+倍频数
0X04	RW	0X0000	DECODE_TIME	解码时间长度（秒）
0X05	RW	0X0000	AUDATA	各种音频数据
0X06	RW	0X0000	WRAM	RAM 写/读
0X07	RW	0X0000	WRAMADDR	RAM 写/读的基址
0X08	RW	0X0000	HDAT0	流的数据标头 0
0X09	R	0X0000	HDAT1	流的数据标头 1
0X0A	R	0X0000	AIADDR	应用程序起始地址
0X0B	RW	0X0000	VOL	音量控制
0X0C	RW	0X0000	AICTRL0	应用控制寄存器 0
0X0D	RW	0X0000	AICTRL1	应用控制寄存器 1
0X0E	RW	0X0000	AICTRL2	应用控制寄存器 2
0X0F	RW	0X0000	AICTRL3	应用控制寄存器 3

VS1053 总共有 16 个 SCI 寄存器，这里不全介绍，仅仅介绍几个本次实验中需要用到的寄存器。

1. MODE 寄存器

该寄存器用于控制 VS1053 的操作，是最关键的寄存器之一，该寄存器的复位值为 0x0800，其实就是默认设置为新模式。表 22-3 是 MODE 寄存器的各位描述。

表 22-3　MODE 寄存器描述

位	0	1	2	3	4	5	6	7
名称	SM_DIFF	SM_LAYER12	SM_RESET	SM_CANCEL	SM_EARSPEAKER_LO	SM_TEST	SM_STREAM	SM_EARSPEAKER_HI
功能	差分	允许 MPEGI&Ⅱ	软件复位	取消当前文件的解码	EarSpeaker 低设定	允许 SDI 测试	流模式	EarSpeaker 高设定
描述	0:正常的同相音频 1:左通道反相	0：不允许 1：允许	0：不复位 1：复位	0：不取消 1：取消	0：关闭 1：激活	0：禁止 1：允许	0：不是 1：是	0：关闭 1：激活

续表

位	8	9	10	11	12	13	14	15
名称	SM_DACT	SM_SDIORD	SM_SDISHARE	SM_SDINEW	SM_ADPCM	—	SM_LINE1	SM_CLK_RANGE
功能	DCLK 的有效边沿	SDI 位顺序	共享 SPI 片选	VS10002 本地 SPI 模式	ADPCM 激活	—	咪/线路 1 选择	输入时钟范围
描述	0:上升沿 1:下降沿	0: MSB 在前 1: MSB 在后	0: 不共享 1: 共享	0: 不激活 1: 激活	0: 不激活 1: 激活	—	0: MICP 1: LINE1	0: 12..13MHz 1: 24..26 MHz

MODE 寄存器，这里只介绍第 2 和第 11 位，也就是 SM_RESET 和 SM_SDINEW，其他位设置为默认即可。SM_RESET 可以提供一次软复位，建议在每播放一首歌曲后，软复位一次。SM_SDINEW 为模式设置位，这里选择的是 VS1002 新模式（本地模式），所以设置该位为 1（默认的设置）。其他位的详细介绍，请参考 VS1053 的数据手册。

2. BASS 寄存器

该寄存器可用于设置 VS1053 的高低音效。该寄存器的各位描述如表 22-4 所示。

表 22-4　BASS 寄存器描述

名称	位	描述
ST_AMPLITUDE	15：12	高音控制，1.5 dB 步进（-8..7，为 0 表示关闭）
ST_FREQLIMIT	11：8	最低频限 1000 Hz（0..15）
SB_AMPLITUDE	7：4	低音加重，1 dB 步进（0..15，为 0 表示关闭）
SB_FREQLIMIT	3：0	最低频限 10 Hz（2..15）

通过这个寄存器以上位的一些设置，我们可以随意配置自己喜欢的音效（其实就是高低音的调节）。VS1053 的 EarSpeaker 效果则由 MODE 寄存器控制，请参考表 22-3。

3. CLOCKF 寄存器

这个寄存器用来设置时钟频率、倍频等相关信息，该寄存器的各位描述如表 22-5 所示。

表 22-5　CLOCKF 寄存器描述

CLOCKF 寄存器			
位	15：13	12：11	10：0
名称	SC_MULT	SC_ADD	SC_FREQ
描述	时钟倍频数	允许倍数	当时钟频率不为 12.288 MHz 时，外部时钟的频率。外部时钟为 12.288 MHz 时，此部分设置为 0 即可
说明	CLKI=XTALI×（SC_MULT×0.5+1）	倍数增量=SC_ADD*0.5	

此寄存器，重点说明 SC_FREQ，SC_FREQ 是以 4 kHz 为步进的一个时钟寄存器，当外部时钟不是 12.288 MHz 的时候，其计算公式为：

$$SC\_FREQ=(XTALI-8\,000\,000)/4\,000 \tag{22-1}$$

式 22-1 中 XTALI 的单位为 Hz。表 22-5 中 CLKI 是内部时钟频率，XTALI 是外部晶振的时钟频率。由于我们使用的是 12.288 MHz 的晶振，在这里设置此寄存器的值为 0X9800，也就是设置内部时钟频率为输入时钟频率的 3 倍，倍频增量为 1.0 倍。

4. DECODE_TIME 寄存器

该寄存器是一个存放解码时间的寄存器，以 s 为单位，通过读取该寄存器的值，就可以得到解码时间。因为它是一个累计时间，所以我们需要在每首歌播放之前将它清空，以得到这首歌的准确解码时间。

HDAT0 和 HDTA1 是两个数据流头寄存器，不同的音频文件读出来的值意义不一样，我们可以通过这两个寄存器来获取音频文件的码率，从而计算音频文件的总长度。这两个寄存器的详细介绍，请参考 VS1053 的数据手册。

5. VOL 寄存器

VOL 寄存器用于控制 VS1053 的输出音量，其能分别控制左右声道的音量。每个声道的控制范围为 0 ~ 254，每个增量代表 0.5 dB 的衰减，所以该值越小，代表音量越大。例如设置为 0X0000，则音量最大，而设置为 0XFEFE 则音量最小。

注意：如果设置 VOL 的值为 0XFFFF，将使芯片进入掉电模式。

详细介绍参见 VS1053 的数据手册。下面是控制 VS1053 播放一首歌曲的最简单的步骤。

1）复位 VS1053

这里包括了硬复位和软复位，是为了让 VS1053 的状态回到原始状态，准备解码下一首歌曲。这里建议在每首歌曲播放之前都执行一次硬件复位和软件复位，以便更好地播放音乐。

2）配置 VS1053 的相关寄存器

这里配置的寄存器包括 VS1053 的模式寄存器（MODE）、时钟寄存器（CLOCKF）、音调寄存器（BASS）、音量寄存器（VOL）等。

3）发送音频数据

经过以上两步配置以后，接下来需要往 VS1053 里面放音频数据。只要是 VS1053 支持的音频格式，直接放入就可以了，VS1053 会自动识别并进行播放。注意发送数据要在 DREQ 信号的控制下有序地进行，不能乱发。这个规则为：只要 DREQ 变高，就向 VS1053 发送 32 个字节。然后继续等待 DREQ 变高，直到音频数据发送完。

经过以上三步，我们就可以播放音乐了。

四、实验内容

在本次试验中我们先对 VS1053 进行 RAM 测试和正弦测试，测试完成之后循环播放 SD

卡中的音乐，同时使用两个按键来实现上一曲和下一曲播放功能。

五、实验步骤

完成本实验的实验步骤为：

（1）新建文件夹命名为 exp22_vs1053，将实验 21 工程目录下的文件拷贝到该文件夹下。

（2）打开工程文件，在原理图中双击 kernel 系统，进入 SOPC Builder，编辑内核文件。

（3）添加 PIO，为完成本次试验需要添加 5 个 1 位的输出型 PIO 核，分别命名为：VS_CLK、VS_MOSI、VS_RST、VS_XCS、VS_XDCS；添加 2 个 1 位输入型 PIO 核，分别命名为 VS_MISO、VS_DREQ；添加 2 个 1 位输入型 PIO 核，分别命名为 KEY_NEXT、KEY_PRE；再添加一个定时器，用于精准定时。请注意将 onchip_Memory 大小调整到 60 kB，如图 22-4 所示。

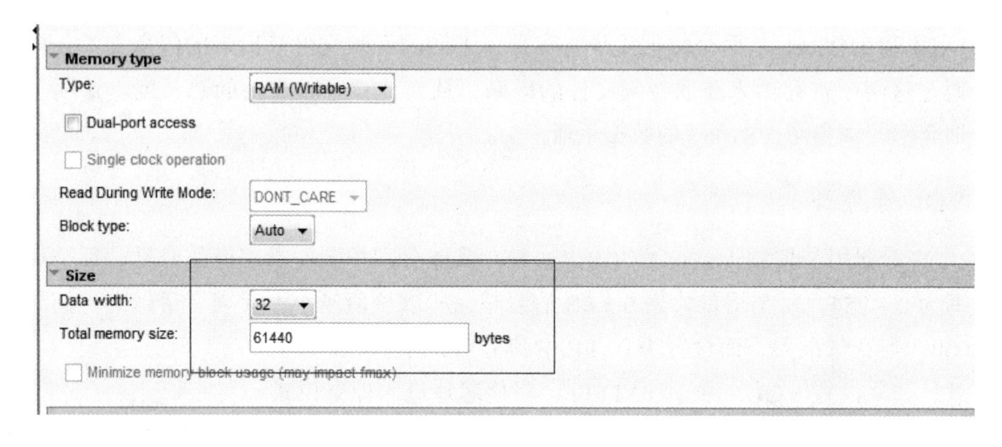

（a）调整 onchip_Memory 大小

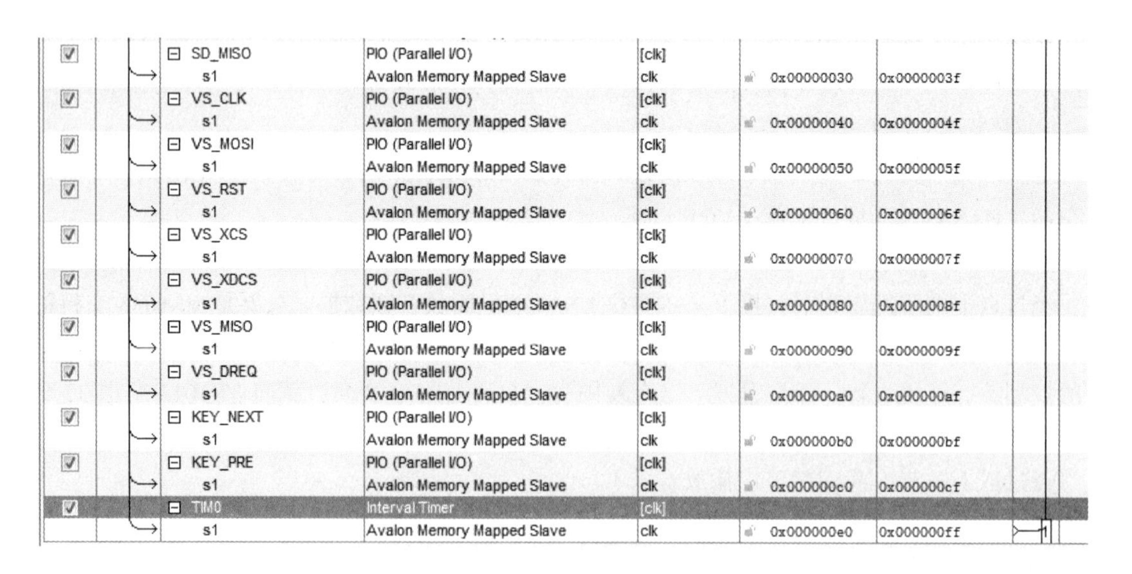

（b）添加 PIO

图 22-4　添加 PIO

（4）编译修改之后的内核文件，成功之后退出。

（5）升级原理图，并修改管脚名称，保存原理图修改并编译工程。

（6）按照附录Ⅱ，给管脚分配 FPGA 引脚，保存工程修改，再次编译。

（7）编译完成之后，如图 22-5 所示。至此，quatrusⅡ工作就告一段落，可以启动 Nios Ⅱ软件了。

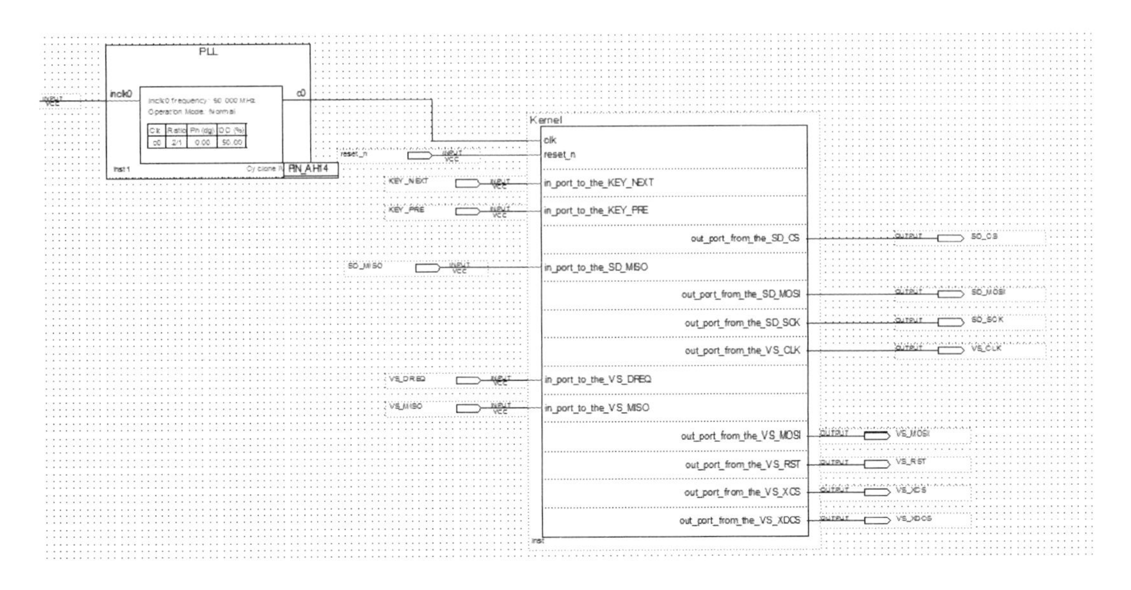

图 22-5　原理图编译

（9）清理工程。

（10）更新 BSP，注意 sopc 内核文件路径。

（11）修改 main.c 文件代码。

（12）仔细阅读代码，掌握模拟 SPI 时序的操作、掌握 VS1053 的编程使用，全部理解透彻后，编译工程。

（13）工程编译无误后，通过 USB 下载电缆把 PC 与实验箱相连接，然后开启实验箱电源。

（14）在 QuartusⅡ中通过 USB 下载电缆将 test.sof 文件通过 JTAG 接口下载到 FPGA 中。

（15）在 NiosⅡIDE 中进行硬件配置。

（16）运行程序。

（8）打开 NiosⅡ12.0 软件，注意切换到当前工作目录下。

（17）查看运行结果。程序正常运行，音频模块的信号指示灯 DREQ 会闪烁，旋动电位器可以调节输出扬声器音量，同时可以通过按键 k1 选择下一曲，k2 选择上一曲。运行结果如图 22-6 所示。

（18）确认实验结果无误后，退出 NiosⅡIDE 软件，关闭 QuartusⅡ软件，关闭实验箱电源，拔出 USB 下载电缆。

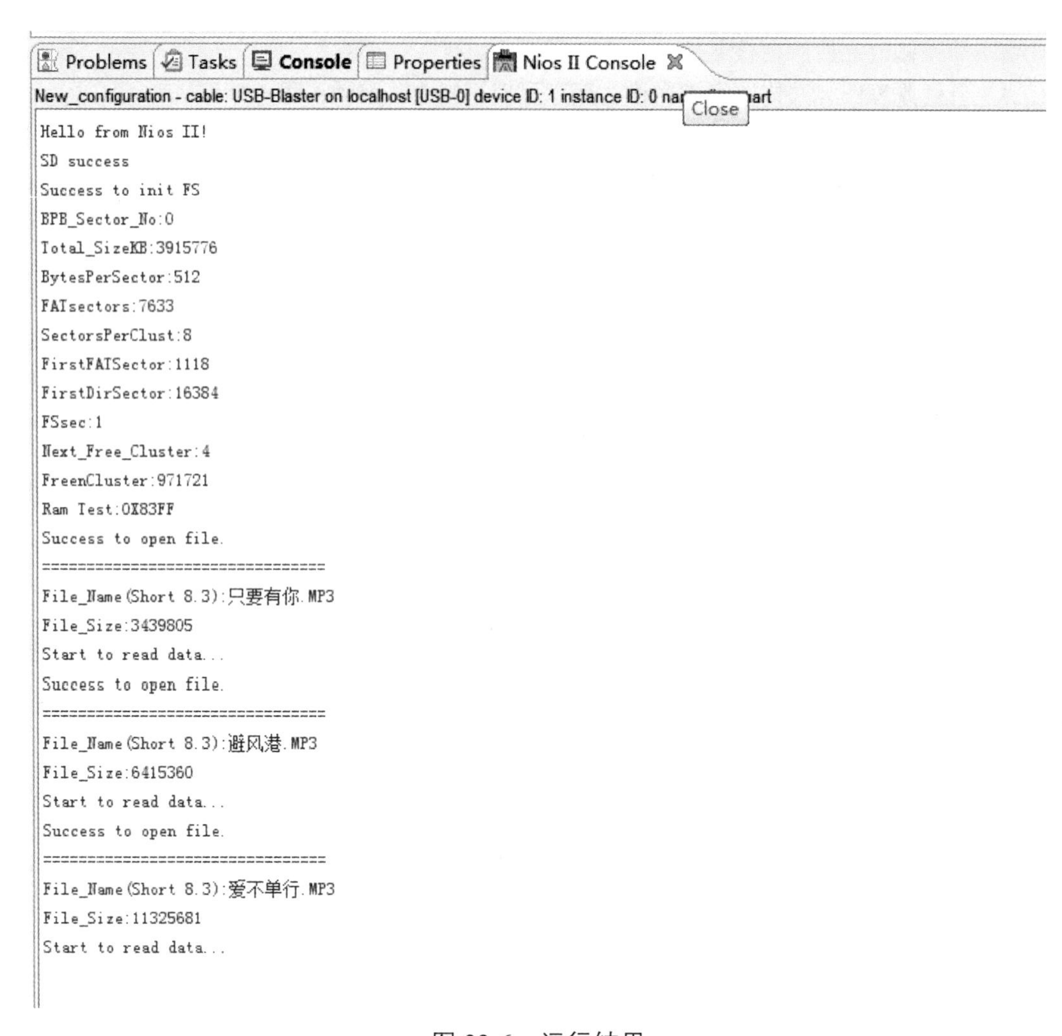
Problems
Tasks
Console
Properties
Nios II Console
New_configuration - cable: USB-Blaster on localhost [USB-0] device ID: 1 instance ID: 0 na
art
Close
Hello from Nios II!
SD success
Success to init FS
BPB_Sector_No:0
Total_SizeKB:3915776
BytesPerSector:512
FATsectors:7633
SectorsPerClust:8
FirstFATSector:1118
FirstDirSector:16384
FSsec:1
Next_Free_Cluster:4
FreenCluster:971721
Ram Test:0X83FF
Success to open file.
================================
File_Name(Short 8.3):只要有你.MP3
File_Size:3439805
Start to read data...
Success to open file.
================================
File_Name(Short 8.3):避风港.MP3
File_Size:6415360
Start to read data...
Success to open file.
================================
File_Name(Short 8.3):爱不单行.MP3
File_Size:11325681
Start to read data...

图 22-6 运行结果

实验二十三　SRAM 实验

一、实验目的

（1）熟悉掌握 SOPC 的基本流程。
（2）掌握 SRAM 工作原理。
（3）掌握如何自定义 IP 核。
（4）进一步掌握 SRAM 读写测试原理。

二、硬件需求

（1）EDA/SOPC 实验开发系统一台。
（2）USB 下载电缆一条。

三、实验原理

ISSI 的 IS61LV51216 是一个 8 MB 容量，结构为 512 K×16 位字长的高速率 SRAM。IS61LV51216 采用 ISSI 公司的高性能 CMOS 工艺制造。高度可靠的工艺水准加上创新的电路设计技术，造就了这款高性能，低功耗的器件。

当/CE 处于高电平（未选中）时，IS61LV51216 进入待机模式。在此模式下，功耗可降低至 CMOS 输入标准。

使用 IS61LV51216 的低触发片选引脚（/CE）和输出使能引脚（/OE），可以轻松实现存储器扩展。低触发写入使能引脚（/WE）将完全控制存储器的写入和读取。同一个字节允许高位（/UB）存取和低位（/LB）存取。

IS61LV51216 主要特性如下。

1. 高速率

① 存取时间：8 ns，10 ns，12 ns。
② 全静态操作：不需时钟或刷新。
③ 输入输出兼容 TTL 标准。
④ 独立 3.3 V 供电。
⑤ 三态输出。
⑥ 高字节数据和低字节数据可分别控制。

2. 低功耗操作

① CMOS 低功耗操作。

② 低待机功耗：低于 2 mA（典型值）的 CMOS 待机模式。

3. 工业标准

① 无铅环保

② 可选工业级和军工级温度。

IS61LV51216 的内部结构如图 23-1 所示。

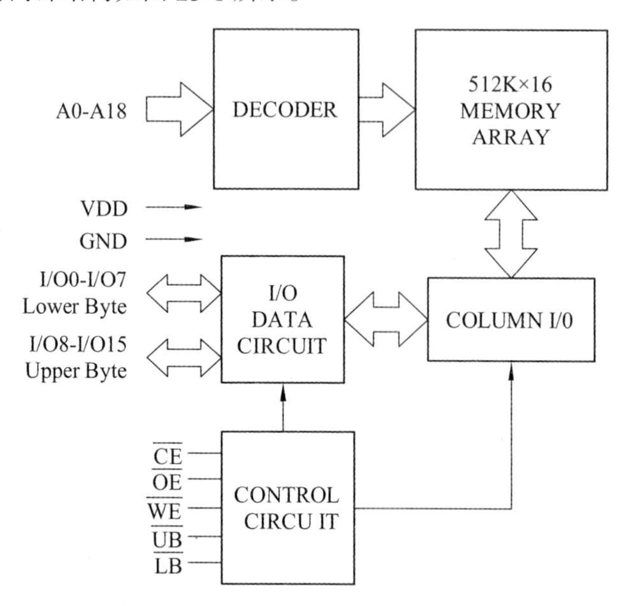

图 23-1　IS61LV51216 的内部结构图

IS61LV51216 的功能表如表 23-1 所示。

表 23-1　IS61LV51216 的功能表

						I/O PIN		
Mode	$\overline{WE}$	$\overline{CE}$	$\overline{OE}$	$\overline{LB}$	$\overline{UB}$	I/O0-I/O7	I/O8-I/O15	VDD Current
Not selected	X	H	X	X	X	High-Z	High-Z	I_{SB1}，I_{SB2}
Output Disabled	H	L	H	X	X	High-Z	High-Z	ICC
	X	L	X	H	H	High-Z	High-Z	
Read	H	L	L	L	H	DOUT	High-Z	ICC
	H	L	L	H	L	High-Z	DOUT	
	H	L	L	L	L	DOUT	DOUT	
Write	L	L	X	L	H	DIN	High-Z	ICC
	L	L	X	H	L	High-Z	DIN	
	L	L	X	L	L	DIN	DIN	

SRAM 电路原理如图 23-2 所示。

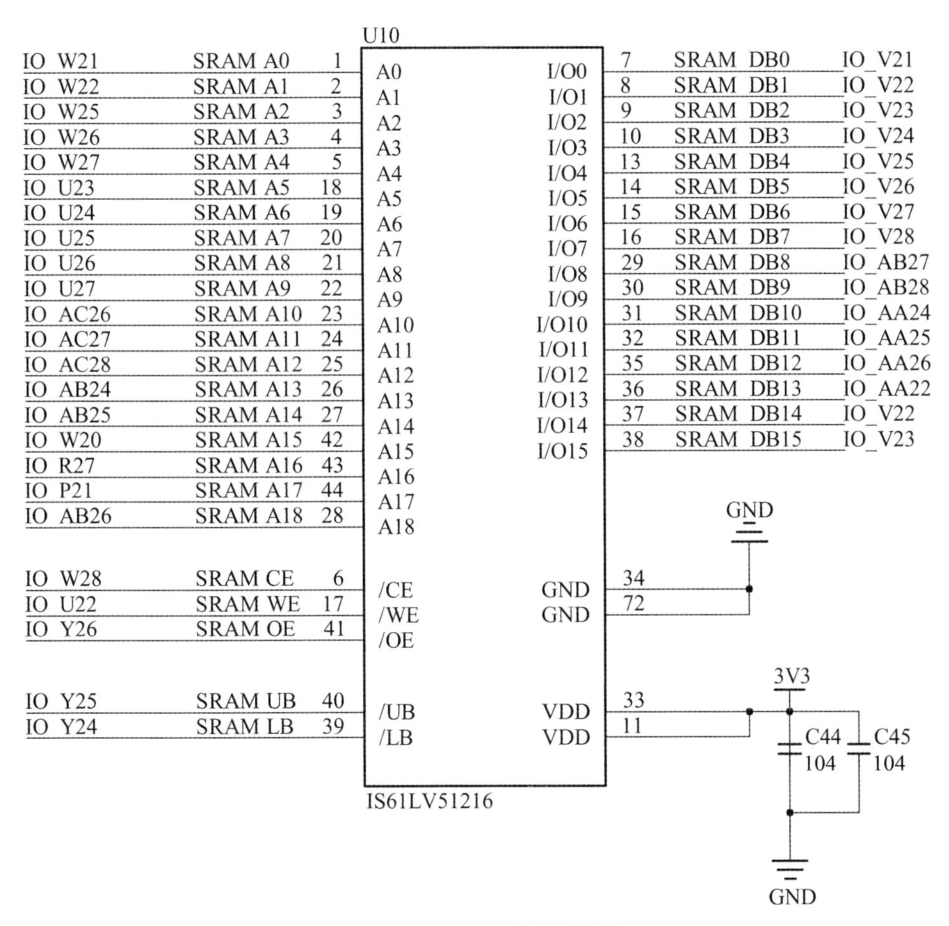

图 23-2　SRAM 电路原理图

四、实验内容

在本次实验中我们要完成自定义一个 SRAM 控制器 IP 核的设计，来实现对 IS61LV51216 的读写测试。

五、实验步骤

完成本实验的实验步骤为：

（1）新建文件夹命名为 exp23_sram，将实验一工程目录下的文件拷贝到该文件夹下。

（2）打开工程文件，在原理图中双击 kernel 系统，进入 SOPC Builder，编辑内核文件。

（3）将写好的 Amy_sram_A19D16.v（详细代码见工程文件）文件添加到工程目录下，双击 SOPC Builder 页面 Project 下的 New component 选项，进入设置界面，如图 23-3 所示。

点击如图 23-4 所示的+按钮，添加刚才放入工程文件下的.v 文件，之后点击 Analyze Synthesis Files 按钮，进行编译，其余可以默认。在系统主频比较高的时候可以适当地设置一些延时，在这里不做设置。

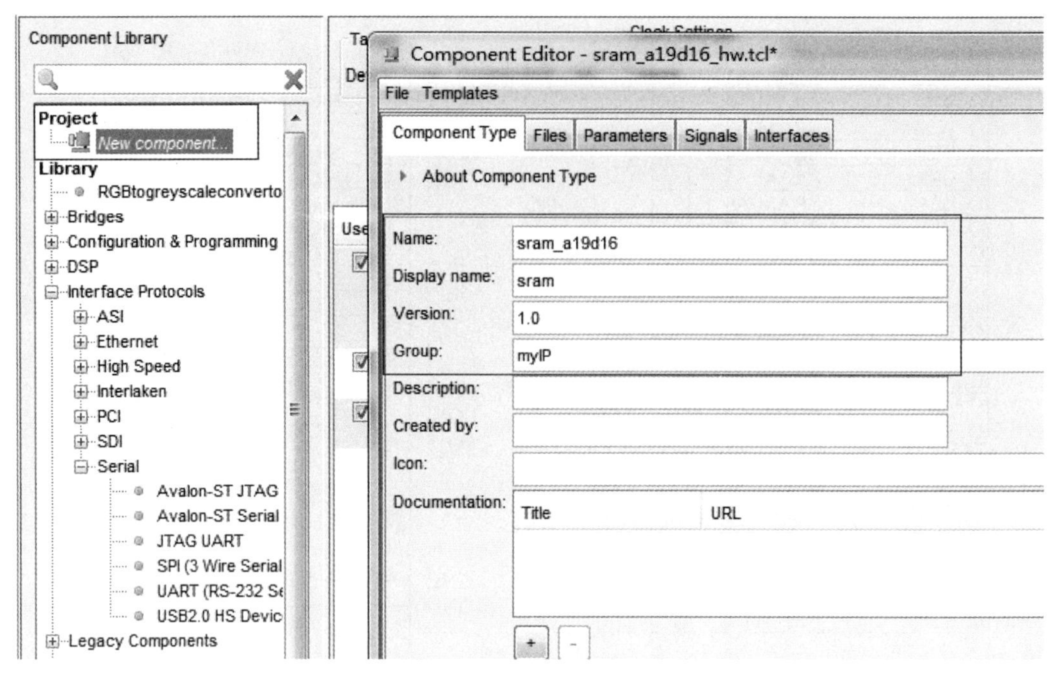

图 23-3　创建新的组件

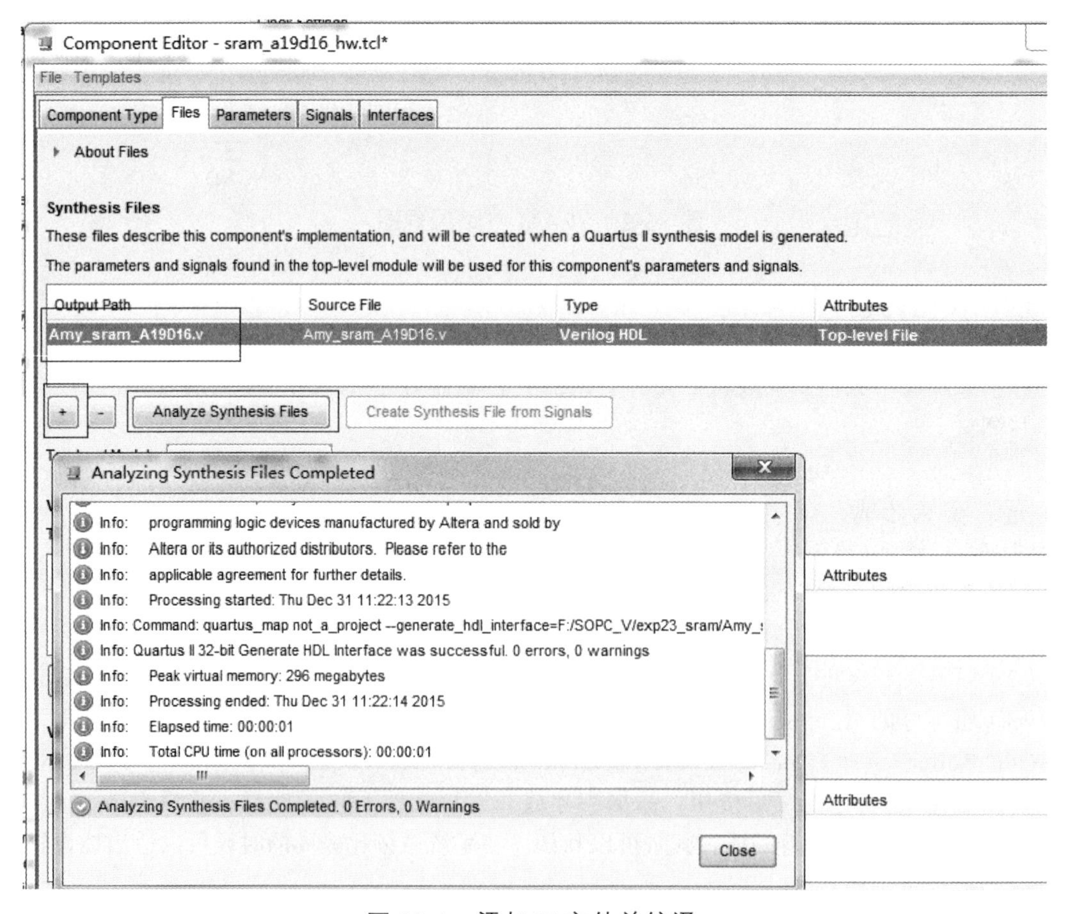

图 23-4　添加.V 文件并编译

点击 finish，完成新 IP 组件的创建，这时我们在组件列表下 myIP 组就可以看到一个名为 sram 的组件了，直接双击添加，如图 23-5 所示。

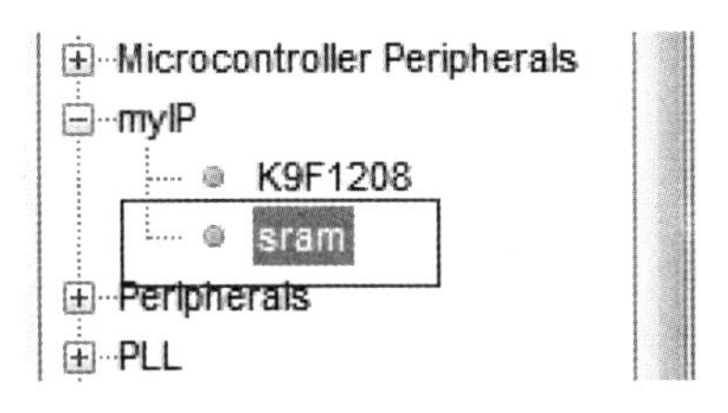

图 23-5　sram 组件

再添加一个定时器（默认设置）作为系统精准延时，至此本实验所用 SOPC 系统已经添加完成，如图 23-6 所示。

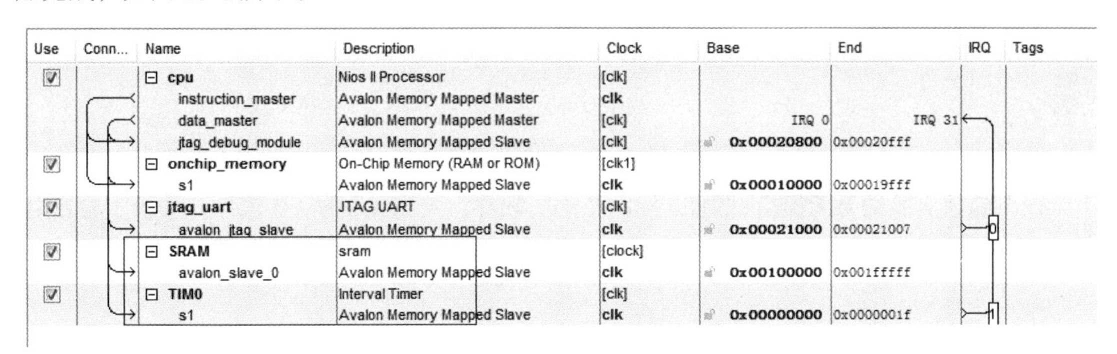

Use	Conn...	Name	Description	Clock	Base	End	IRQ	Tags
☑		⊟ cpu	Nios II Processor	[clk]				
		instruction_master	Avalon Memory Mapped Master	clk				
		data_master	Avalon Memory Mapped Master	[clk]	IRQ 0	IRQ 31		
		jtag_debug_module	Avalon Memory Mapped Slave	[clk]	0x00020800	0x00020fff		
☑		⊟ onchip_memory	On-Chip Memory (RAM or ROM)	[clk1]				
		s1	Avalon Memory Mapped Slave	clk	0x00010000	0x00019fff		
☑		⊟ jtag_uart	JTAG UART	[clk]				
		avalon_jtag_slave	Avalon Memory Mapped Slave	clk	0x00021000	0x00021007	0	
☑		⊟ SRAM	sram	[clock]				
		avalon_slave_0	Avalon Memory Mapped Slave	clk	0x00100000	0x001fffff		
☑		⊟ TIM0	Interval Timer	[clk]				
		s1	Avalon Memory Mapped Slave	clk	0x00000000	0x0000001f	1	

图 23-6　SOPC 系统组成

（4）编译修改之后的内核文件，成功之后退出。

（5）升级原理图，并修改管脚名称，保存原理图修改并编译工程。

（6）按照附录Ⅱ，给管脚分配 FPGA 引脚，保存工程修改，再次编译。

（7）编译完成之后，如图 11-4 所示。至此，quatrusⅡ工作就告一段落，可以启动 Nios Ⅱ软件了。

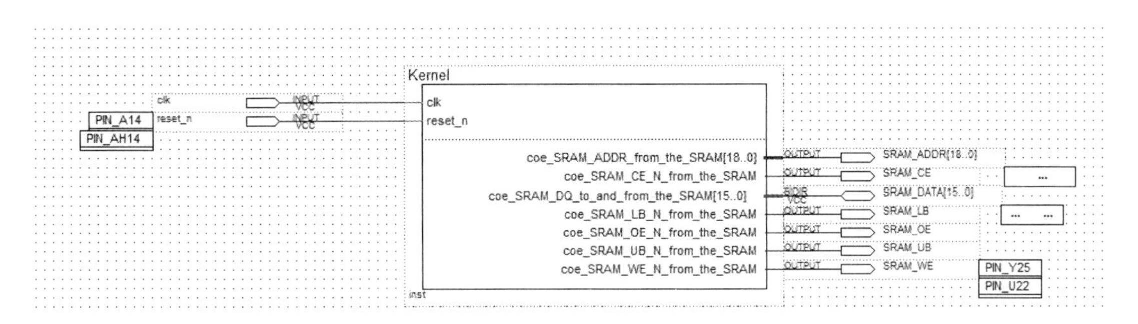

图 23-7　原理图设计

（8）打开 NiosⅡ12.0 软件，注意切换到当前工作目录下。

（9）清理工程。

（10）更新 BSP，注意 sopc 内核文件路径。

（11）修改 main.c 文件代码，详细代码见工程文件。

（12）仔细阅读代码，掌握 sram 的读写测试代码编程，全部理解透彻后，编译工程。

（13）工程编译无误后，通过 USB 下载电缆把 PC 与实验箱相连接，然后开启实验箱电源。

（14）在 QuartusⅡ中通过 USB 下载电缆将 test.sof 文件通过 JTAG 接口下载到 FPGA 中。

（15）在 NiosⅡIDE 中进行硬件配置。

（16）运行程序。

（17）查看运行结果。若程序正确运行，将会打印输出测试完成，如图 23-8 所示。

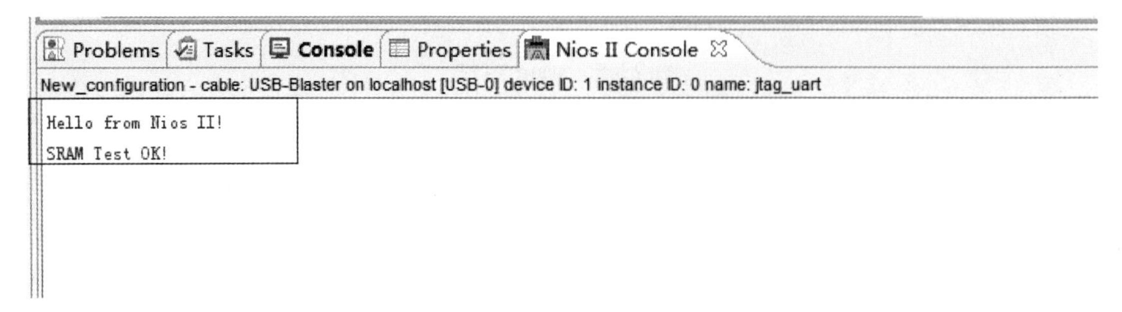

图 23-8　测试输出结果

（18）确认实验结果无误后，退出 NiosⅡIDE 软件，关闭 QuartusⅡ软件，关闭实验箱电源，拔出 USB 下载电缆。

实验二十四　VGA 实验

一、实验目的

（1）熟悉掌握 SOPC 的基本流程。

（2）掌握 VGA 显示 65 536 色工作原理。

（3）掌握如何用 PIO 核来产生 VGA 的控制时序。

二、硬件需求

（1）EDA/SOPC 实验开发系统一台。

（2）USB 下载电缆一条。

三、实验原理

VGA 是一种图像显示模式。常见的 VGA 显示器一般由 CRT（阴极射线管）构成。阴极射线管发出的电子束打在涂有荧光粉的荧光屏上，产生 R（红）、G（绿）、B（蓝）三基色，最后合成一个彩色像素。显示器采用光栅扫描方式，即轰击荧光屏的电子束在 CRT 屏幕上从左到右（受行扫描信号 HsYNC 控制）、从上到下（受场扫描信号 VSYNC 控制）做有规律的运动。在 VGA 的接口协议中，不同的显示模式有不同的分辨率和不同的刷新率，因此其时序也不相同。对于每种显示模式的时序，VGA 都有严格的工业标准。图 24-1 为分辨率 800×600、刷新率为 72 Hz 显示模式下的时序图。HS、VS 时序工业标准如表 24-1 所示。

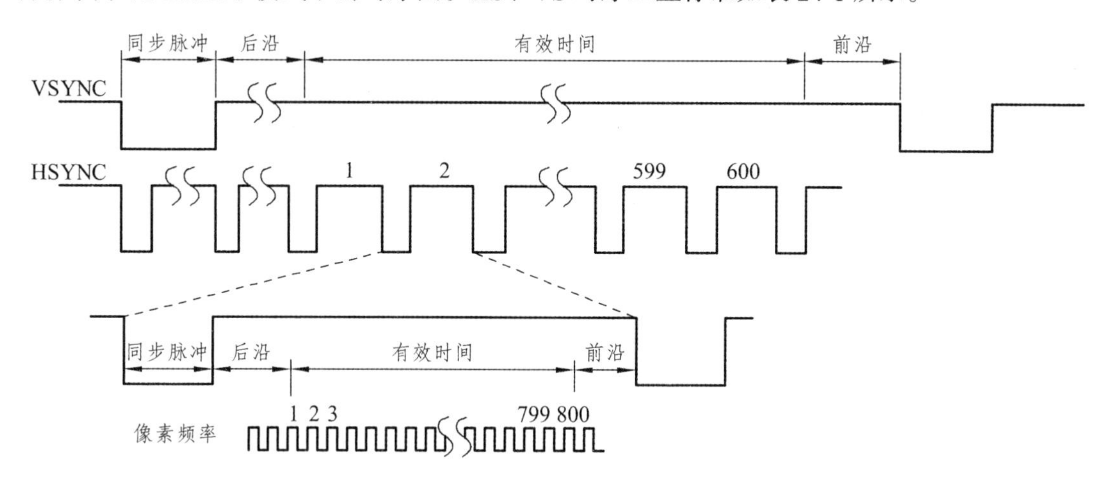

图 24-1　行、场扫描时序图

表 24-1　HS、VS 时序工业标准

	分辨率	刷新率/Hz	像素频率/MHz	同步脉冲	后沿	有效时间	前沿	帧长
行扫描时序	800×600	72	50	120	64	800	56	1040
场扫描时序	800×600	72	50	6	23	600	37	666

VGA 电路原理如图 24-2 所示。

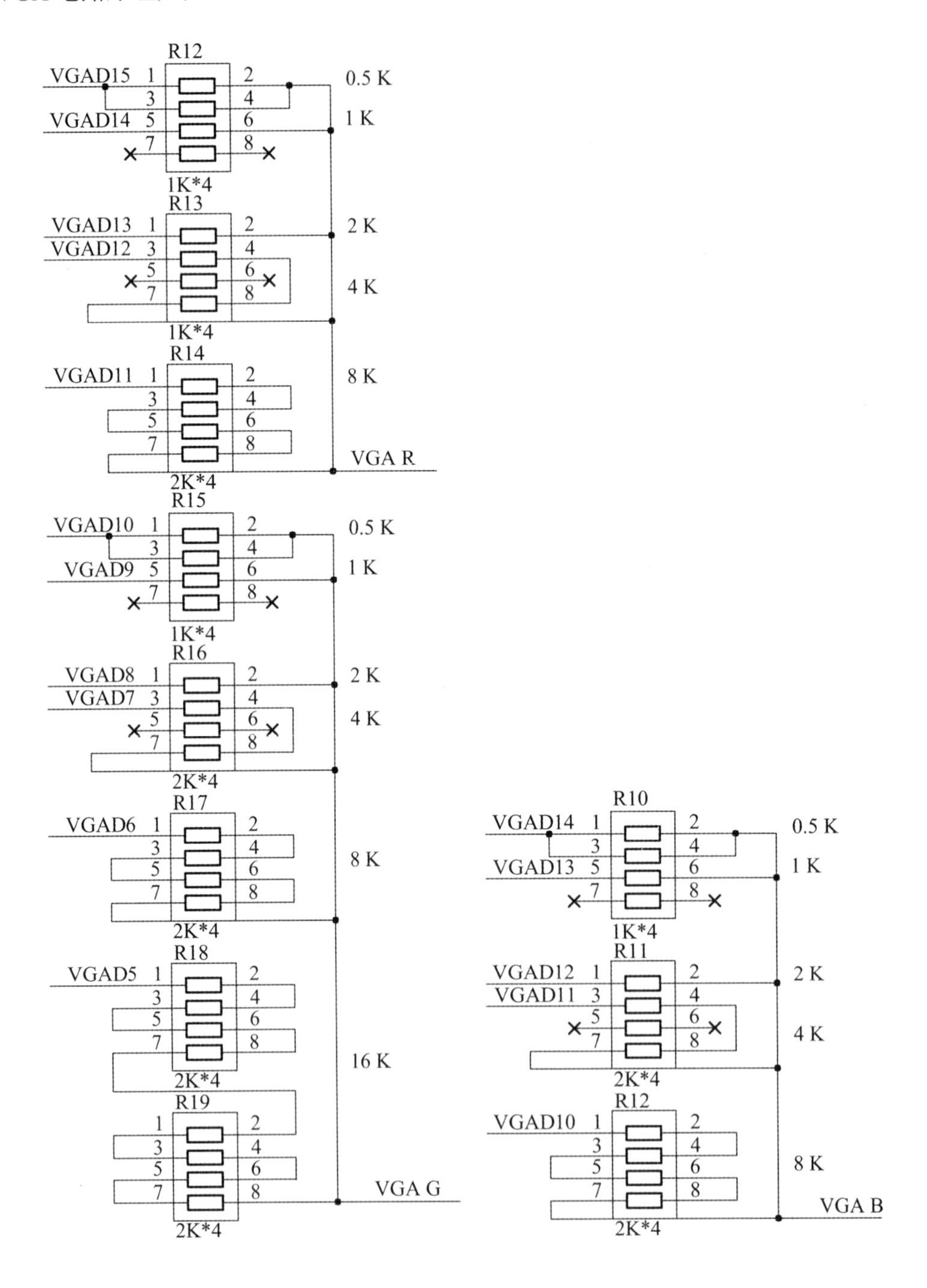

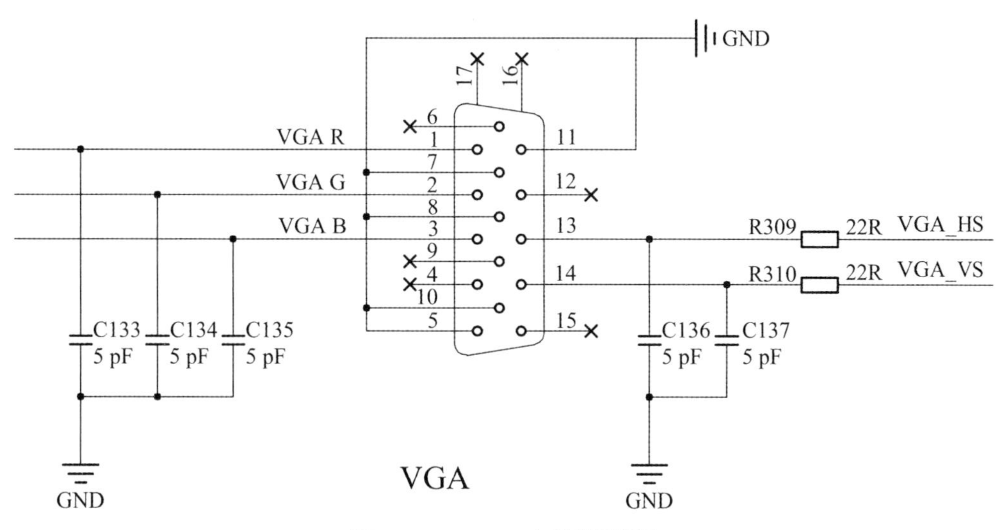

图 24-2 VGA 电路原理图

在电路设计上使用三组 16 路电阻网络来实现对 VGA 的高彩色显示控制，图 24-3 是系统框图。

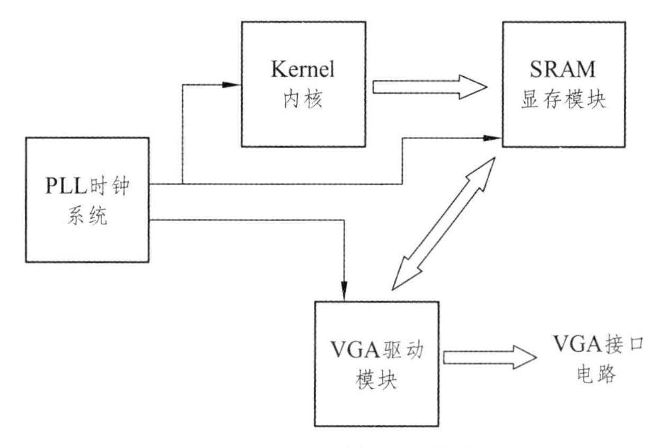

图 24-3 VGA 控制系统框图

四、实验内容

为完成本次实验，需要新建一个 VGA 控制器、一个 SRAM 显存器、一个 kernel 内核系统以及一个 PLL 时钟系统。

五、实验步骤

完成本实验的实验步骤为：

（1）新建文件夹命名为 exp24_vga，将实验二十三工程目录下的文件拷贝到该文件夹下。

（2）打开工程文件，新建一个 SRAM 显存模块，使用 Verilog HDL 语言描述这个模块，同时生成这个模块，代码详细见工程，如图 24-4 所示。请注意保存文件名必须和模块名称一样，在这里都命名为 sram_sw。

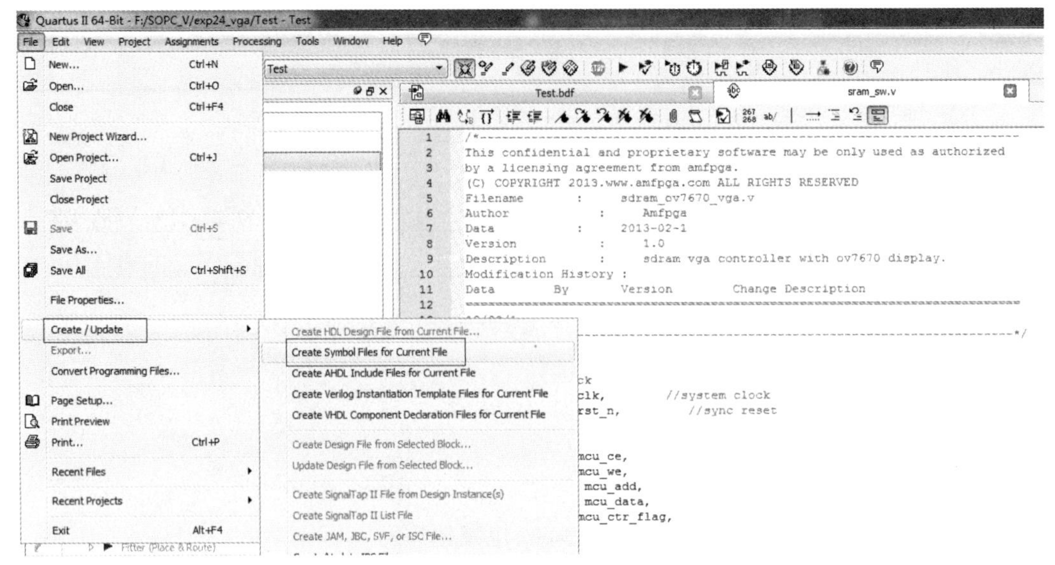

图 24-4 编译生成模块

（3）生成成功之后，双击原理图空白处，就可以看见在 project 下面有一个名为 sram_sw 的模块了，如图 24-5 所示，将其添加到原理图上。同理生成一个 VGA 控制器。

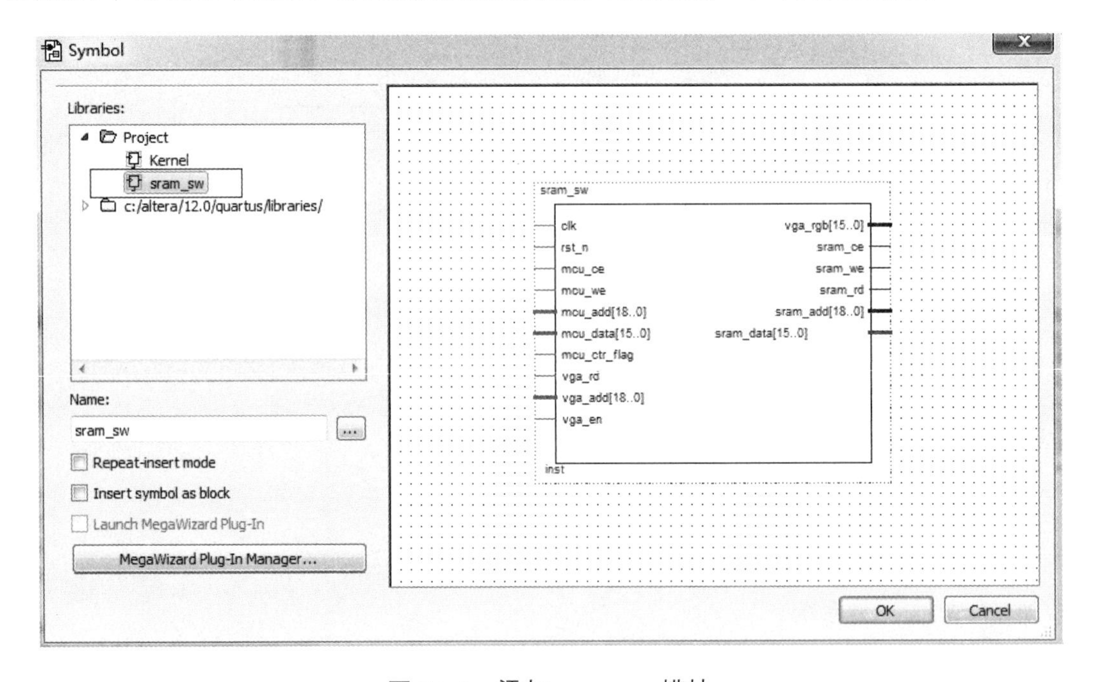

图 24-5 添加 sram_sw 模块

（4）添加一个 PLL 时钟控制器。我们需要两路时钟：一路 100 MHz 用于系统主频，一路 25 MHz 用于 VGA 控制器。同时增加一个一个时钟稳定输出引脚，确保 PLL 稳定之后系统再开始工作。如图 24-6 所示。

（5）在本次实验中，需要往 kernel 内核文件里添加一个 1 位输出型 PIO，用于控制 SRAM 显存模块将数据送往 VGA 控制器，同时设置系统主频时钟为 100 MHz，如图 24-7 所示。

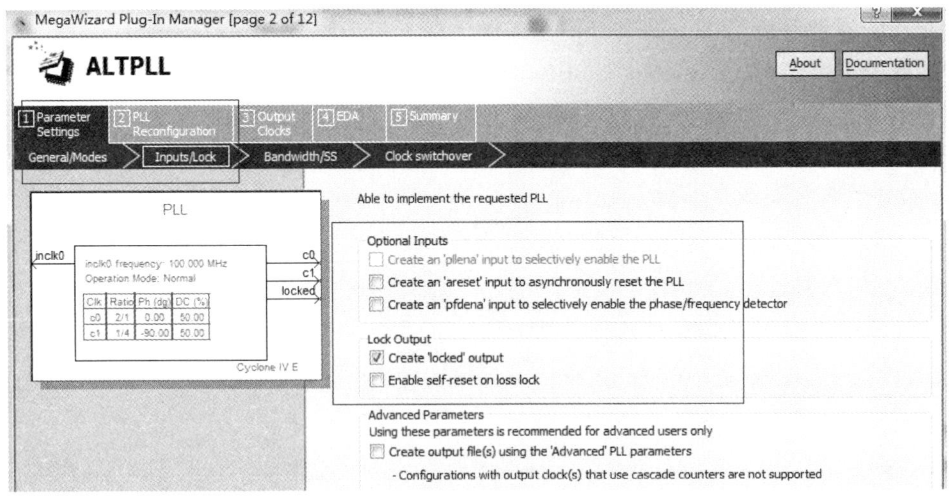

（a）添加时钟稳定指示

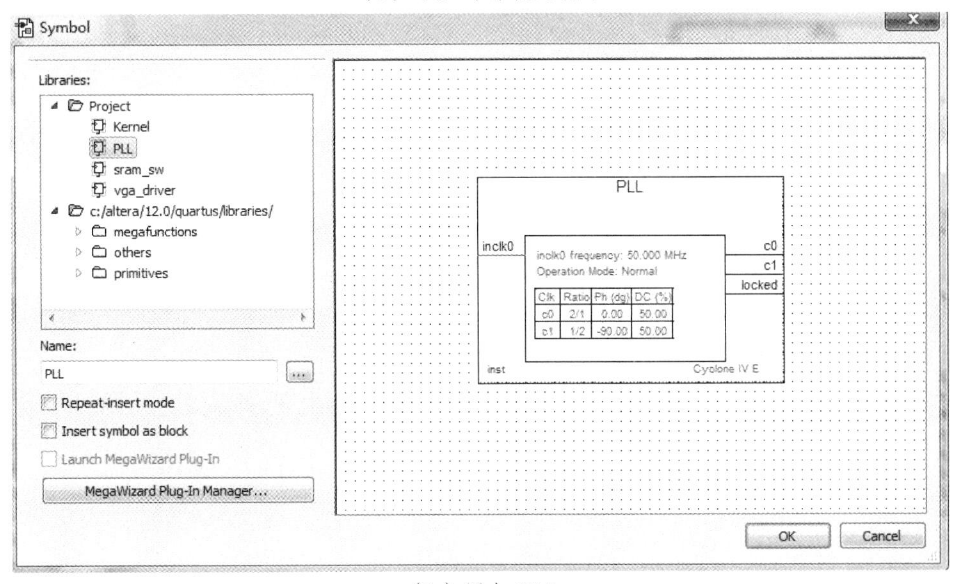

（b）添加 PLL

图 24-6　添加 PLL 时钟控制器

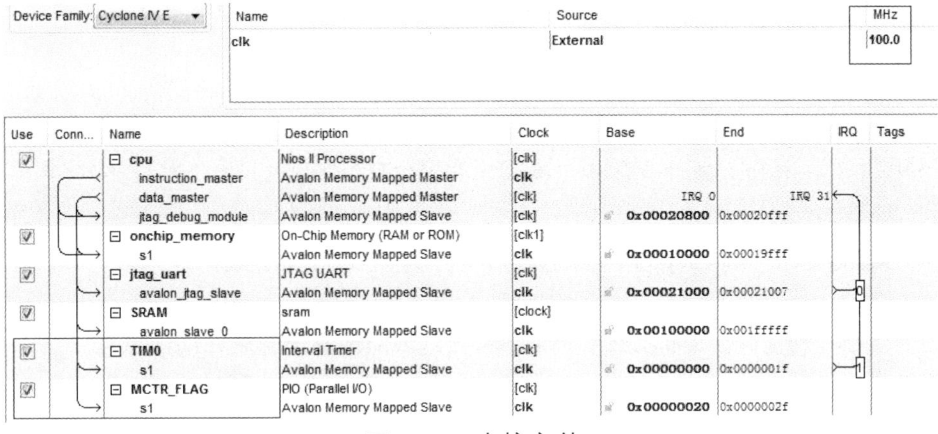

图 24-7　内核文件

对原理图器件进行连线，做电气特性连接，点击连接线，鼠标右键选择属性，在弹出的属性对话框中编辑连接线的名称，如图 24-8 所示，给电气连线命名，在原理图下，同一个命名表示有电气连接。

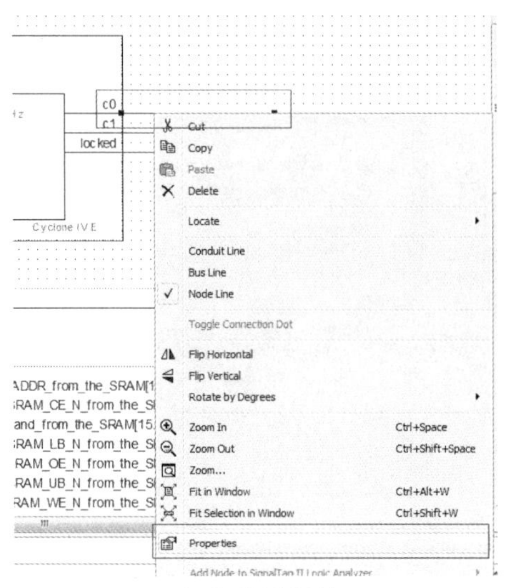

（a）设置属性

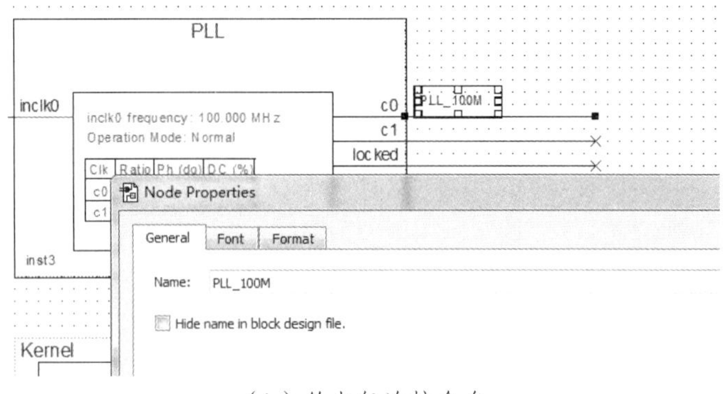

（b）给电气连接命名

图 24-8

（6）将所有的的器件电气连接完成之后，编译原理图，并按照按照附录Ⅱ给管脚分配 FPGA 引脚，保存工程修改，再次编译。

（7）编译完成之后，如图 24-9 所示。至此，quatrusⅡ工作就告一段落，可以启动 Nios Ⅱ软件了。

（8）打开 NiosⅡ12.0 软件，注意切换到当前工作目录下。

（9）清理工程。

（10）更新 BSP，注意 sopc 内核文件路径。

（11）修改 main.c 文件代码，详细代码见工程文件。

（12）仔细阅读代码，掌握 VGA 的驱动编程，全部理解透彻后，编译工程。

（13）工程编译无误后，通过 USB 下载电缆把 PC 与实验箱相连接，使用 VGA 电缆连接 VGA 显示器与实验箱 VGA 接口，然后开启实验箱电源。

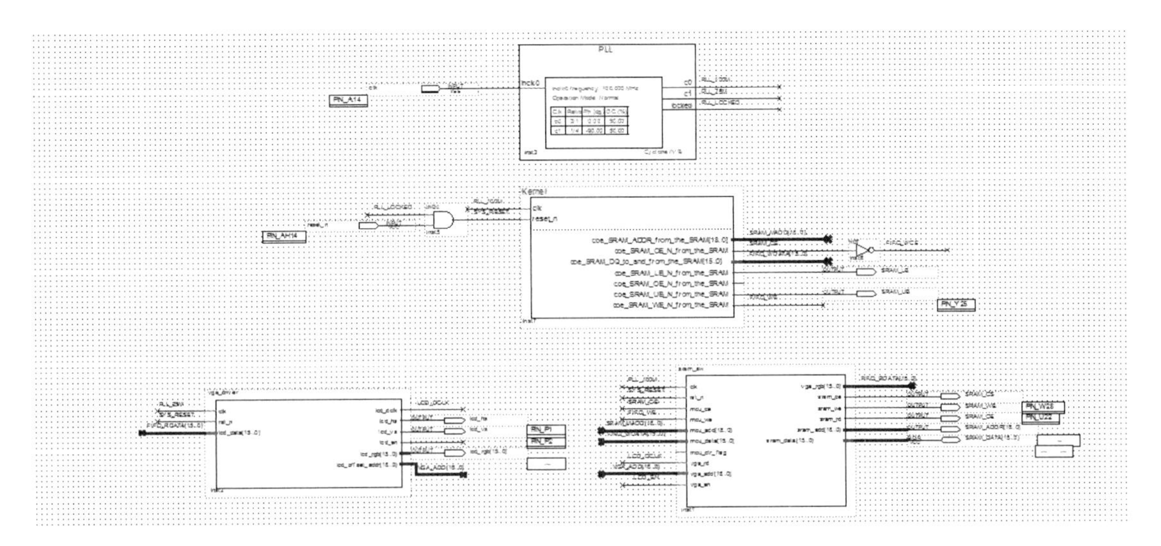

图 24-9　原理图文件

（14）在 QuartusⅡ中通过 USB 下载电缆将 test.sof 文件通过 JTAG 接口下载到 FPGA 中。

（15）在 NiosⅡIDE 中进行硬件配置。

（16）运行程序。

（17）查看运行结果。若程序运行正常，会输出打印 sram 测试结果，VGA 显示器会显示一些色带和颜色渐变色.

（18）确认实验结果无误后，退出 NiosⅡIDE 软件，关闭 QuartusⅡ软件，关闭实验箱电源，拔出 USB 下载电缆。

实验二十五　视频实验

一、实验目的

（1）初步了解视频的几种标准。
（2）掌握视频解码芯片 TVP5150 的使用方法。
（3）掌握视频编码芯片 ADV7171 的使用方法。
（4）掌握如何使用这两个视频芯片完成一个最基本的视频采集回放通道。

二、硬件需求

（1）EDA/SOPC 实验开发系统一台。
（2）USB 下载电缆一条。

三、实验原理

常见的电视信号制式是 PAL 和 NTSC，另外还有 SECAM 等。NTSC 即正交平衡调幅制，PAL 为逐行倒像正交平衡调幅制。PAL 电视标准，每秒 25 帧，电视扫描线为 625 线，奇场在前，偶场在后。标准的数字化 PAL 电视标准分辨率为 720×576，24 比特的色彩位深，画面的宽高比为 4∶3。PAL 电视标准用于中国、欧洲等国家和地区。NTSC 电视标准，每秒 29.97 帧（简化为 30 帧），电视扫描线为 525 线，偶场在前，奇场在后。标准的数字化 NTSC 电视标准分辨率为 720×486，24 比特的色彩位深，画面的宽高比为 4∶3。NTSC 电视标准用于美、日等国家。

NTSC 制属于同时制，是美国在 1953 年 12 月首先研制成功的，并以美国国家电视系统委员会（NTSC，National Television System Committee）的缩写命名。这种制式的色度信号调制特点为平衡正交调幅制，即包括了平衡调制和正交调制两种，虽然解决了彩色电视和黑白电视广播相互兼容的问题，但是存在相位容易失真、色彩不太稳定的缺点。NTSC 制电视的供电频率为 60Hz，场频为每秒 60 场，帧频为每秒 30 帧，扫描线为 525 行，图像信号带宽为 6.2 MHz。采用 NTSC 制的国家有美国、日本等国家。

PAL 制是为了克服 NTSC 制对相位失真的敏感性，在 1962 年，由前联邦德国在综合 NTSC 制的技术成就基础上研制出来的一种改进方案。PAL 是英文 Phase Alteration Line 的缩写，意思是逐行倒相，也属于同时制。它对同时传送的两个色差信号中的一个色差信号采用逐行倒相，另一个色差信号进行正交调制方式。这样，如果在信号传输过程中发生相位失真，则会由于相邻两行信号的相位相反起到互相补偿作用，从而有效地克服了因相位失真而起的色彩变化。因此，PAL 制对相位失真不敏感，图像彩色误差较小，与黑白电视的兼容也好，但 PAL 制的编码器和解码器都比 NTSC 制的复杂，信号处理也较麻烦，接收机的造价也高。

由于世界各国在开办彩色电视广播时，都要考虑到与黑白电视兼容的问题，因此，采用 PAL 制的国家较多，如中国、德国、新加坡、澳大利亚等。不过，仍须注意一个问题，由于各国采用的黑白电视标准并不相同，即使同样是 PAL 制，在某些技术特性上还会有差别。PAL 制电视的供电频率为 50 Hz、场频为每秒 50 场、帧频为每秒 25 帧、扫描线为 625 行、图像信号带宽分别为 4.2 MHz、5.5 MHz 和 5.6 MHz 等。

本实验平台所示用的视频解码芯片是 TVP5150，它是 TI 公司生产的一款低功耗视频解码芯片，它可以将 NTSC、PAL 或 SECAM 制式的视频信号转换成 8 位 ITU－R BT.656 格式的数字信号，并可以输出独立的行同步和场同步以及数据时钟信号等。TVP5150 解码器可以把输入的模拟视频信号按照 YCbCr4：2：2 的格式进行转换，同时还支持复合视频和 S 端子视频输入。在 TVP5150 内部，有一个 9 位 2 倍采样的 ADC；有一个 4 线自适应梳状滤波器，可以同时对亮度和色度信号进行滤波，以削弱这两个信号之间的相互影响。总体来说，TVP5150 具有如下特性：

① 支持 NTSC、PAL 和 SECAM 视频制式输入。

② 支持标准 ITU-R BT.601 采样。

③ 拥有一个高速 9 位 ADC。

④ 支持两路复合视频或一路 S 视频输入。

⑤ 具有嵌位和自动增益控制的全差分 CMOS 模拟预处理通道，可以获取最好的信噪比。

⑥超低功耗，仅 115 mW。

⑦ 通过 IIC 接口，可以控制亮度、对比度、饱和度、色度和锐度。

⑧ 辅助的 4 线自适应梳状滤波器可以削弱亮度和色度信号之间的影响。

⑨ 视频输出模式可以是 ITU-R BT.656，8 位 4：2：2 模式或 8 位 4：2：2 行场同步分离模式。

基于上述特性，该芯片在数字电视、PDA、笔记本电脑、手机、视频录像/播放器、手持游戏机等领域得到了广泛应用。图 25-1 是其功能框图。

有关 TVP5150 的更多资料及其内部相关寄存器的配置等请参阅相关的数据手册。

本实验平台所使用的视频编码芯片是 ADI 公司生产的 ADV7171，它可以将 CCIR-601 4:2:2 的 8 位或 16 位数据转换成标准的模拟电视信号，即可以输出 PAL 制式，也可以输出 NTSC 制式。它既可以作为从模式，接收外部的时钟信号、行同步信号和场同步信号，也可以作为主模式，输出时钟、行场同步等时序信号。该芯片的工作仅需要一个 27 MHz 的晶振即可（如果要输出正像素，则需要 29.5 MHz 的时钟）。ADV7171 的配置也是通过 IIC 接口完成的，通过该接口，CPU 可以设置其工作在不同的模式、不同的载频方式下。对于 PAL 制式和 NTSC 制式，只需要在 27 MHz 的时钟下，输入满足 CCIR-656 标准的 YCbCr 4：2：2 的数据即可。当然，除了可以输出标准制式的视频模拟信号外，ADV7171 还可以输出 RGB 信号，满足标准的 VGA 显示器显示。在 ADV7171 内部有 4 个 10 位的高速 DAC，可以输出复合视频+RGB 视频、复合视频+YUV 视频以及两路复合视频+色度和亮度信号，当然，每一个 DAC 都可以将其设置为掉电模式，以降低芯片功耗。总而言之，该芯片具有如下特性：

① 支持 ITU-R BT601/656 YCbCr 格式的数据转换。

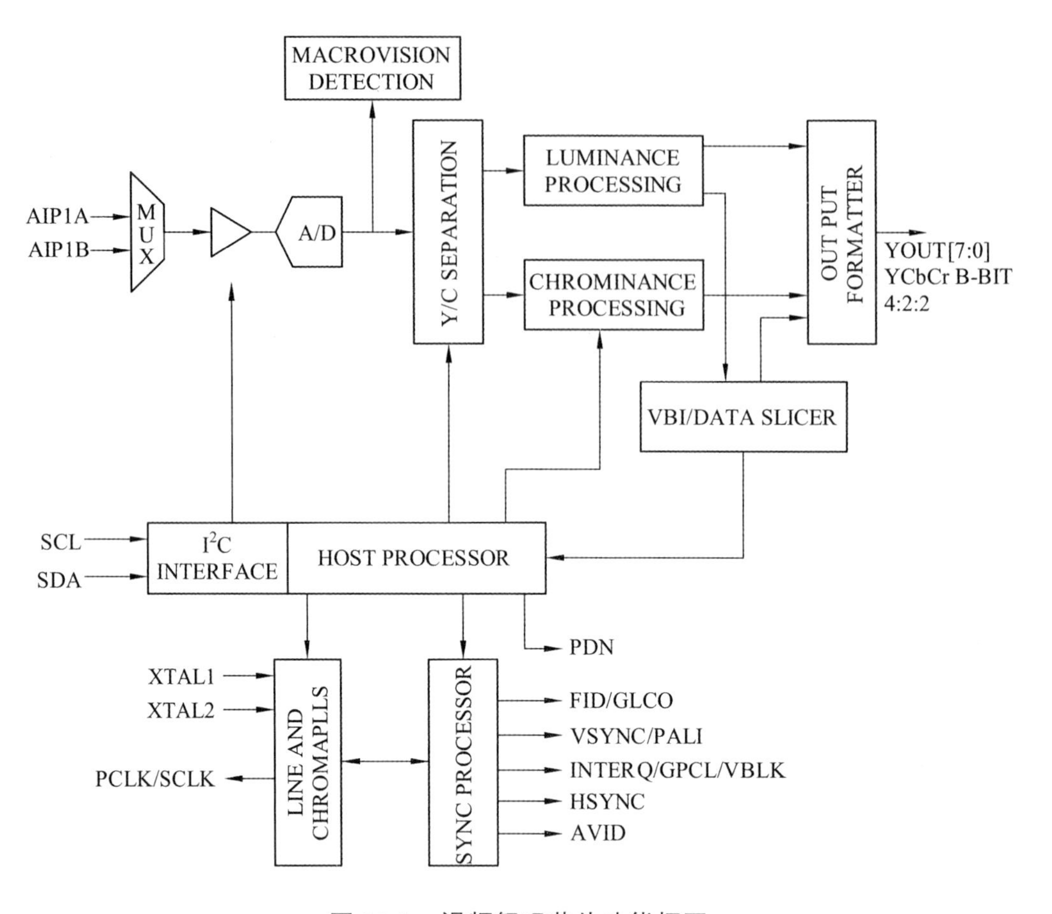

图 25-1　视频解码芯片功能框图

② 内部集成有高性能的 10 位 DAC。

③ 高级电源管理特性。

④ 可以输出 NTSC、PAL 等制式。

⑤ 仅需一个 27 MHz 的晶振便可实现整个视频编码。

⑥ 高达 80 dB 的视频信噪比。

⑦ 内部 32 位寄存器直接控制色彩载波频率。

⑧ 多标准视频输出：复合视频、S 端子视频、YUV、RGB 等。

⑨ 视频输入数据支持 CCIR-656 4∶2∶2 8 位并行输入或 4∶2∶2 16 位并行输入。

基于上述特性，该芯片在高性能 DVD 回放系统、便携式视频播放器、数码相机、数码摄像机、电脑、机顶盒等领域得到了广泛的应用。图 25-2 是其功能框图。

有关 ADV7171 的更多资料及其内部相关寄存器的配置等请参阅相关的数据手册。

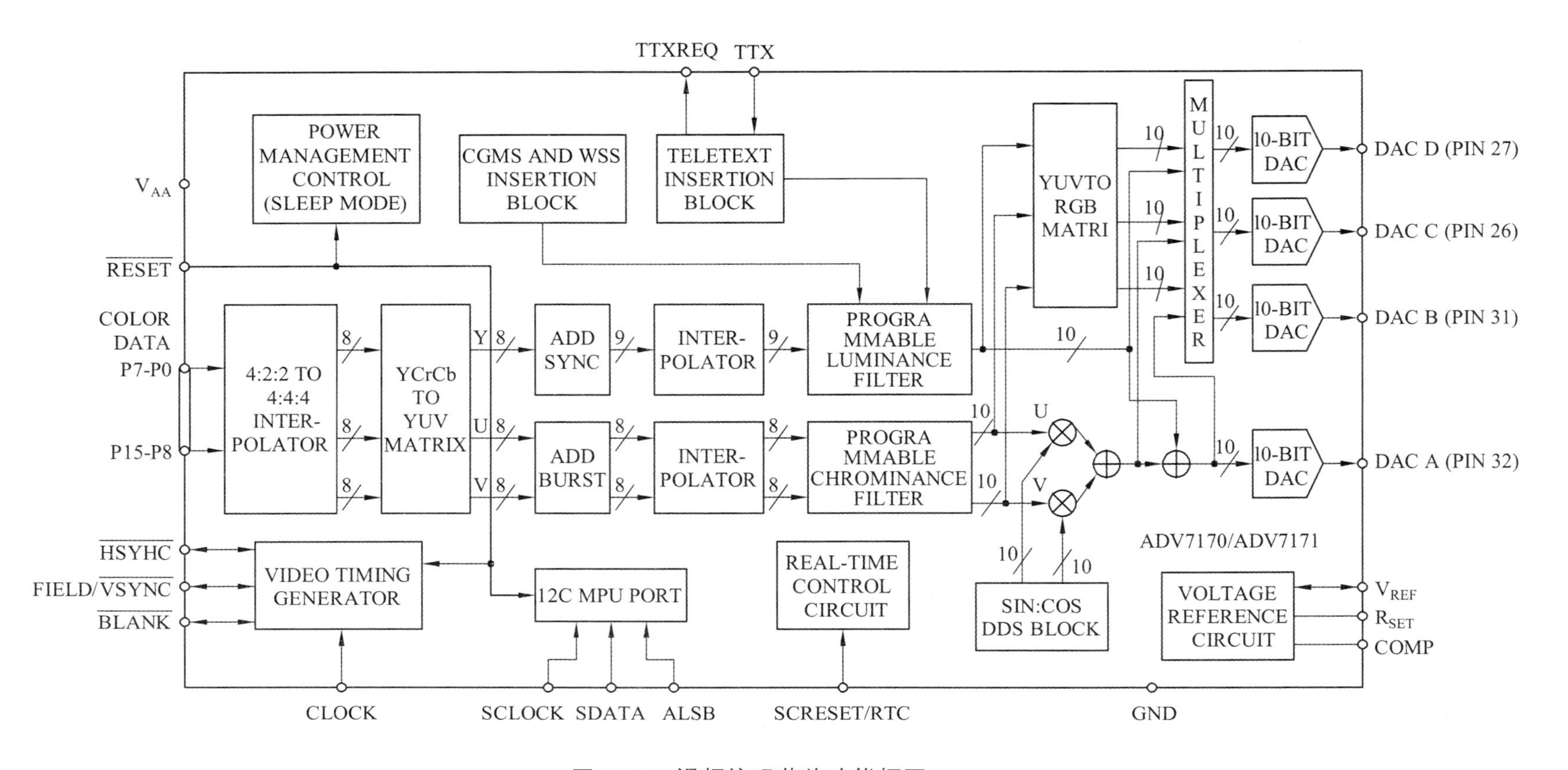

图 25-2　视频编码芯片功能框图

四、实验内容

本实验要完成的内容是从摄像头（PAL 制式）采集数据，然后在回放到电视机等显示终端上。程序中通过初始化视频编码芯片和视频解码芯片，完成数据的采集和回放。由于本实验范例中将两者全部初始化为 PAL 制式，所以摄像头也必须采用 PAL 制式的摄像头。TVP5150 负责将输入的复合视频信号转换成 8 位 YCbCr 模式的数字信号，CPU 则将得到的数据直接输入至 ADV7171，让它再对该数据进行编码，转换成复合视频信号，送电视机等显示终端显示。这是一个最基本的环路实验，如果需要对数据进一步处理，只需要对 TVP5150 采集的数据处理便可，然后再将处理后的数据送 ADV7171 编码处理。

由于 FPGA 在本平台上的资源有效，所以与 ADV7171 的数字接口也为 8 位数据，而非 16 位。

五、实验步骤

完成本实验的实验步骤为：

（1）新建文件夹命名为 exp25_video，将实验一工程目录下的文件拷贝到该文件夹下。

（2）打开工程文件，在原理图中双击 kernel 系统，进入 SOPC Builder，编辑内核文件。

（3）在内核中只添加一个 IIC 和一个复位控制信号，TVP5150 和 ADV7171 的控制信号通过新建一个模块来完成数据交换和时序控制，如图 25-3 所示。

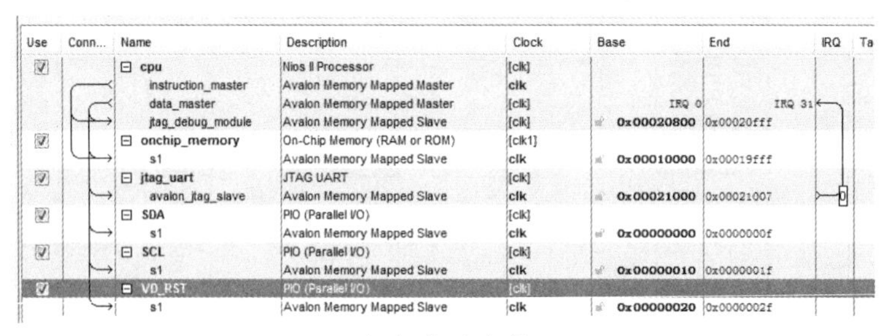

（a）修改内核

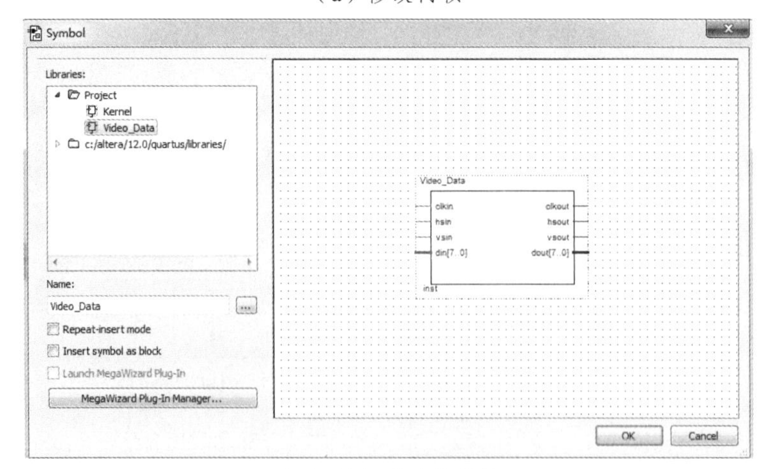

（b）添加新建的模块

图 25-3

（4）编译修改之后的内核文件，成功之后退出。

（5）升级原理图，并修改管脚名称，保存原理图修改并编译工程。

（6）按照附录Ⅱ，给管脚分配 FPGA 引脚，保存工程修改，再次编译。

（7）编译完成之后，如图 25-4 所示。至此，quatrusⅡ工作就告一段落，可以启动 Nios Ⅱ软件了。

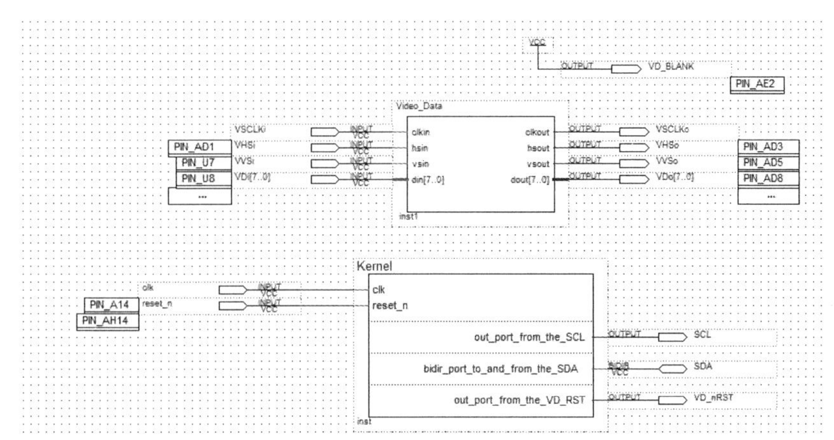

图 25-4　原理图

（8）打开 NiosⅡ12.0 软件，注意切换到当前工作目录下。

（9）清理工程。

（10）更新 BSP，注意 sopc 内核文件路径。

（11）修改 main.c 文件代码，实现视频采集控制。

（12）仔细阅读代码，掌握 IIC 数据处理，视频信号采集与还原过程，全部理解透彻后，编译工程。

（13）工程编译无误后，通过 USB 下载电缆把 PC 与实验箱相连接，将模拟摄像头信号输出端接入视频输入接口，同时用一根电缆连接视频输出接口和显示器，然后开启实验箱电源。

（14）在 QuartusⅡ中通过 USB 下载电缆将 test.sof 文件通过 JTAG 接口下载到 FPGA 中。

（15）在 NiosⅡIDE 中进行硬件配置。

（16）运行程序。

（17）查看运行结果。若程序正常运行，则会打印输出读取到的芯片 ID，同时显示器上会显示摄像头所拍摄的图像，如图 25-5 所示。

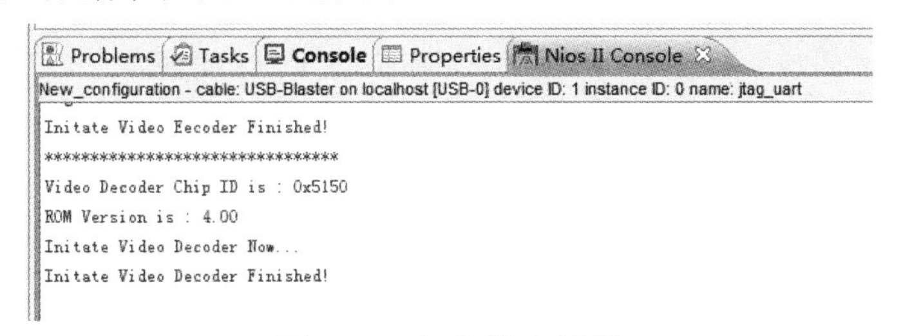

图 25-5　打印输出结果

（18）确认实验结果无误后，退出 NiosⅡIDE 软件，关闭 QuartusⅡ软件，关闭实验箱电源，拔出 USB 下载电缆。

实验二十六　双色点阵实验

一、实验目的

（1）熟悉掌握 SOPC 的基本流程。
（2）掌握双色点阵工作原理。
（3）掌握如何设计模块来控制双色点阵。
（4）掌握 74hc595 的控制。

二、硬件需求

（1）EDA/SOPC 实验开发系统一台。
（2）USB 下载电缆一条。

三、实验原理

单色点阵与双色点阵发光原理

1. 单色点阵

单色 LED 点阵等效图为图 26-1。

8×8 点阵共需要 64 个发光二极管组成，且每个发光二极管是放置在行线和列线的交叉点上，当对应的某一列置 1 电平，某一行置 0 电平，则相应的二极管就亮。因此要实现一根柱形的亮法，如上图所示，对应的一列为一根竖柱，或者对应的一行为一根横柱。实现柱的亮的方法如下所述：

（1）一根竖柱：对应的列置 1，而行则采用扫描的方法来实现。
（2）一根横柱：对应的行置 0，而列则采用扫描的方法来实现。

2. 双色点阵

双色点阵示意图如图 26-2 所示。

COL 上有两种颜色 LED 在相应的管脚上，按单色点阵点亮原理置相应的电平即可发出相应的光。

在本实验箱一共有 4 片 8×8 双色点阵构成一片 16×16 的双色点阵阵列，采用六片 74HC595 作为控制器，相关电路原理图见光盘，74HC595 电路结构如图 26-3 所示。

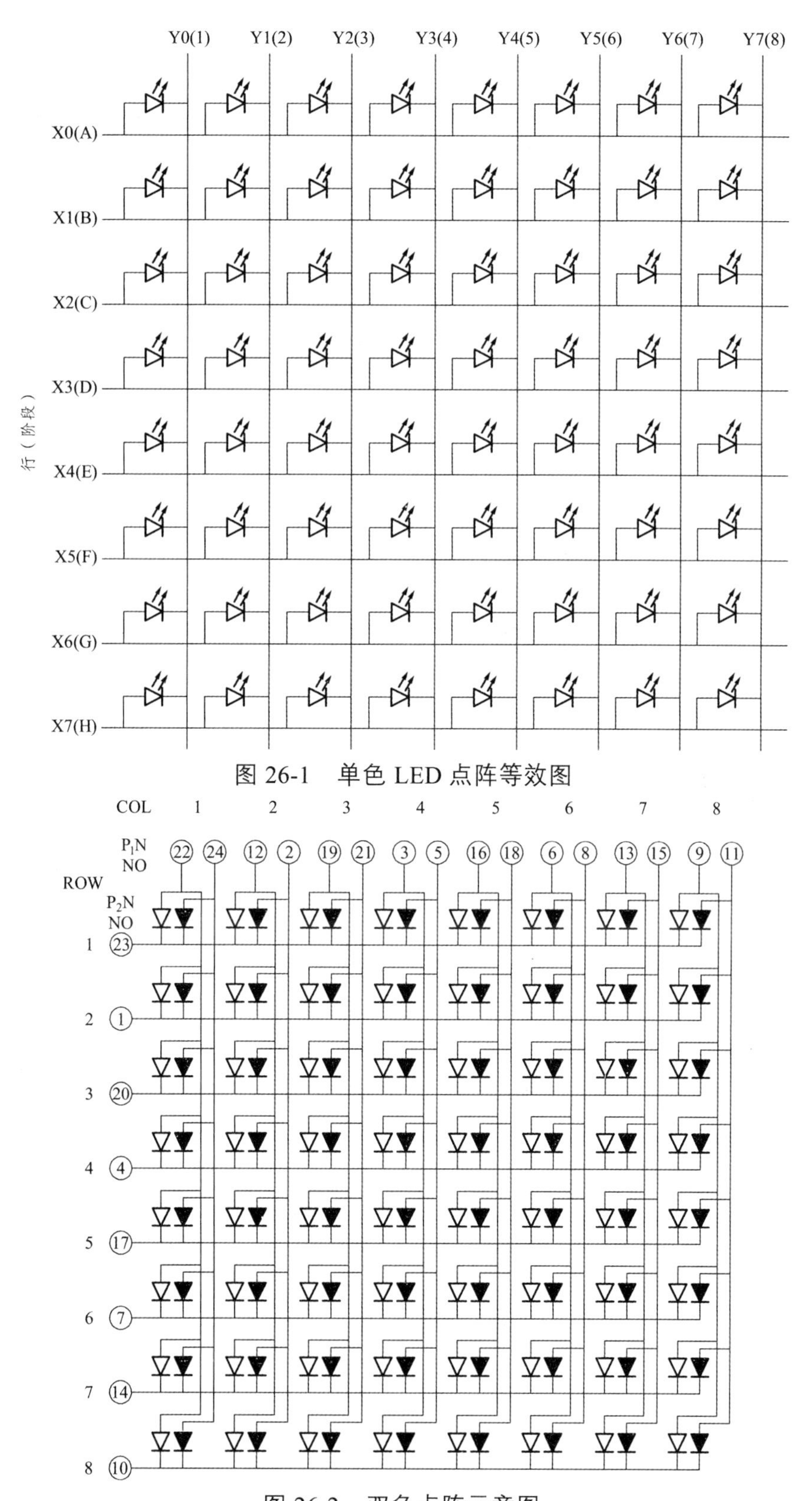

图 26-1　单色 LED 点阵等效图

图 26-2　双色点阵示意图

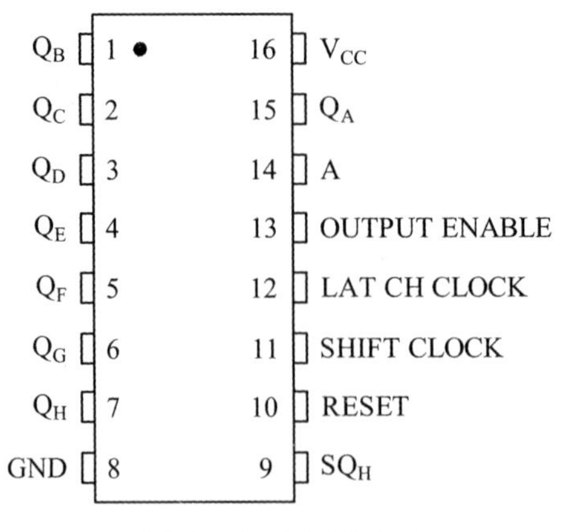

图 26-3　75HC595

HC595 是串行转并行的芯片，可以多级级联，输入需要 3 个端口：

① DS（SER）串行数据输入端。

② SH（SRCLK）串行时钟输入端。

③ ST（RCLK）（LATCH）锁存端。

写入数据原理，SRCLK 输入时钟信号，为输入数据提供时间基准，跟随时钟信号输入对应的数据信号。全部输入完毕后，控制锁存端，把串行输入的数据锁存到输出端并保持不变。更多参数请参考数据手册。

四、实验内容

在本实验中我们设计一个双色点阵控制模块，用于将来自 CPU 的并行数据转换成控制 74HC595 的串行数据，从而达到刷新双色点阵的目的。

五、实验步骤

完成本实验的实验步骤为：

（1）新建文件夹命名为 exp26_leds_rg，将实验一工程目录下的文件拷贝到该文件夹下。

（2）打开工程文件，新建一个 Verilog HDL 文件（代码见工程文件），编译生成一个双色点阵控制模块，添加到原理图上，如图 26-4 所示。

（3）在原理图中双击 kernel 系统，进入 SOPC Builder，编辑内核文件，在这里只需添加一个 16 位的输出型 PIO，用于双色点阵数据输出到控制器模块；添加 2 个 1 位的输出型 PIO，用于控制器模块时序控制，同时增加一个 1 ms 定时器，用于系统延时控制，如图 26-5 所示。

（4）编译修改之后的内核文件，成功之后退出。

（5）升级原理图，添加一个 PLL 控制器，对原理图作电气连接，并修改管脚名称，保存原理图修改并编译工程。

（6）按照附录Ⅱ，给管脚分配 FPGA 引脚，保存工程修改，再次编译。

（7）编译完成之后，如图 26-6 所示。至此，quatrusⅡ工作就告一段落，可以启动 NiosⅡ软件了。

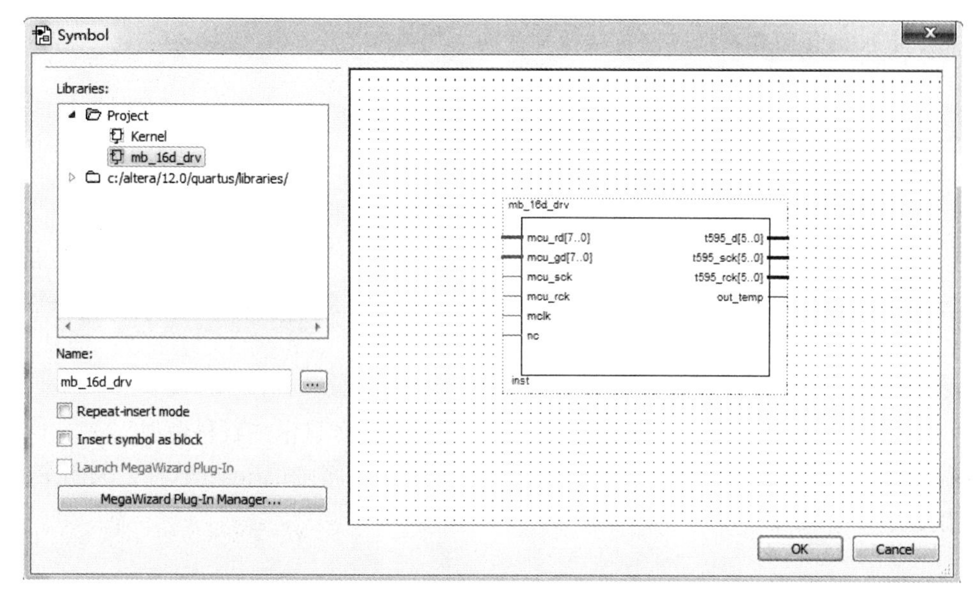

图 26-4　添加双色点阵控制模块

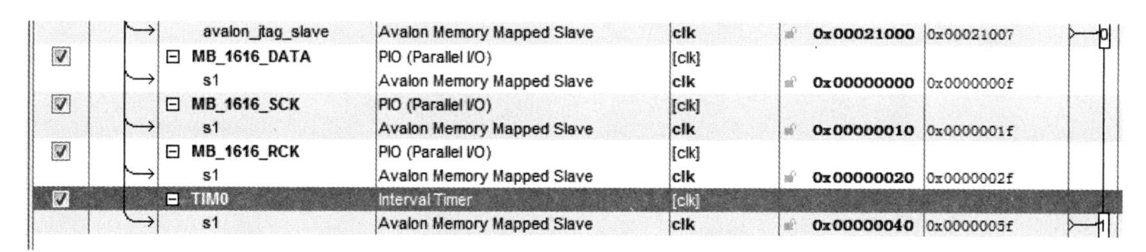

图 26-5　修改 kernel 文件

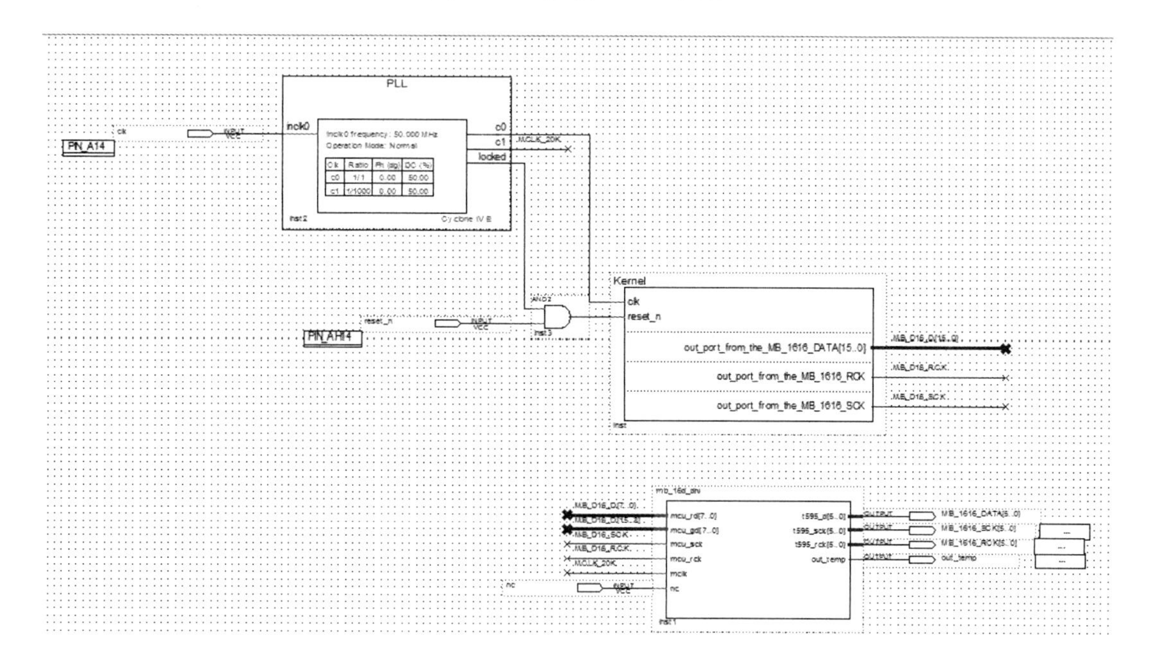

图 26-6　原理图文件

（8）打开 NiosⅡ12.0 软件，注意切换到当前工作目录下。

（9）清理工程。

（10）更新 BSP，注意 sopc 内核文件路径。

（11）修改 main.c 文件代码，详细代码参考工程文件。

（12）仔细阅读代码，掌握双色点阵的控制方法，全部理解透彻后，编译工程。

（13）工程编译无误后，通过 USB 下载电缆把 PC 与实验箱相连接，然后开启实验箱电源。

（14）在 QuartusⅡ中通过 USB 下载电缆将 test.sof 文件通过 JTAG 接口下载到 FPGA 中。

（15）在 NiosⅡIDE 中进行硬件配置。

（16）运行程序。

（17）查看运行结果。若程序正确运行，则双色点阵循环显示“百科融创”。

（18）确认实验结果无误后，退出 NiosⅡIDE 软件，关闭 QuartusⅡ软件，关闭实验箱电源，拔出 USB 下载电缆。

实验二十七　液晶显示实验

一、实验目的

（1）熟悉掌握 SOPC 的基本流程。
（2）掌握液晶 LCD 控制工作原理。
（3）掌握如何用 PIO 核来产生并行 8080 时序。
（4）进一步掌握 PIO 工作为双向模式时的用法。

二、硬件需求

（1）EDA/SOPC 实验开发系统一台。
（2）USB 下载电缆一条。

三、实验原理

实验箱上使用的液晶屏为 800×480 TFTAT070TN90。

TFT（Thin Film Transistor）是指薄膜晶体管，意即每个液晶像素点都是由集成在像素点后面的薄膜晶体管来驱动，从而可以做到高速度、高亮度、高对比度显示屏幕信息，是目前最好的 LCD 彩色显示设备之一，其效果接近 CRT 显示器，是现在笔记本电脑和台式机上的主流显示设备。TFT 的每个像素点都是由集成在自身上的 TFT 来控制，是有源像素点。因此，不但速度可以极大提高，而且对比度和亮度也大大提高了，同时分辨率也达到了很高水平。

TFT 屏幕也是目前中高端彩屏手机中普遍采用的屏幕，分 65 536 色，26 万色及 1 600 万色三种，其显示效果非常出色。

1. TFT 工作原理

1）TFT 是如何工作的

TFT 指的是薄膜晶体管（矩阵）可以“主动地”对屏幕上的各个独立的像素进行控制，也就是所谓的主动矩阵 TFT（active matrix TFT）。那么图像究竟是怎么产生的呢？基本原理很简单：显示屏由许多可以发出任意颜色的光线的像素组成，只要控制各个像素显示相应的颜色就能达到目的了。在 TFT LCD 中一般采用背光技术，为了能精确地控制每一个像素的颜色和亮度就需要在每一个像素之后安装一个类似百叶窗的开关，当“百叶窗”打开时光线可以透过来，而“百叶窗”关上后光线就无法透过来。当然，在技术上实际上实现起来并不是那么简单。LCD（Liquid Crystal Display）就是利用了液晶的特性（当加热时为液态，冷却时就结晶为固态），一般液晶有三种形态：类似黏土的层列（Smectic）液晶，类似细火柴棒的丝状（Nematic）液晶，类似胆固醇状的（Cholestic）液晶。

液晶显示器使用的是丝状，当外界环境变化它的分子结构也会变化，从而具有不同的物理特性，也就能够如图百叶窗一样，达到让光线通过或者阻挡光线的目的。

大家知道三原色，所以构成显示屏上的每个像素需上面介绍的三个类似的基本组件来构成，分别控制红、绿、蓝三种颜色。

目前使用的最普遍的是扭曲向列 TFT 液晶显示器，下图就是解释的此类 TFT 显示器的工作原理。

其上、下两层上都有沟槽，其中上层的沟槽是纵向排列，而下层是横向排列的。当不加电压液晶处于自然状态，从发光扭曲向列 TFT 显示器层发散过来的光线通过夹层之后，会发生 90°扭曲，从而能在下层顺利透过。

当两层之间加上电压之后，就会生成一个电场，这时液晶都会垂直排列，所以光线不会发生扭转，其结果就是光线无法通过下层。

2）TF

在 T 像素架构中，彩色滤光镜依据颜色分为红、绿、蓝三种，依次排列在玻璃基板上组成一组点距，对应一个像素的每一个单色滤光镜称之为子像素。也就是说，如果一个 TFT 显示器最大支持 1 280×1 024 分辨率的话，那么至少需要 1 280×3×1 024 个子像素和晶体管。对于一个 15 英寸的 TFT 显示器（1 024×768），那么一个像素大约是 0.018 8 英寸（约 0.30 mm），对于 18.1 英寸的 TFT 显示器而言（1 280×1 024），就是 0.011 英寸（约 0.28 mm）。

像素对于显示器是有决定意义的，每个像素越小显示器可能达到的最大分辨率就会越大。但由于晶体管物理特性的限制，目前 TFT 每个像素的大小基本就是 0.011 7 英寸（约 0.297 mm），所以对于 15 英寸的显示器来说，分辨率最大只有 1 280×1 024。

2. TFT 的技术特点

TFT 技术是二十世纪九十年代发展起来的，采用新材料和新工艺的大规模半导体全集成电路制造技术，是液晶（LC）、无机和有机薄膜电致发光（EL 和 OEL）平板显示器的基础。TFT 是在玻璃或塑料基板等非单晶片上（也可在晶片上）通过溅射、化学沉积工艺形成制造电路必需的各种膜，通过对膜的加工制作大规模半导体集成电路（LSIC）。采用非单晶基板可以大幅度地降低成本，是传统大规模集成电路向大面积、多功能、低成本方向的延伸。在大面积玻璃或塑料基板上制造控制像元（LC 或 OLED）开关性能的 TFT 比在硅片上制造大规模 IC 的技术难度更大。对生产环境的要求（净化度为 100 级），对原材料纯度的要求（电气特性的纯度为 99.999985%），对生产设备和生产技术的要求都超过半导体大规模集成，是现代大生产的顶尖技术。

3. TFT 控制器 SSD1963

SSD1963 是 1215k 字节帧缓冲显示控制器，支持 864×480×24 位图形内容，配有不同宽度并行接口总线来接收图形数据和命令从单片机。其显示界面支持常见的内存更少的 LCD 驱动器，每一像素的颜色深度可达 24 bit。其有如下特点：

① 建于 1215 Byte 字节帧缓冲，支持 864×480 到 24BPP 显示。

② 支持 8 位串行 RGB 接口。
③ 0°，90°，180°的，270°硬件旋转。
④ 硬件显示镜像。
⑤ 硬件窗口。
⑥ 可编程的亮度，对比度和饱和度控制。
⑦ 动态背光控制（DBC）通过脉宽调制信号。
⑧ 单片机的连接。
⑨ 8 / 9 / 16 / 18 / 24 位单片机的接口。
⑩ 撕裂效应信号。
⑪ I / O 的连接。
⑫ 4 个 GPIO 引脚。
⑬ 内置时钟发生器。
⑭ 深睡眠。
其内部结构框图如图 27-1 所示，更多资料请查看数据手册。

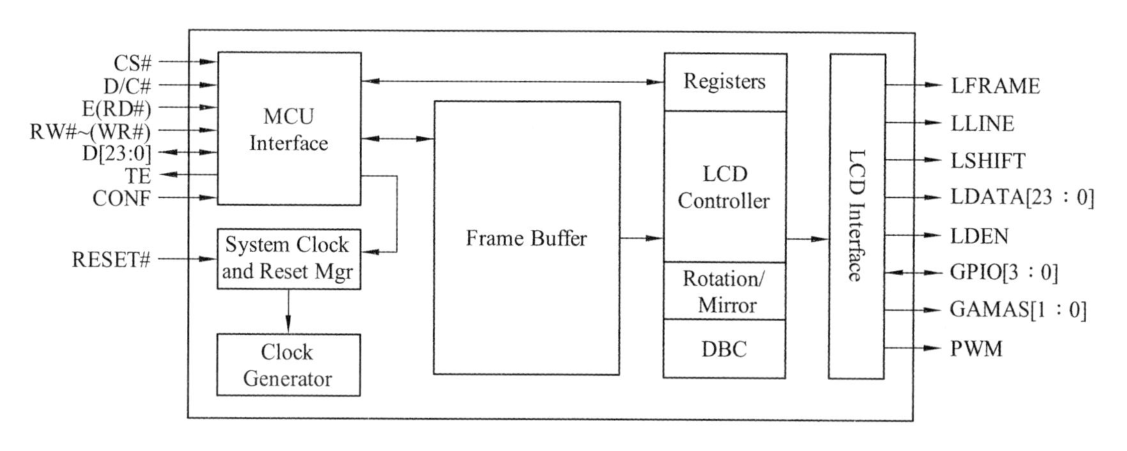

图 27-1　SSD1963 内部结构

四、实验内容

在本次实验中，我们需要添加一个 16 位的双向 PIO 用于传输液晶数据，添加五个 1 位输出型 PIO 用于控制液晶读写控制，添加一个 PLL 控制器用于提高系统运行主频。

五、实验步骤

完成本实验的实验步骤为：
（1）新建文件夹命名为 exp27_lcd，将实验一工程目录下的文件拷贝到该文件夹下。
（2）打开工程文件，在原理图中双击 kernel 系统，进入 SOPC Builder，编辑内核文件。
（3）我们往内核中添加一个 16 位的双向 PIO，五个输出 PIO，系统时钟提高到 100 MHz，如图 27-2 所示。

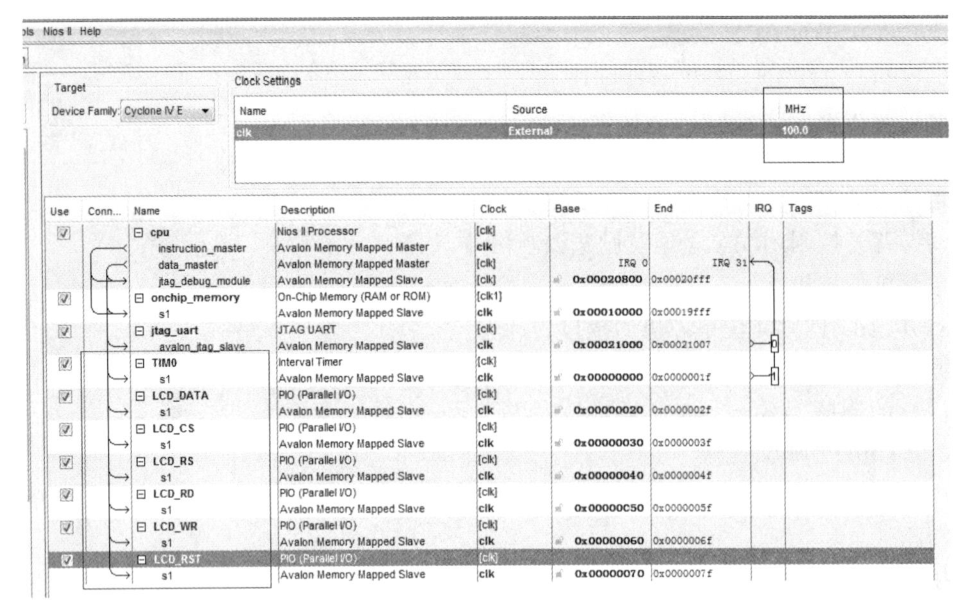

图 27-2　添加 PIO

（4）编译修改之后的内核文件，成功之后退出。

（5）升级原理图，添加一个 PLL，主频输出 100 MHz，如图 27-3 所示。

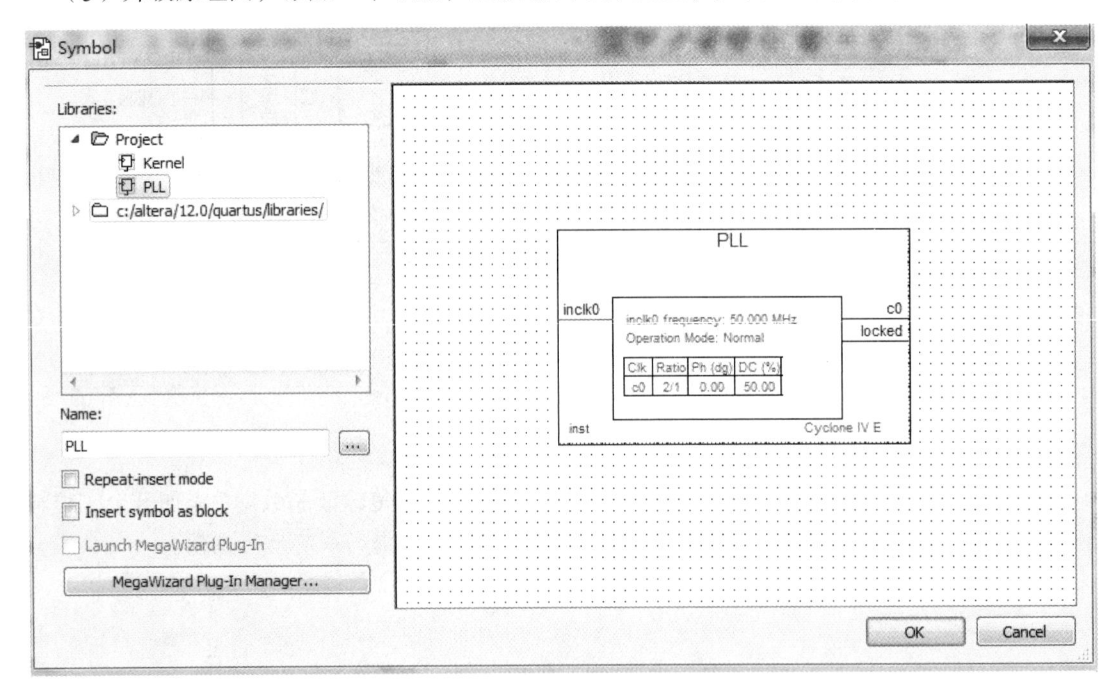

图 27-3　添加 PLL

修改管脚名称，保存原理图修改并编译工程。

（6）按照附录Ⅱ，给管脚分配 FPGA 引脚，保存工程修改，再次编译。

（7）编译完成之后，如图 27-4 所示。至此，quatrusⅡ工作就告一段落，可以启动 Nios Ⅱ软件了。

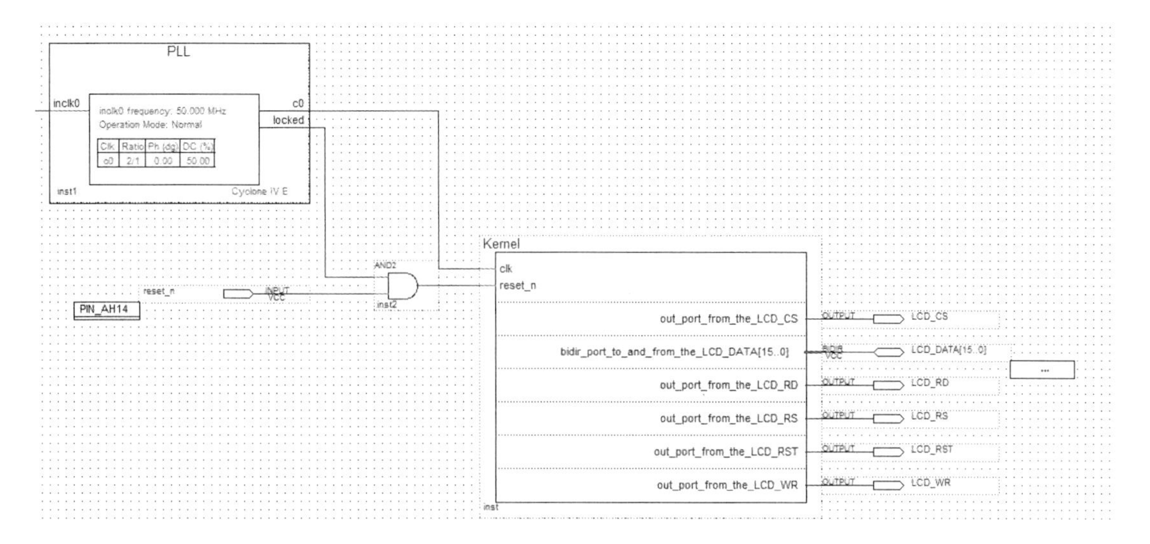

图 27-4　原理图

（8）打开 NiosⅡ12.0 软件，注意切换到当前工作目录下。

（9）清理工程。

（10）更新 BSP，注意 sopc 内核文件路径。

（11）修改 main.c 文件代码，详细代码见工程文件。

（12）仔细阅读代码，掌握 PIO 库函数使用，全部理解透彻后，编译工程。

（13）工程编译无误后，通过 USB 下载电缆把 PC 与实验箱相连接，然后开启实验箱电源。

（14）在 QuartusⅡ中通过 USB 下载电缆将 test.sof 文件通过 JTAG 接口下载到 FPGA 中。

（15）在 NiosⅡIDE 中进行硬件配置。

（16）运行程序。

（17）查看运行结果，程序正确运行，液晶刷新显示三基色，同时显示渐变色等。

（18）确认实验结果无误后，退出 NiosⅡIDE 软件，关闭 QuartusⅡ软件，关闭实验箱电源，拔出 USB 下载电缆。

附录Ⅰ　AS 模式下载说明

（1）用 QuartusⅡ打开一个程序后，打开 Assignments->Device...，如附图 1.1 所示，然后打开 Device and Pin Options...。

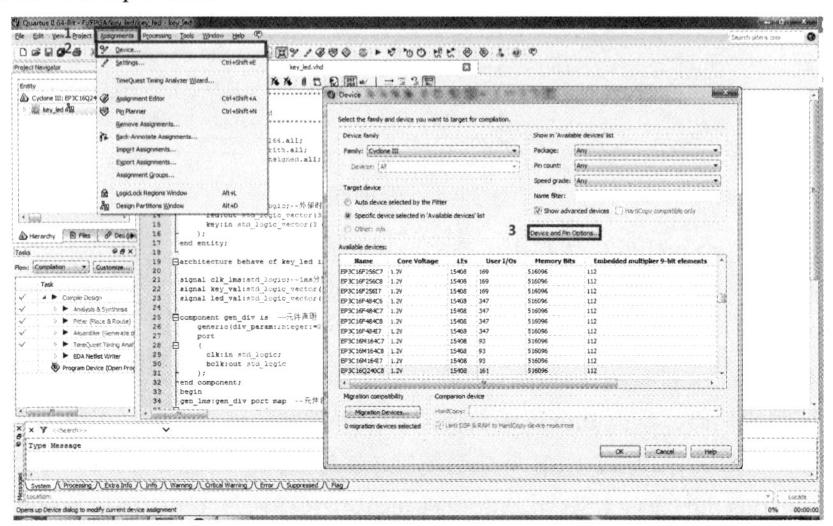

附图 1.1

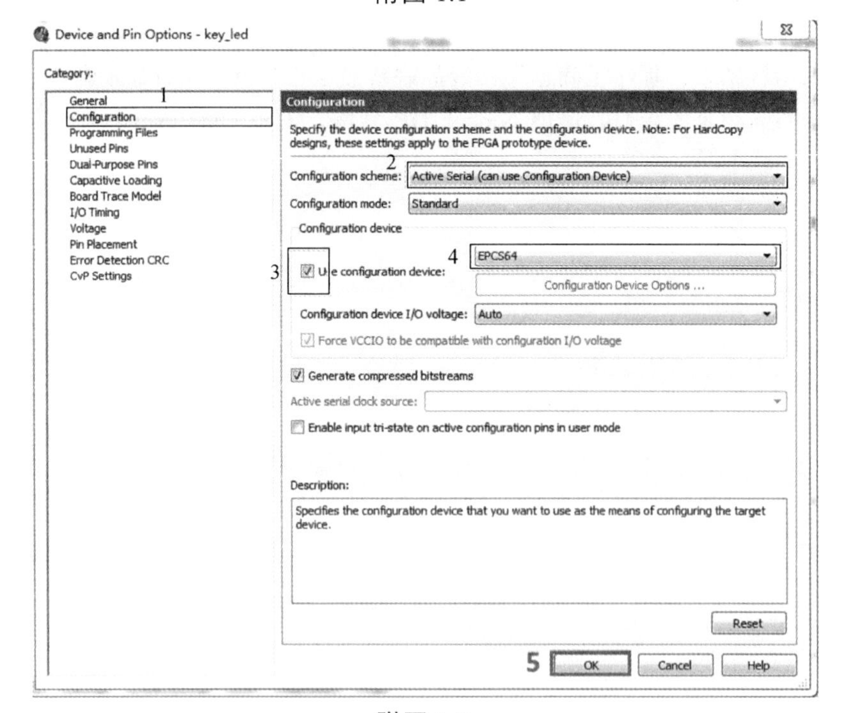

附图 1.2

（2）如附图 1.2 所示，左侧选择 Configuration，Configuration scheme 选项选择 Active Serial（can use Configuration Device）。勾选 3 号红框内选项 Use configuration device。4 号红框内选择 EPCS64，最后点击 OK，完成设置。

（3）单击下图中红框内 Start Compilation 按钮，进行编译。

（4）编译成功后，单击附图 1.3 中框内 Programmer 按钮，准备下载程序。

（5）在 Mode 栏选择 Active Serial Programming，如附图 1.4 所示。

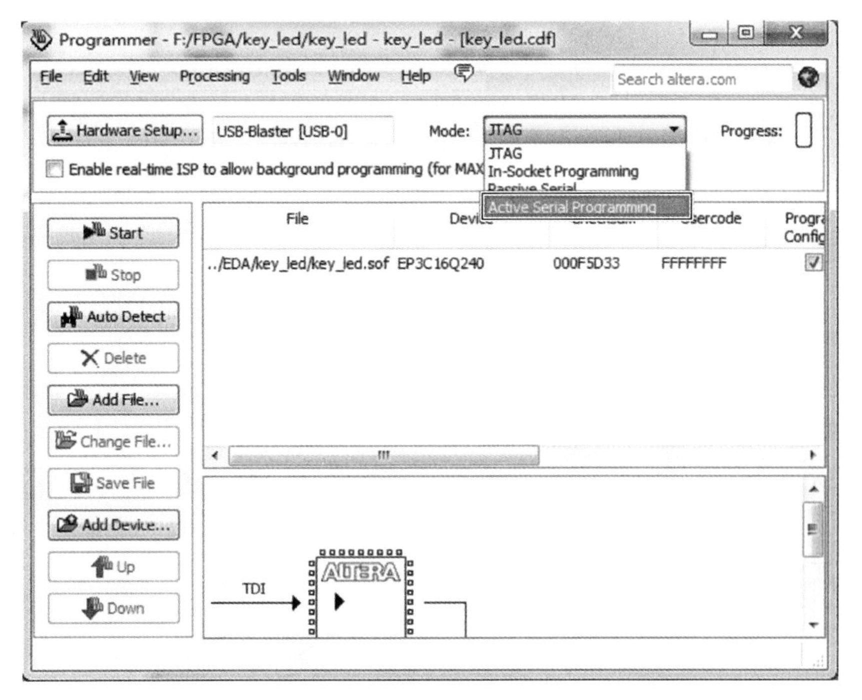

附图 1.4

（4）出现以下提示窗口后，选择 Yes。

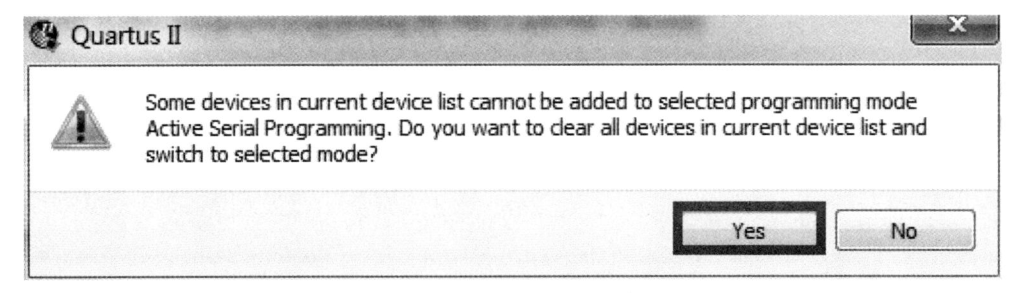

附图 1.5

（7）单击左侧 Add File 图标，添加下载文件。如附图 1.6 所示，选择尾缀为 pof 的文件，单击 Open。

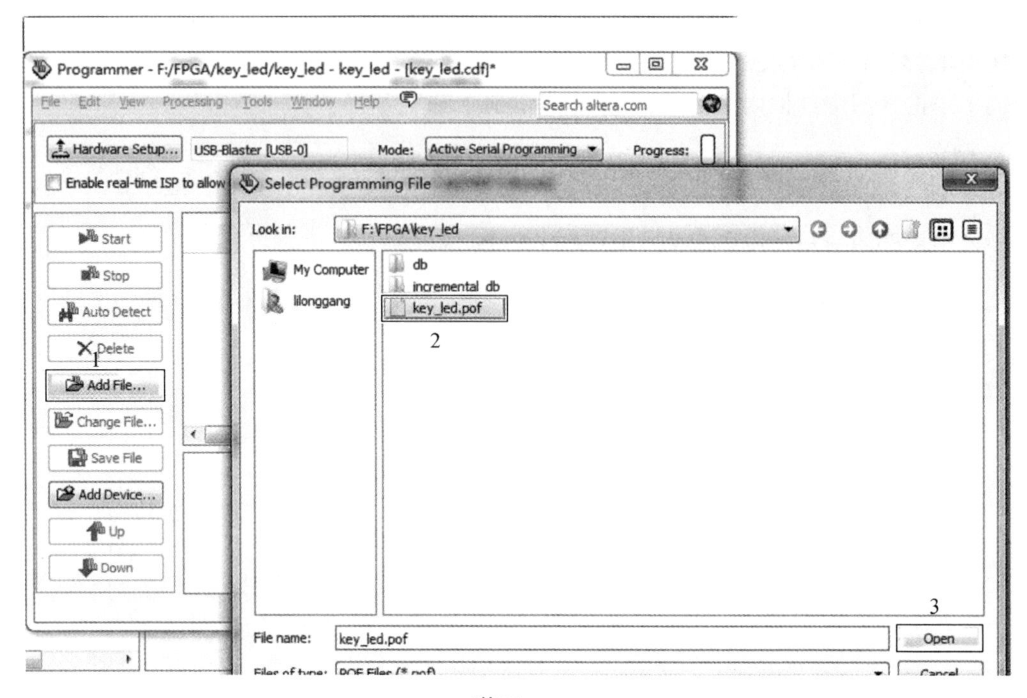

附图 1.6

（8）添加完文件后，勾选右侧三个选项，确认 USB-Blaster 正确连接后，单击左侧 Start，开始下载，如附图 1.7 所示。

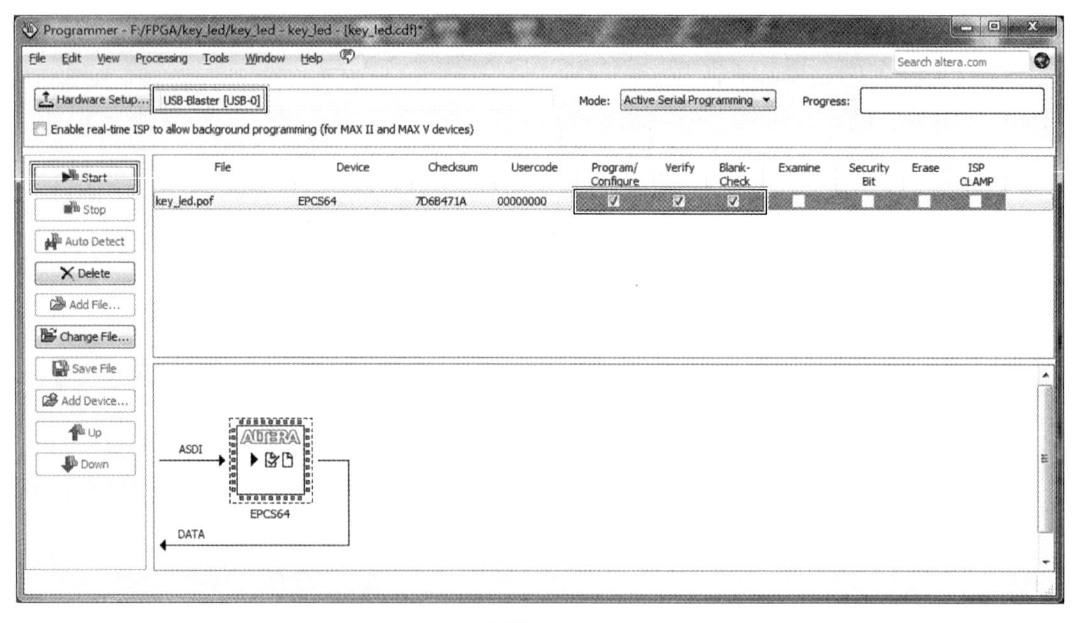

附图 1.7

（9）等待一小段时间后，进度条显示 100%（Successful），则表示下载完成，观察实验现象即可。

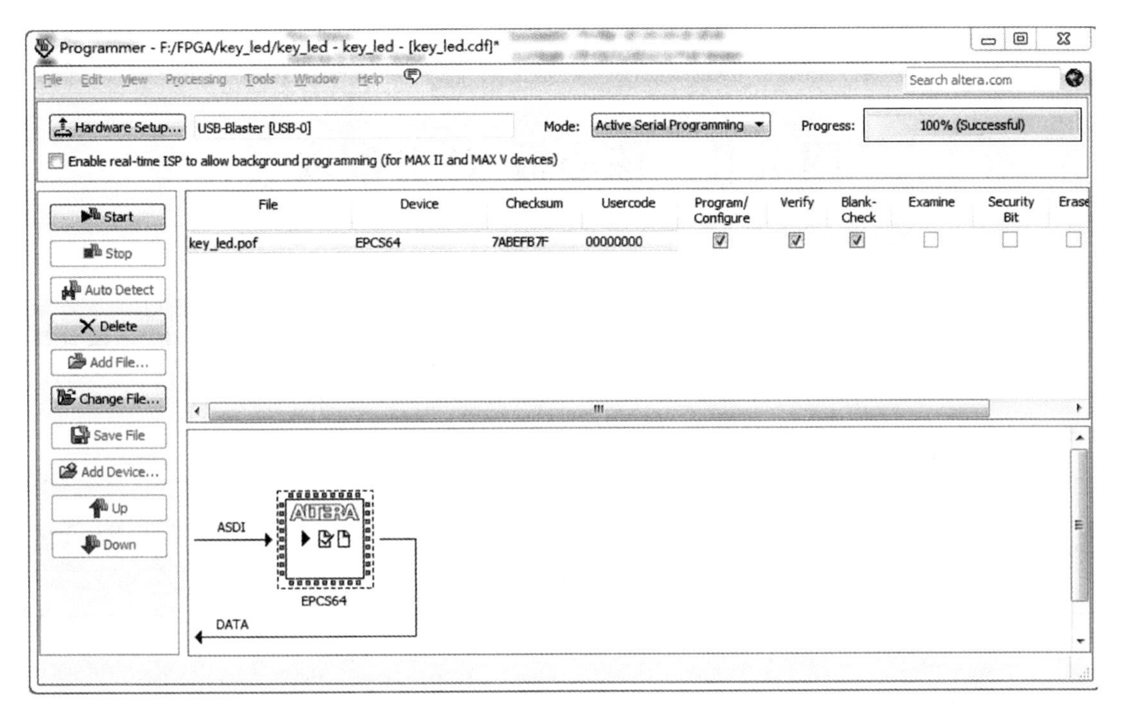
Programmer - F:/FPGA/key_led/key_led - key_led - [key_led.cdf]*
File Edit View Processing Tools Window Help
Search altera.com
Hardware Setup...
USB-Blaster [USB-0]
Mode:
Active Serial Programming
Progress:
100% (Successful)
Enable real-time ISP to allow background programming (for MAX II and MAX V devices)
Start
Stop
Auto Detect
Delete
Add File...
Change File...
Save File
Add Device...
Up
Down
File
Device
Checksum
Usercode
Program/ Configure
Verify
Blank-Check
Examine
Security Bit
key_led.pof
EPCS64
7ABEFB7F
00000000
ASDI
EPCS64
DATA

附图 1.8

附录Ⅱ　核心板 IO 分配表

EPCS 引脚	对应 FPGA 引脚
DATA0	PIN_N7
DCLK	PIN_P3
SCE/nCSO	PIN_E2
SDO/ASDO	PIN_F4
复位与时钟	对应 FPGA 引脚
RESET	PIN_AH14
CLK	PIN_A14
LED	对应 FPGA 引脚
LED1	PIN_AF12
LED2	PIN_Y13
LED3	PIN_AH12
LED4	PIN_AG12
KEY	对应 FPGA 引脚
K1	PIN_AB12
K2	PIN_AC12
K3	PIN_AD12
K4	PIN_AE12
数码管	对应 FPGA 引脚
pa	PIN_AA12
pb	PIN_AH11
pc	PIN_AG11
pd	PIN_AE11
pe	PIN_AD11
pf	PIN_AB11
pg	PIN_AC11
dp	PIN_AF11
UART	对应 FPGA 引脚
RXD	PIN_A10
TXD	PIN_A11

Ethernet/W5500 引脚	对应 FPGA 引脚
RST	PIN_A25
INT	PIN_D24
MOSI	PIN_C24
MISO	PIN_B23
SCLK	PIN_D23
SCS	PIN_C23
音频/TLV320AIC23	对应 FPGA 引脚
SDIN	PIN_C25
SDOUT	PIN_A26
SCLK	PIN_D25
SCS	PIN_B25
BCLK	PIN_D26
DIN	PIN_C26
LRCIN	PIN_B26
USB	对应 FPGA 引脚
D0	PIN_R24
D1	PIN_R23
D2	PIN_R22
D3	PIN_T26
D4	PIN_T25
D5	PIN_T22
D6	PIN_T21
D7	PIN_U28
A0	PIN_R28
WR	PIN_R26
RD	PIN_N21
nINT	PIN_R25
Nand Flash	对应 FPGA 引脚
数据线	
DB0	PIN_AH19
DB1	PIN_AB20
DB2	PIN_AE20
DB3	PIN_AF20
DB4	PIN_AA21
DB5	PIN_AB21

DB6	PIN_AD21
DB7	PIN_AE21
控制线	
RDY	PIN_AB19
OE	PIN_AC19
CE	PIN_AE19
CLE	PIN_AF19
ALE	PIN_Y19
WE	PIN_AA19
WP	PIN_AG19
SRAM	对应 FPGA 引脚
地址线	
A0	PIN_W21
A1	PIN_W22
A2	PIN_W25
A3	PIN_W26
A4	PIN_W27
A5	PIN_U23
A6	PIN_U24
A7	PIN_U25
A8	PIN_U26
A9	PIN_U27
A10	PIN_AC26
A11	PIN_AC27
A12	PIN_AC28
A13	PIN_AB24
A14	PIN_AB25
A15	PIN_W20
A16	PIN_R27
A17	PIN_P21
A18	PIN_AB26
数据线	
D0	PIN_V21
D1	PIN_V22
D2	PIN_V23
D3	PIN_V24

D4	PIN_V25
D5	PIN_V26
D6	PIN_V27
D7	PIN_V28
D8	PIN_AB27
D9	PIN_AB28
D10	PIN_AA24
D11	PIN_AA25
D12	PIN_AA26
D13	PIN_AA22
D14	PIN_Y22
D15	PIN_Y23
CE	PIN_W28
WE	PIN_U22
OE	PIN_Y26
UB	PIN_Y25
LB	PIN_Y24
Nor Flash	对应 FPGA 引脚
地址线	
ALSB	PIN_Y12
A0	PIN_AB5
A1	PIN_Y7
A2	PIN_Y6
A3	PIN_Y5
A4	PIN_Y4
A5	PIN_Y3
A6	PIN_W10
A7	PIN_W9
A8	PIN_V8
A9	PIN_V7
A10	PIN_V6
A11	PIN_V5
A12	PIN_V4
A13	PIN_V3
A14	PIN_V2
A15	PIN_V1

A16	PIN_Y10
A17	PIN_W8
A18	PIN_W4
A19	PIN_W1
A20	PIN_W2
数据线	
DB0	PIN_AB2
DB1	PIN_AB1
DB2	PIN_AA8
DB3	PIN_AA7
DB4	PIN_AA6
DB5	PIN_AA5
DB6	PIN_AA4
DB7	PIN_AA3
控制线	
CE	PIN_AB4
OE	PIN_AB3
WE	PIN_W3
SDRAM	对应 FPGA 引脚
地址线	
A0	PIN_J5
A1	PIN_J6
A2	PIN_J7
A3	PIN_K1
A4	PIN_C6
A5	PIN_C5
A6	PIN_C4
A7	PIN_C3
A8	PIN_C2
A9	PIN_D7
A10	PIN_J4
A11	PIN_D6
A12	PIN_D2
数据线	
D0	PIN_G2
D1	PIN_G1

D2	PIN_G3
D3	PIN_G4
D4	PIN_G5
D5	PIN_G6
D6	PIN_G7
D7	PIN_G8
D8	PIN_E5
D9	PIN_E4
D10	PIN_E3
D11	PIN_E1
D12	PIN_F5
D13	PIN_F3
D14	PIN_F2
D15	PIN_F1
控制线	
BA0	PIN_H8
BA1	PIN_J3
DQM0	PIN_H3
DQM1	PIN_D1
CKE	PIN_D4
CS	PIN_H7
RAS	PIN_H6
CAS	PIN_H5
WE	PIN_H4
CLK	PIN_D5
扩展接口 JP1	引脚定义
JP1-1	VCC5
JP1-2	VCC5
JP1-3	GND
JP1-4	GND
JP1-5	PIN_AH6
JP1-6	PIN_AE7
JP1-7	PIN_AF6
JP1-8	PIN_AG6
JP1-9	PIN_AF5
JP1-10	PIN_AE6

JP1-11	PIN_AH4
JP1-12	PIN_AE5
JP1-13	PIN_AF4
JP1-14	PIN_AG4
JP1-15	PIN_AH3
JP2-16	PIN_AE4
JP1-17	PIN_AF3
JP1-18	PIN_AG3
JP1-19	PIN_AF2
JP1-20	PIN_AE3
扩展接口 JP2	引脚定义
JP2-1	VCC3.3
JP2-2	VCC3.3
JP2-3	GND
JP2-4	GND
JP2-5	PIN_AG10
JP2-6	PIN_AH10
JP2-7	PIN_AE10
JP2-8	PIN_AF10
JP2-9	PIN_AA10
JP2-10	PIN_AD10
JP2-11	PIN_AF9
JP2-12	PIN_AB9
JP2-13	PIN_AH8
JP2-14	PIN_AE9
JP2-15	PIN_AF8
JP2-16	PIN_AG8
JP2-17	PIN_AH7
JP2-18	PIN_AE8
JP2-19	PIN_AF7
JP2-20	PIN_AG7

附录Ⅲ　底板 IO 分配表

LED	对应 FPGA 引脚
LED1	PIN_N4
LED2	PIN_N8
LED3	PIN_M9
LED4	PIN_N3
LED5	PIN_M5
LED6	PIN_M7
LED7	PIN_M3
LED8	PIN_M4
LED9	PIN_G28
LED10	PIN_F21
LED11	PIN_G26
LED12	PIN_G27
LED13	PIN_G24
LED14	PIN_G25
LED15	PIN_G22
LED16	PIN_G23
数码管	对应 FPGA 引脚
段选	
SEG_A	PIN_K28
SEG_B	PIN_K27
SEG_C	PIN_K26
SEG_D	PIN_K25
SEG_E	PIN_K22
SEG_F	PIN_K21
SEG_G	PIN_L23
SEG_DP	PIN_L22
片选	
SLE0	PIN_L24
SEL1	PIN_M24

SEL2	PIN_L26
交通灯	对应 FPGA 引脚
RED1	PIN_AF23
YELLOW1	PIN_V20
GREEN1	PIN_AG22
RED2	PIN_AE22
YELLOW2	PIN_AC22
GREEN2	PIN_AG21
SW	对应 FPGA 引脚
K1	PIN_AC17
K2	PIN_AF17
K3	PIN_AD18
K4	PIN_AH18
K5	PIN_AA17
K6	PIN_AE17
K7	PIN_AB18
K8	PIN_AF18
拨档开关	对应 FPGA 引脚
SW1	PIN_AD15
SW2	PIN_AC15
SW3	PIN_AB15
SW4	PIN_AA15
SW5	PIN_Y15
SW6	PIN_AA14
SW7	PIN_AF14
SW8	PIN_AE14
SW9	PIN_AD14
SW10	PIN_AB14
SW11	PIN_AC14
SW12	PIN_Y14
SW13	PIN_AF13
SW14	PIN_AE13
SW15	PIN_AB13
SW16	PIN_AA13
矩阵键盘	对应 FPGA 引脚
行	

R0	PIN_AG26
R1	PIN_AH26
R2	PIN_AA23
R3	PIN_AB23
列	
C0	PIN_AE28
C1	PIN_AE26
C2	PIN_AE24
C3	PIN_H19
温度传感器/DS18B20	对应 FPGA 引脚
DQ	PIN_E26
PS2	对应 FPGA 引脚
键盘	
KB_DATA	PIN_K4
KB_CLK	PIN_L2
鼠标	
MS_DATA	PIN_L1
MS_CLK	PIN_L4
RTC	对应 FPGA 引脚
SCK	PIN_K7
IO	PIN_K2
RST	PIN_K3
E2PROM	对应 FPGA 引脚
SCL	PIN_G19
SDA	PIN_F19
串行 AD	对应 FPGA 引脚
CLK	PIN_F24
DOUT	PIN_F22
CS	PIN_F26
串行 DA	对应 FPGA 引脚
CLK	PIN_E24
DIN	PIN_F25
CS	PIN_F27
步进电机	对应 FPGA 引脚
A	PIN_L3
B	PIN_L5

C	PIN_L6
D	PIN_L7
直流电机	对应 FPGA 引脚
OUT1	PIN_M2
OUT2	PIN_M1
PWM	PIN_L8
并行 ADC	FPGA 引脚
DB0	PIN_E28
DB1	PIN_E27
DB2	PIN_D27
DB3	PIN_F28
DB4	PIN_C27
DB5	PIN_D28
DB6	PIN_D22
DB7	PIN_E22
CLK	PIN_G21
OE	PIN_E25
并行 DAC	FPGA 引脚
DB0	PIN_J24
DB1	PIN_J25
DB2	PIN_J26
DB3	PIN_H21
DB4	PIN_H22
DB5	PIN_H23
DB6	PIN_H24
DB7	PIN_H25
CLK	PIN_H26
USB	对应 FPGA 引脚
DB0	PIN_C21
DB1	PIN_D21
DB2	PIN_E21
DB3	PIN_A22
DB4	PIN_B22
DB5	PIN_C22
DB6	PIN_A23
DB7	PIN_A21

A0	PIN_C20
WR	PIN_G20
RD	PIN_D20
nINT	PIN_B21
SD 卡	对应 FPGA 引脚
CS	PIN_F17
MOSI	PIN_A17
MISO	PIN_H17
CLK	PIN_B17
TFT 液晶	对应 FPGA 引脚
D0	PIN_AH25
D1	PIN_AB22
D2	PIN_AH23
D3	PIN_AE23
D4	PIN_AH22
D5	PIN_AF22
D6	PIN_AD22
D7	PIN_AH21
D8	PIN_AF21
D9	PIN_AG18
D10	PIN_AE18
D11	PIN_AC18
D12	PIN_AG17
D13	PIN_AH17
D14	PIN_AD17
D15	PIN_AB17
CS	PIN_AC24
RS	PIN_AE25
WR	PIN_R21
RD	PIN_AF24
RST	PIN_AG25
MISO	PIN_AD25
MOSI	PIN_AD26
PEN	PIN_AD27
BUSY	PIN_AD28
nCS	PIN_AE27

CLK	PIN_AC25
TE	PIN_AD24
网卡/ENC28J60	对应 FPGA 引脚
INT	PIN_G18
MISO	PIN_A19
MOSI	PIN_B19
SCK	PIN_C19
CS	PIN_D19
RST	PIN_E19
UART	对应 FPGA 引脚
RXD	PIN_D17
TXD	PIN_E17
音频/VS1053B	对应 FPGA 引脚
MISO	PIN_F18
MOSI	PIN_E18
SCK	PIN_D18
XCS	PIN_C18
XDCS	PIN_B18
DREQ	PIN_A18
RST	PIN_J17
VGA	对应 FPGA 引脚
D0	PIN_R1
D1	PIN_R4
D2	PIN_R5
D3	PIN_R2
D4	PIN_R3
D5	PIN_R6
D6	PIN_T8
D7	PIN_T4
D8	PIN_T7
D9	PIN_R7
D10	PIN_T3
D11	PIN_U4
D12	PIN_U2
D13	PIN_U3
D14	PIN_T9

D15	PIN_U1
HS	PIN_P1
VS	PIN_P2
16*16 双色点阵	对应 FPGA 引脚
R_RCK	PIN_P25
R_SI	PIN_P26
R_SCK	PIN_P28
G_RCK	PIN_L28
G_SI	PIN_L25
G_SCK	PIN_L27
COM1_RCK	PIN_J22
COM1_SI	PIN_J19
COM1_SCK	PIN_J23
COM2_RCK	PIN_N26
COM2_SI	PIN_P27
COM2_SCK	PIN_N25
COM3_RCK	PIN_M25
COM3_SI	PIN_M28
COM3_SCK	PIN_M26
COM4_RCK	PIN_M23
COM4_SI	PIN_M27
COM4_SCK	PIN_M21
视频解码/TVP5150	对应 FPGA 引脚
YOUT0	PIN_AC1
YOUT1	PIN_AC2
YOUT2	PIN_AC3
YOUT3	PIN_AC4
YOUT4	PIN_AC5
YOUT5	PIN_AC7
YOUT6	PIN_AC8
YOUT7	PIN_AC10
VS1	PIN_U8
HS1	PIN_U7
RESET	PIN_AD2
PCLK1	PIN_AD1
AVID	PIN_U6

FID	PIN_AB6
VBLK	PIN_U5
SDA	PIN_AB7
SCL	PIN_AB8
HS2	PIN_AD5
VS2	PIN_AD8
BLANK	PIN_AE2
视频译码/ADV7170	对应 FPGA 引脚
YIN0	PIN_AE15
YIN1	PIN_AF15
YIN2	PIN_W16
YIN3	PIN_AA16
YIN4	PIN_AB16
YIN5	PIN_AE16
YIN6	PIN_AF16
YIN7	PIN_Y17
外接接口	对应 FPGA 引脚
WG1	PIN_E14
WG3	PIN_H13
WG5	PIN_D13
WG7	PIN_J12
WG9	PIN_G12
WG11	PIN_E12
WG13	PIN_C12
WG15	PIN_F11
WG4	PIN_G13
WG6	PIN_K13
WG8	PIN_H12
WG10	PIN_F12
WG12	PIN_D12
WG14	PIN_A12
WG16	PIN_E11
WG17	PIN_D11
WG18	PIN_G11
WG19	PIN_C11
WG20	PIN_B11

WG21	PIN_J10
WG22	PIN_H10
WG23	PIN_G10
WG24	PIN_F10
WG25	PIN_E10
WG26	PIN_G9
WG27	PIN_D9
WG28	PIN_C9
WG29	PIN_F8
WG30	PIN_E8
WG31	PIN_D8
WG32	PIN_C8
WG33	PIN_J16
WG34	PIN_G16
WG35	PIN_D16
WG36	PIN_C16
WG37	PIN_G14
WG38	PIN_K15
WG40	PIN_H15
IN1	PIN_G15
IN2	PIN_F15
IN3	PIN_E15
IN4	PIN_D15
OUT1	PIN_C15
OUT2	PIN_J14
OUT3	PIN_H14
OUT4	PIN_F14